工业机器人工程应用

主　编　刘新玉　谢　行

副主编　齐小敏　彭缓缓　李　硕

代响林　蒋　昆

审　阅　李明科

電子工業出版社

Publishing House of Electronics Industry

北京·BEIJING

内 容 简 介

以工业机器人为切入点，依托 ABB 工业机器人及其 Robotstudio 仿真软件，系统地介绍了工业机器人的基础知识、手动调试技巧、示教器常用操作、坐标系定义流程、I/O 通信以及标准 I/O 板配置、基本控制指令以及程序编辑调试步骤等核心内容。

本书既有通俗易懂的原理基础知识讲解，又有完整地项目讲解，使读者能够熟练掌握工业机器人的基本操作，对其知识体系具有全面的认识。为了便于教学的开展，本书配套了大量的虚拟仿真素材供读者下载练习之用，其中有大量的动画、视频和图片等多媒体资源供读者学习之用。通过学习本书，使读者能够熟练掌握工业机器人仿真与控制，并对其知识体系具有全面的认识。

本书图文并茂，通俗易懂，具有很强的实用性和可操作性，既可作为机器人工程等相关专业的教学参考资料，也可作为从事相关行业技术人员的参考书籍。

图书在版编目（CIP）数据

工业机器人工程应用 / 刘新玉，谢行主编. —北京：电子工业出版社，2024.1

ISBN 978-7-121-47290-9

Ⅰ. ①工… Ⅱ. ①刘… ②谢… Ⅲ. ①工业机器人Ⅳ. ①TP242.2

中国国家版本馆 CIP 数据核字(2024)第 035131 号

责任编辑：张　豪
印　　刷：中国电影出版社印刷厂
装　　订：中国电影出版社印刷厂
出版发行：电子工业出版社
　　　　　北京市海淀区万寿路 173 信箱　邮编：100036
开　　本：787 × 1092　1/16　印张：15.25　字数：371 千字
版　　次：2024 年 1 月第 1 版
印　　次：2024 年 1 月第 1 次印刷
定　　价：49.00 元

凡所购买电子工业出版社图书有缺损问题，请向购买书店调换。若书店售缺，请与本社发行部联系，联系及邮购电话：（010）88254888，88258888。

质量投诉请发邮件至 zlts@phei.com.cn，盗版侵权举报请发邮件至 dbqq@phei.com.cn。

本书咨询联系方式：qiyuqin@phei.com.cn。

前　　言

工业机器人综合了计算机、控制论、机构学、信息和传感技术、人工智能、仿生学等多学科知识，研究十分活跃、应用日益广泛。工业机器人的出现对于解决制造业规模化生产，单调、重复体力劳动替代具有重要的作用。作为制造业皇冠上的“明珠”，各行各业的发展都离不开工业机器人和工业机器人技术的快速进步，工业机器人的发展、进步以及在现实中的应用被看作是当今技术革命最伟大的进步之一。然而，据中国机器人网等相关组织调查发现，我国工业机器人技术的发展遇到了工业机器人应用型人才的结构性矛盾和人才缺失问题，掌握工业机器人技术的应用型人才已经出现较大缺口。在我国高等院校中，与工业机器人技术对口的专业近些年才刚刚兴起，相关课程建设经验不足，培养出的应届毕业生难以符合岗位的能力需求。

本书正是在上述背景下撰写的，可以作为工业机器人工程应用相关课程的配套教材。本书分为8章，第1章给出了工业机器人的定义与分类，并介绍了我国工业机器人的发展历程，使读者对工业机器人有一个初步认识；第2章介绍了工业机器人的基本操作，包括示教器的正确使用、工业机器人的手动操作以及工业机器人数据的备份等；第3章讨论了工业机器人的I/O通信，并对工业机器人的标准I/O板及其配置方法进行了详细讲述；第4章进一步扩展到工业机器人的编程方面，着重于对常用RAPID指令的讲解；第5章到第8章是项目实战，从零开始做一个项目，以项目为载体，通过任务驱动每一个教学单元的开展。本书在编写时既不破坏知识体系结构，又使其以若干知识块的形式分散在各个项目中，任务开展时的知识以够用为准，每个任务开展时用到的知识是零散的，但是回头系统性学习时又能看到完整的知识体系。

本书由黄淮学院刘新玉和谢行任主编，齐小敏、彭缓缓、李硕、代响林和蒋昆任副主编。其中第1章和第2章由刘新玉编写、第3章和第5章由谢行编写、第4章由彭缓缓编写、第6章由李硕编写、第7章由代响林编写、第8章由蒋昆编写。齐小敏制作和编写了全书中的视频等所有线上资源。本书由李明科进行了审阅。此外，感谢武倩倩和刘凯歌在图片制作和修正中的帮助。

本书的编写得到了黄淮学院“十四五”规划教材、河南省高等学校青年骨干教师培养计划（2023GGJS156）、河南省高校科技创新人才项目（24HASTIT041）的经费资助。此外，本书部分内容也包含了河南省本科高校研究性教学改革研究与实践项目（2022SYJXLX109）、河南省虚拟仿真实验项目（工业机器人工程应用虚拟仿真实验、工业机器人产品包装自动化生产虚拟仿真项）和河南省专创融合特色示范课程（机器人仿真与编程）的研究成果。

因编者水平有限，书中难免有疏漏之处，欢迎读者们提出宝贵的意见和建议。

2023 年 12 月

目 录

第 1 章　初识工业机器人

1.1　工业机器人的定义

1. 工业机器人的定义

工业机器人虽是技术较成熟、应用较广泛的机器人，但对其具体的定义，科学界尚未形成统一，目前，公认的是国际标准化组织（ISO）的定义。

国际标准化组织对工业机器人的定义为："工业机器人是一种能自动控制、可重复编程、多功能、多自由度的操作机，能够搬运材料、工件或者操持工具来完成各种作业。"

我国国家标准将工业机器人定义为："能自动控制的、可重复编程的、多用途的操作机，并可对3个或3个以上的轴进行编程。它可以是固定式或移动式的，在工业自动化中使用。"

2. 工业机器人的组成

工业机器人由主体、驱动系统和控制系统3个基本部分组成。

主体即机座和执行机构，包括臂部、腕部和手部，有的机器人还有行走机构。控制系统用来发出指令和执行指令，相当于人类的大脑；驱动系统通过接收指令来行走和工作，相当于人的手和脚。

3. 工业机器人的特点

工业机器人有以下4个显著的特点：

（1）可编程。生产自动化的进一步发展是柔性自动化。工业机器人可随其工作环境变化的需要而再编程，因此它在小批量、多品种、具有均衡高效率的柔性制造过程中能发挥很好的功用，是柔性制造系统的一个重要组成部分。

（2）拟人化。工业机器人在机械结构上有类似人的行走部件、腰转部件、大臂、小臂、手腕、手等部分，在控制上由计算机来操作。此外，智能化工业机器人还有许多类似人类的"生物传感器"，如皮肤接触型传感器、力传感器、负载传感器、视觉传感器、声觉传感器、语言功能传感器等。传感器提高了工业机器人对周围环境的自适应能力。

（3）通用性。除了专用的工业机器人，一般工业机器人在执行不同的作业任务时具有较好的通用性。例如，更换工业机器人手部末端操作器（手抓、工具等）便可执行不同的作业任务。

（4）技术多样性。工业机器人所涉及的学科非常广泛，有机械学和微电子学结合的机电一体化技术。智能机器人不仅具有获取外部环境信息的各种传感器，而且具有记忆能力、语言理解能力、图像识别能力、推理判断能力等人工智能。这些都是微电子技术的应用，特别是与计算机技术的应用密切相关。

工业机器人是21世纪的重大高科技成果之一，机器人产品已在社会的许多领域得到广泛应用，为提高世界工业自动化水平发挥了重要的作用。工业机器人在现代制造技术中起着举足轻重的作用。

1.2 我国工业机器人的发展历程

1. 工业机器人的发展历程

我国的工业机器人发展起步相对较晚，大致可分为以下4个阶段。

（1）理论研究阶段：20世纪70年代到80年代初。由于当时国家经济条件等因素的制约，我国主要从事工业机器人基础理论的研究，在机器人造助学、机构学等方面取得了一定的进展，为后续工业机器人的研究奠定了基础。

（2）样机研发阶段：20世纪80年代中后期。随着工业发达国家开始大量应用和普及工业机器人，我国的工业机器人研究得到政府的重视和支持，国家组织了对工业机器人需求行业的调研，投入大量的资金开展工业机器人的研究，进入了样机研发阶段。

（3）示范应用阶段：20世纪90年代。我国在这一阶段研制出平面关节型统配机器人、直角坐标型机器人、弧焊机器人、点焊机器人等7种工业机器人系列产品，以及102种特种机器人，实施了100余项机器人应用工程。为了促进国产机器人的产业化，在20世纪90年代末建立了9个机器人产业化基地和7个科研基地。

（4）初步产业化阶段：21世纪以来。《国家中长期科学和技术发展规划纲要（2006—2020年）》突出增强自主创新能力这一条主线，着力营造有利于自主创新的政策环境，加快促进企业成为创新主体，大力倡导以企业为主体，产学研紧密结合，国内一大批企业或自主研制或与科研院所合作，加入工业机器人研制和生产行列，我国工业机器人进入初步产业化阶段。

经过上述四个阶段的发展，我国的工业机器人得到了一定程度的普及。但是，我国工业机器人的使用密度与先进的制造业国家相比仍有不少差距，工业机器人的保有量仍有巨大的上升空间。

2. 工业机器人的发展趋势

随着工业机器人发展的深度和广度，以及工业机器人智能水平的提高，工业机器人已在众多领域得到了应用。目前，工业机器人已广泛应用于汽车及汽车零部件制造业、机械加工行业、电子电气行业、橡胶及塑料工业、食品工业、木材与家具制造业等领域中。在工业生产中，弧焊机器人、点焊机器人、分配机器人、装配机器人、喷漆机器人及搬运机器人等工业机器人都已被大量使用，并且从传统的汽车制造领域向非制造领域延伸。例如，采矿机器人、建筑业机器人，以及水电系统用于维护或维修的机器人等。

在我国，工业机器人最初也被应用于汽车和工程机械行业中。在汽车生产中，工业机器人是一种主要的自动化设备，在整车及零部件生产的弧焊、点焊、喷涂、搬运、涂胶、冲压等工艺中被大量使用。此外，工业机器人在其他领域如食品加工、医药和电子产品生产等领域也得到越来越广泛的应用。未来工业机器人的需求将会呈现出高速增长趋势，在各个行业的应用将得到快速发展。

1.3　工业机器人仿真系统的搭建

通过上述章节，我们已对工业机器人有了一个简要的了解，本节将详细讲解工业机器人仿真系统的搭建过程，工业机器人仿真系统有助于设计时的机器人选型，仿真可以实验机器人可达性，避免机器人定型后无法完成工作。

1. 下载 RobotStudio 虚拟仿真软件

读者可以自行访问ABB官方网站进行下载。

RobotStudio 软件安装

2. RobotStudio 的安装流程

（1）下面以RobotStudio6.04.01为例讲解RobotStudio的安装流程，如图1-1至图1-8所示，首先将下载好的安装包进行解压，找到setup.exe文件，并以管理员身份运行该文件。

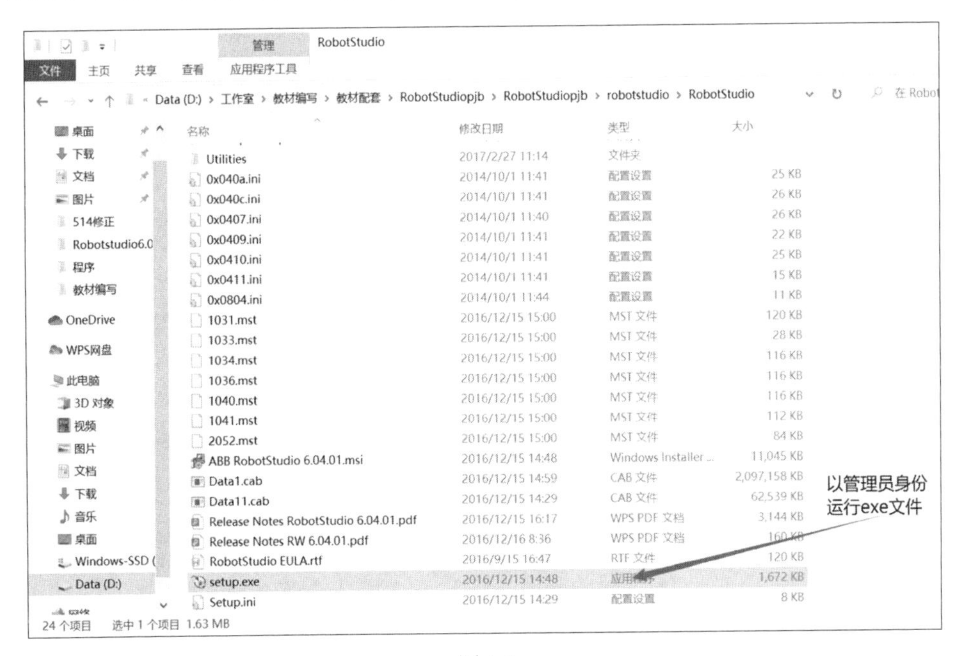

图 1-1

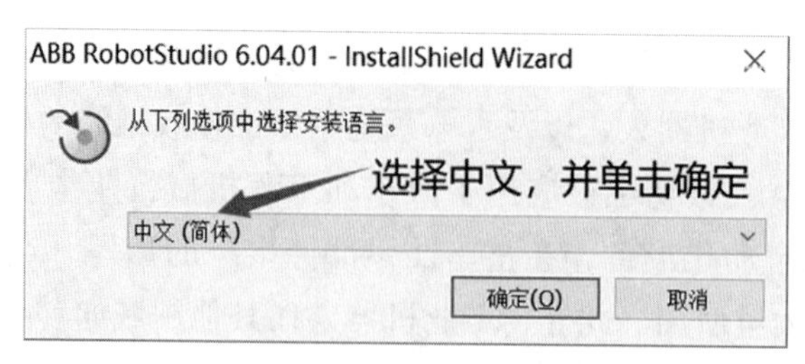

图 1-2

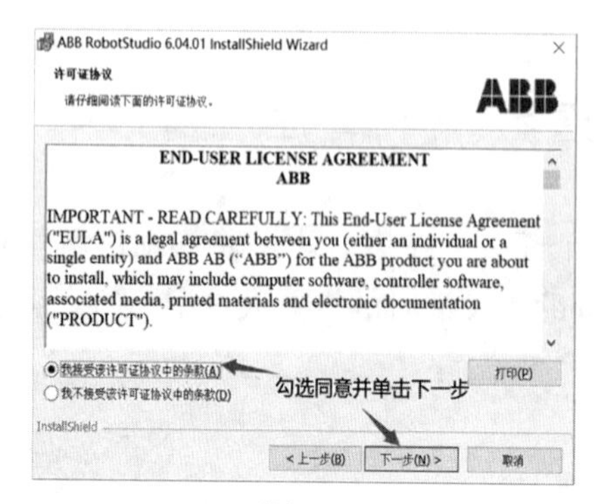

图 1-3

图 1-4

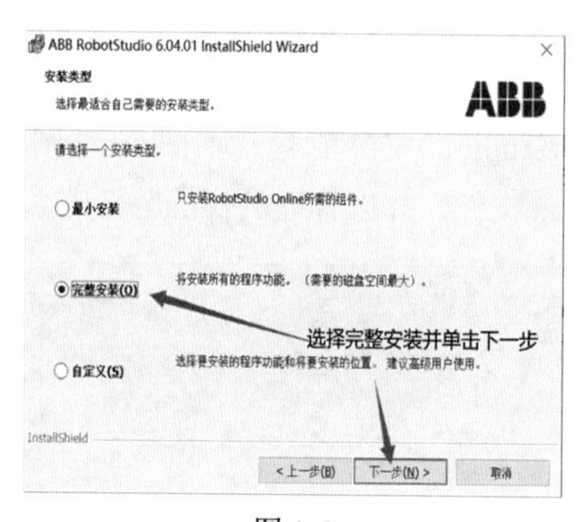

图 1-5

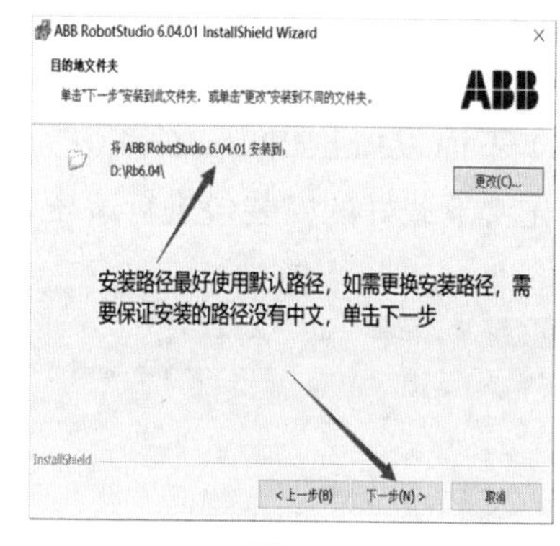

图 1-6

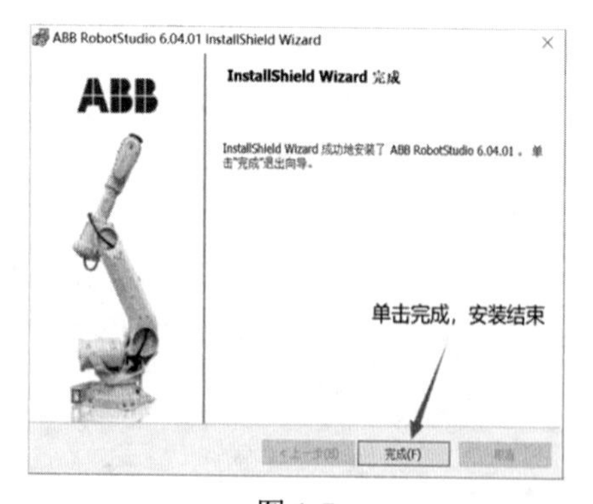

图 1-7

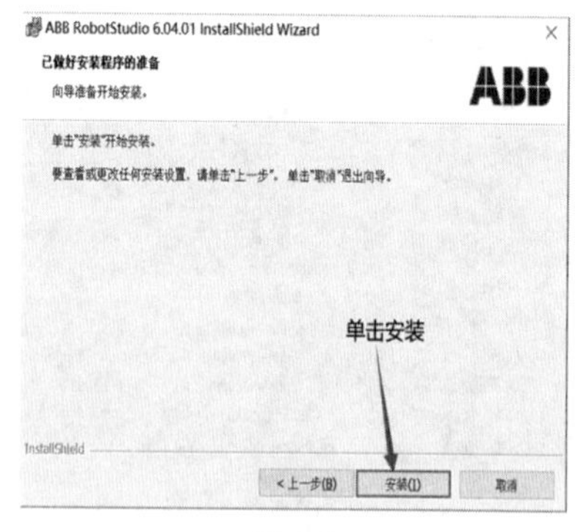

图 1-8

（2）安装完成，如图1-9所示。

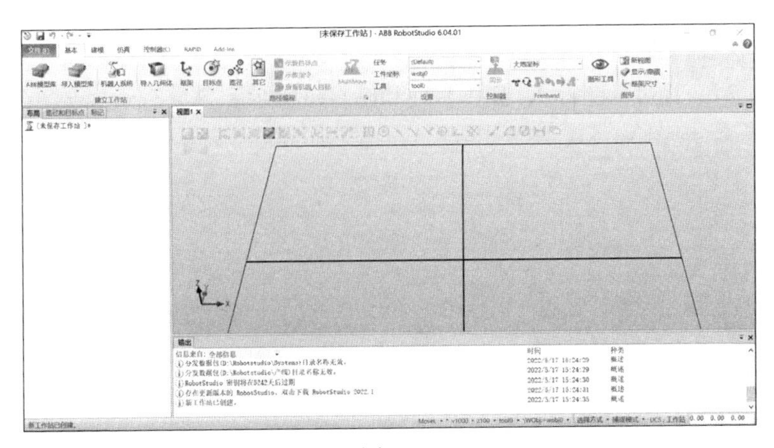

图 1-9

新建一个虚拟仿真工作站

3. 新建一个虚拟仿真工作站

（1）双击打开RobotStudio软件，并创建工作站，如图1-10所示。

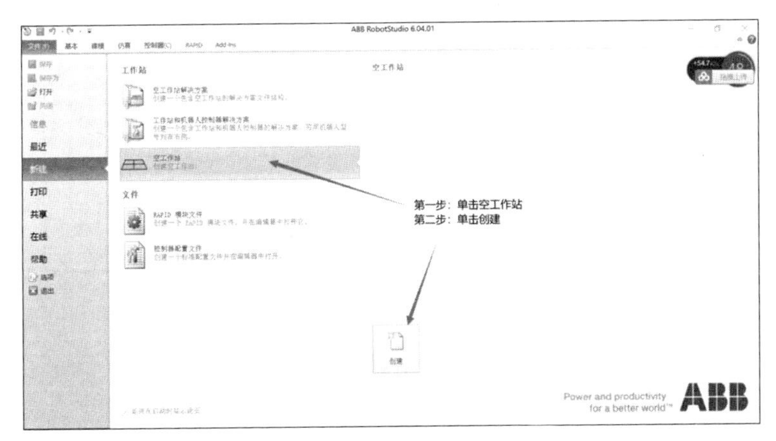

图 1-10

（2）选择机器人型号，如图1-11所示。

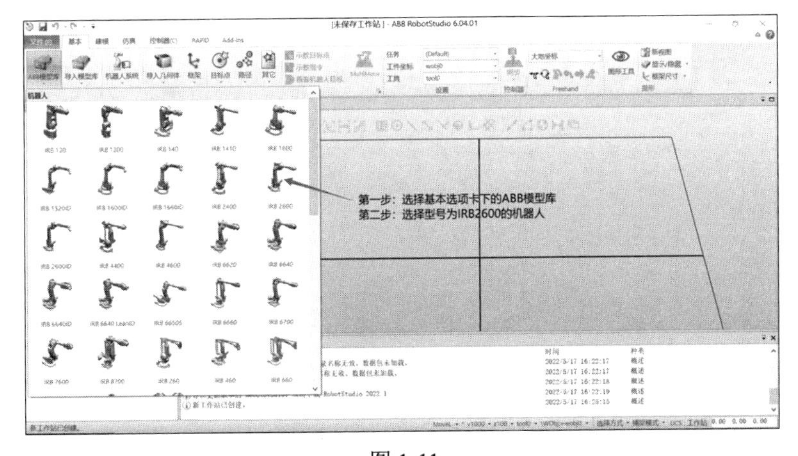

图 1-11

（3）选择机器人工具。单击导入模型库下的下拉按钮，找到设备下的MyTool工具（即图1-12中的“myTool”图标），如图1-12和图1-13所示。

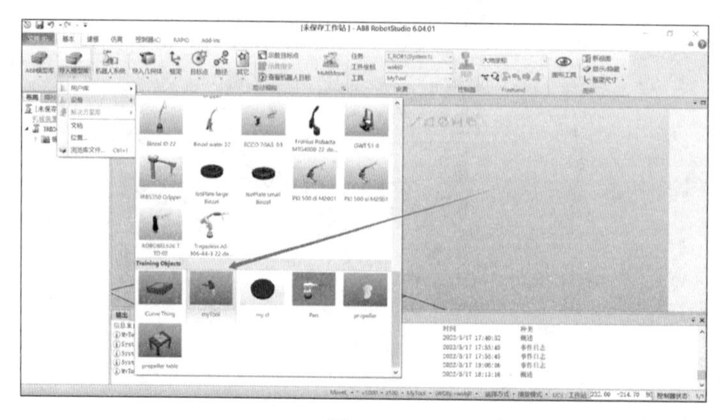

图 1-12

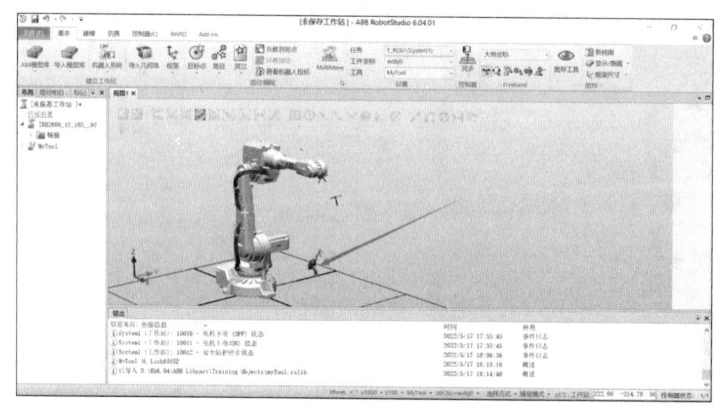

图 1-13

（4）安装机器人工具。单击视图左侧的工作站布局中的“MyTool”，按住左键不松，将工具拖到视图右侧的工作站布局中的机器人上后松手，在弹出的界面上单击“是”，如图1-14和图1-15所示。

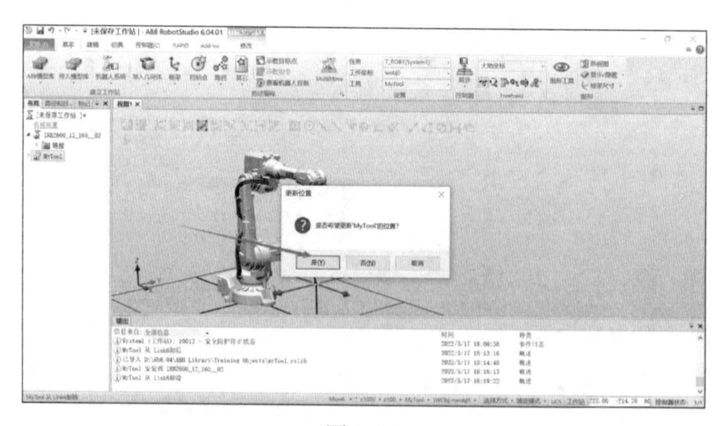

图 1-14

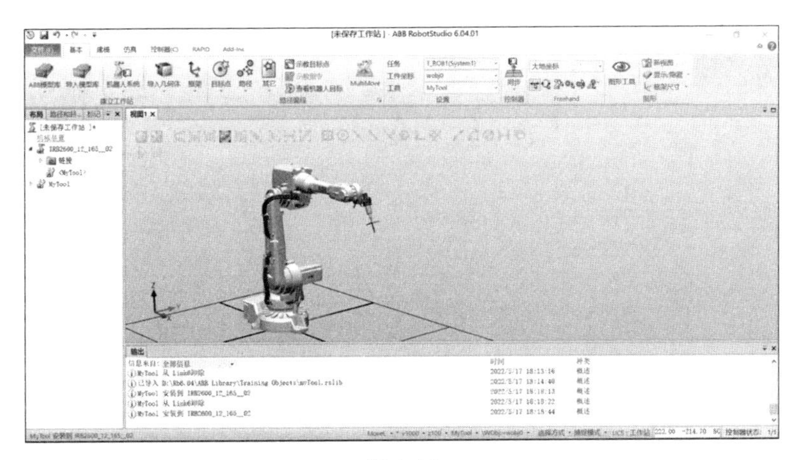

图 1-15

（5）创建机器人系统，如图1-16至图1-19所示。

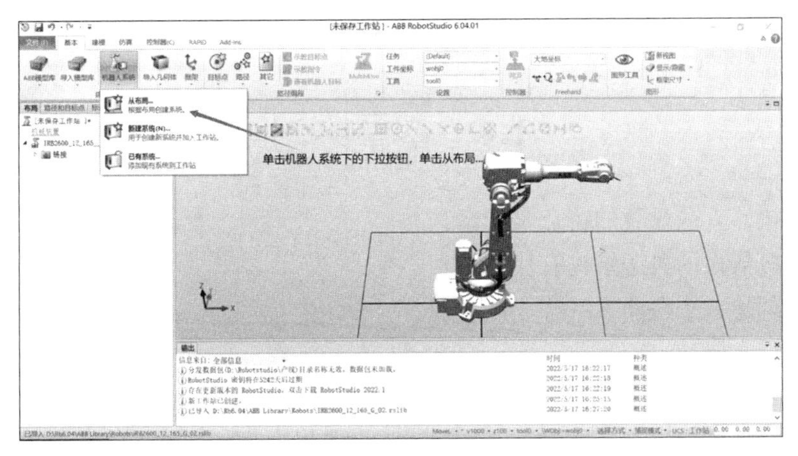

图 1-16

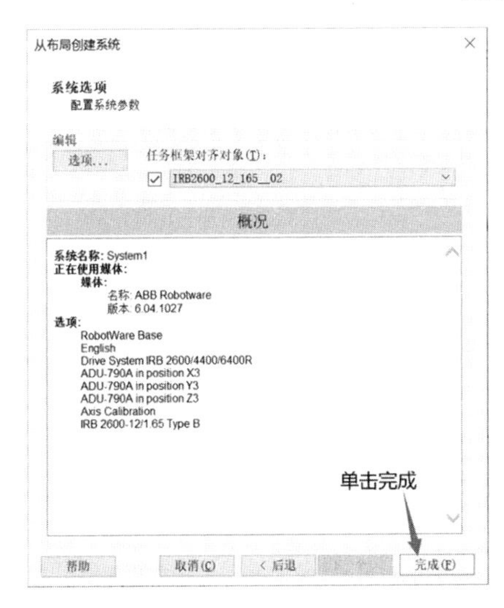

图 1-17

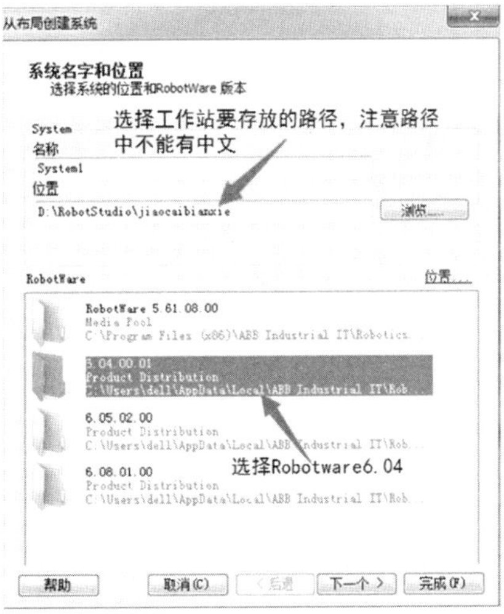

图 1-18

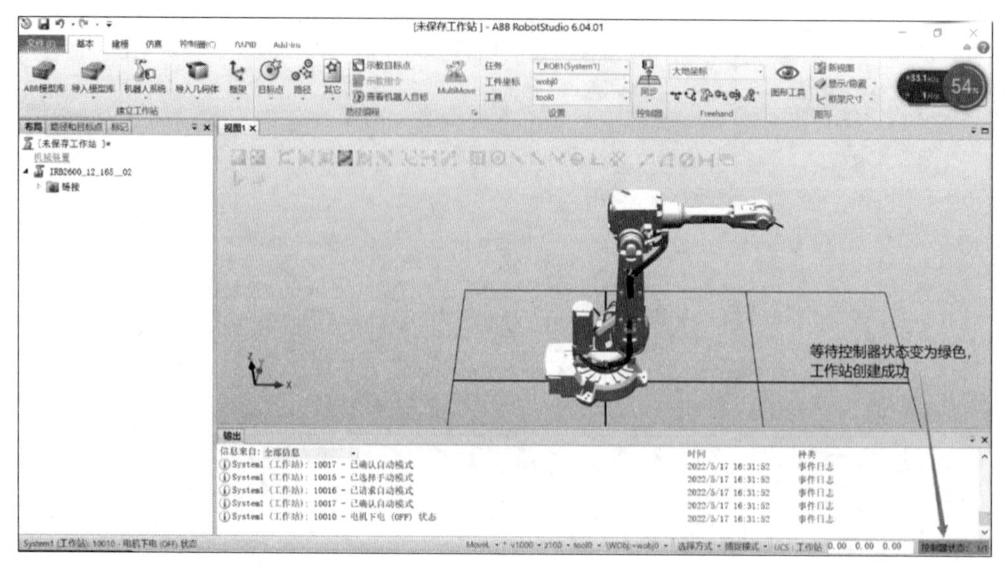

图 1-19

1.4 本章练习

1. 工业机器人最显著的特点是什么？
2. 工业机器人的典型结构有什么？
3. 练习创建一个机器人系统。

第 2 章　工业机器人的基本操作

机器人示教器是工业机器人重要的一个外设，它是操作者与工业机器人进行“对话”交流的一个手持输出设备。通过机器人示教器可以手动操作机器人，也可以对工业机器人进行手动编程、调试程序、修改机器人系统参数等，因此示教器在工业机器人设备中占有举足轻重的地位。

通过本章节的学习之后，大家可以掌握工业机器人示教器的手动操作，以及对工业机器人进行数据的备份与恢复等其他基础操作。

2.1　示教器的使用

2.1.1　示教器手动自动的切换

工业机器人中的示教器也称为编程器，它主要由液晶屏幕和操作按键组成。工业机器人的所有基本操作都可以通过示教器来完成，如机器人的手动操作，机器人程序的编写、调试、设置，以及查询机器人的状态等。

示教器手动自动的切换

1. 认识示教器

（1）示教器的各部分组成，如图2-1所示。

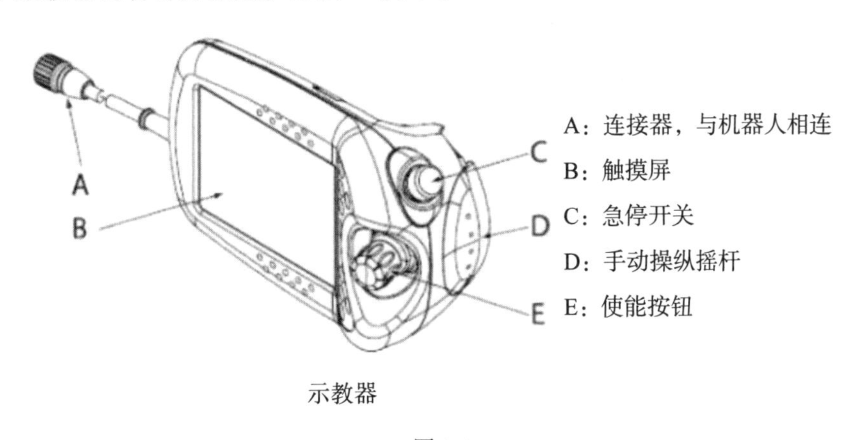

图 2-1

（2）部分组成的详细解释如下。

急停开关（C）：机器人系统配备的安全保护装置。当急停开关按下时，无论机器人在何种运行模式下，都会立即停止，且在报警没有确认（松开急停，上电按钮上电）的情况下，机器人是无法启动继续运行的。该开关建议只有在紧急的情况下再去使用，不正确使用会影响机器人的使用寿命。

手动操纵摇杆（D）：操纵摇杆的操作相当于汽车的油门，操纵摇杆的操作幅度与机器的运动速度相关，操纵摇杆的操作幅度越大，运动速度越快，反之运动速度越小。在初次操作时要注意机器人周边没有干涉，尽可能使操作幅度小些，这样机器人的运动速度就慢慢运动，便于操控。

使能按钮（E）：示教器使能按钮是在示教器手动操纵摇杆的右侧，操作者用左手的四个手指进行操作，示教器使能按钮分为两挡，在手动状态下第一挡按下去机器人处于开启状态，第二挡按下去机器人处于防护装置停止状态。

（3）虚拟示教器的组成，如图2-2所示。

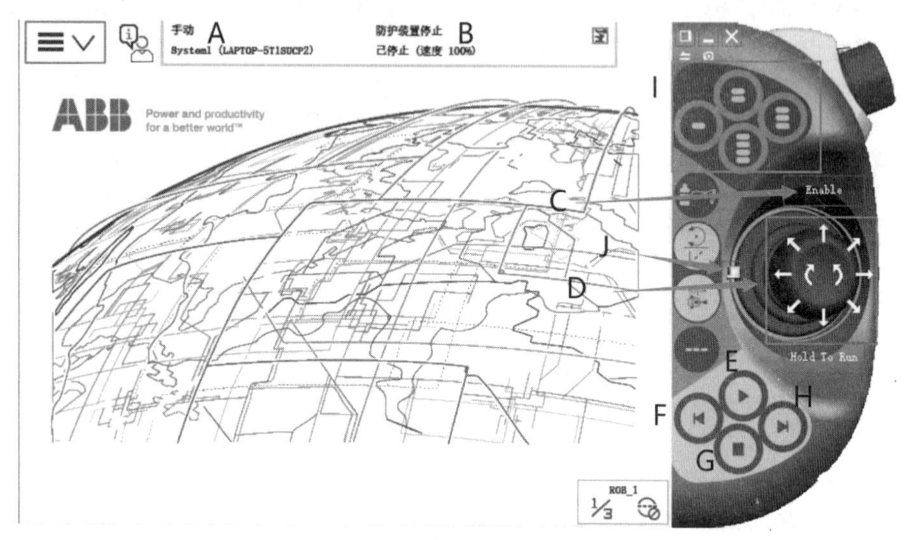

图 2-2

A:机器人的状态：自动、手动、全速手动　B:机器人的电动机状态
C:使能按钮　D:机器人手动操纵摇杆　E:程序启动按钮　F:单步后退按钮
G:程序停止按钮　H:单步向前按钮　I:可编程按钮　J:示教器模式切换按钮

2. 示教器手动自动的切换

（1）打开RobotStudio软件。

在第1章中已讲述过工作站的创建方法，这里不再赘述。

（2）打开示教器，如图2-3所示。

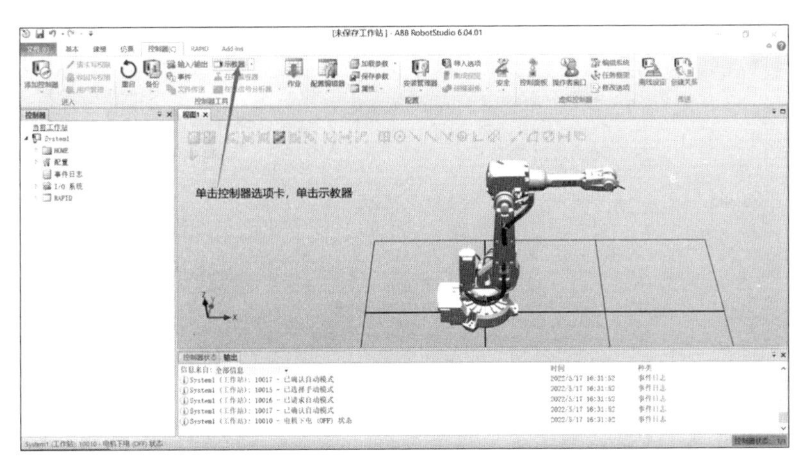

图 2-3

（3）示教器默认状态的介绍，如图2-4所示。

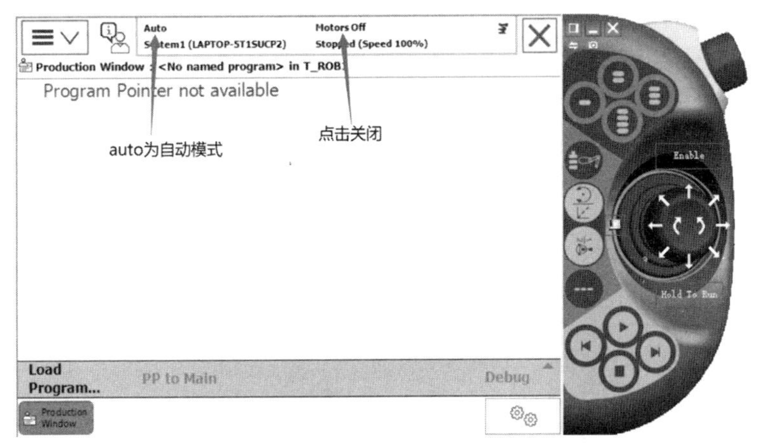

图 2-4

（4）示教器模式的切换，如图2-5和图2-6所示。

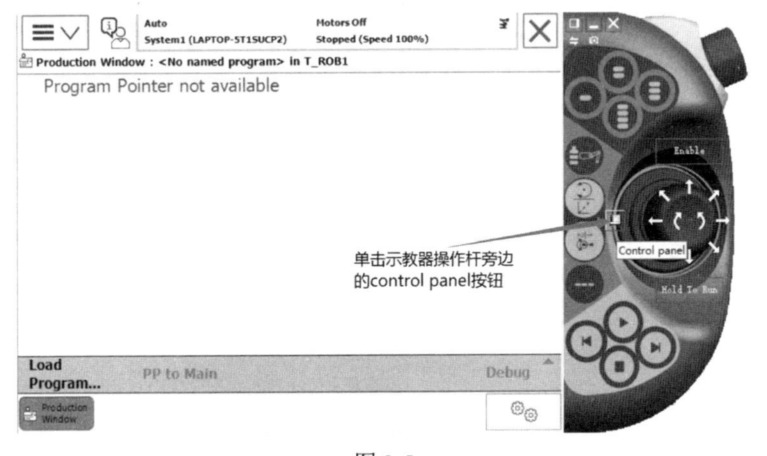

图 2-5

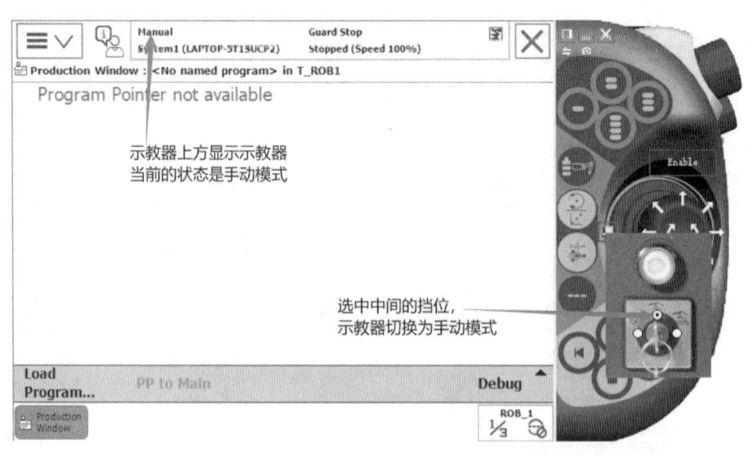

图 2-6

示教器的3个操作模式介绍如下。

自动状态：最左边的挡位，在自动状态下无法编写机器人程序且不能改变机器人的配置信息。

手动状态：中间的挡位，在该模式下可以通过示教器手动操作机器人，改变机器人的形态，以及修改机器人的程序等。

手动100%状态：最右边的挡位，在该模式下，机器人将用最快的速度运行，在正常调试下，不建议使用该状态。

2.1.2 设置示教器的显示语言

设置示教器的显示语言

（1）单击左上角的“菜单”，如图2-7所示。

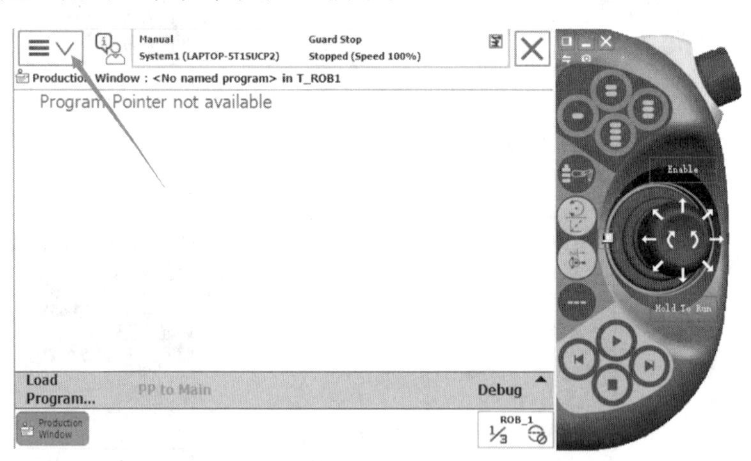

图 2-7

（2）单击“Contro Panel”，如图2-8所示。

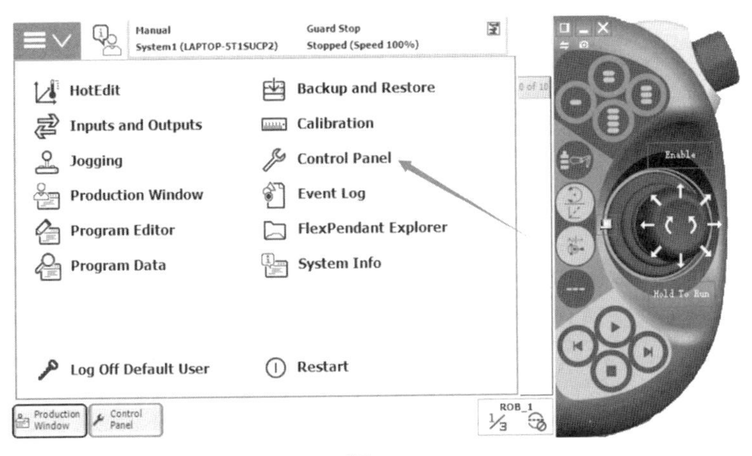

图 2-8

（3）单击“Language”，如图2-9所示。

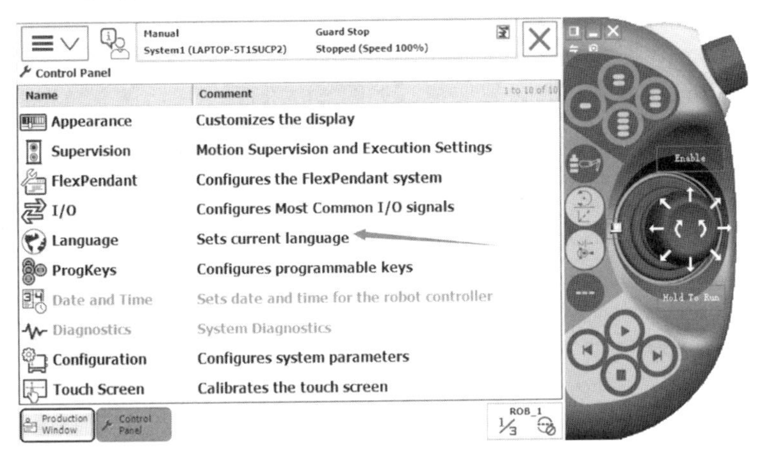

图 2-9

（4）选择“Chinese”并单击“OK”，如图2-10所示。

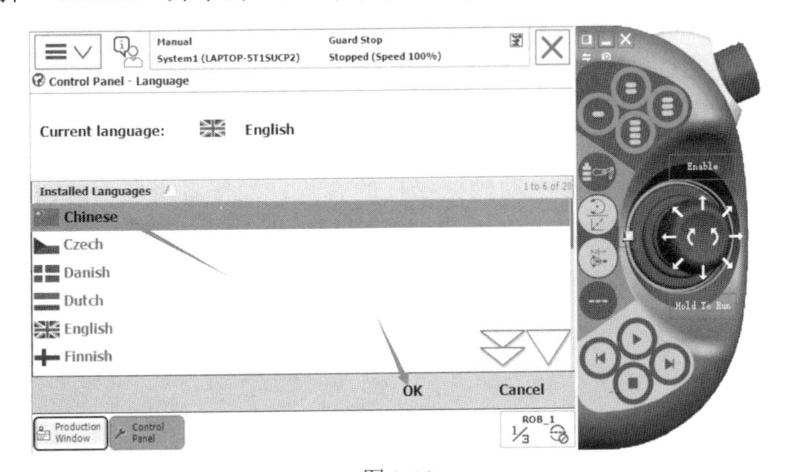

图 2-10

在弹出的界面上，单击“Yes”，重启示教器，如图2-11所示。

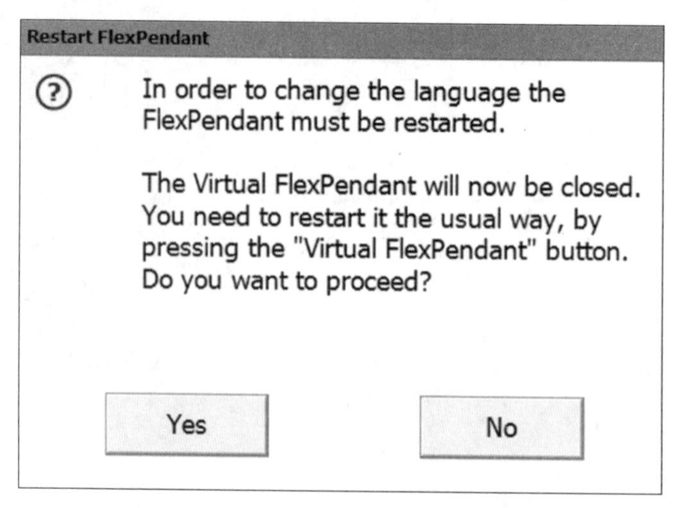

图 2-11

（5）重新打开示教器，语言设置完成，如图2-12所示。

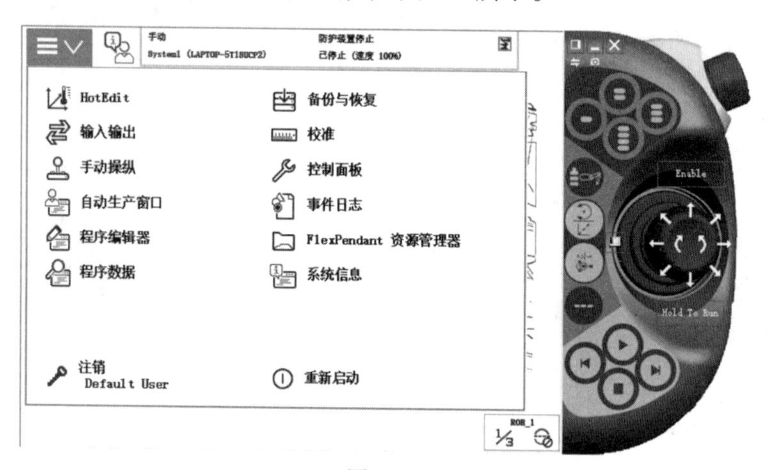

图 2-12

2.1.3 使能按钮的正确使用

示教器使能按钮在示教器手动操纵摇杆的右侧，操作者用左手的四个手指进行操作，示教器使能按钮分为两挡，在手动状态下第一挡按下去机器人处于开启状态，第二挡按下去机器人处于防护装置停止状态。

（1）示教器正确的手握方式，如图2-13所示。

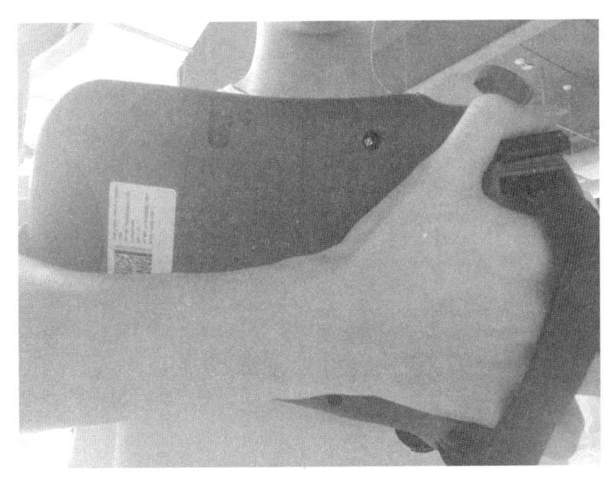

图 2-13

（2）手动状态下第一挡：电机开启状态，按下之后电机状态变为开启，如图2-14和图2-15所示。

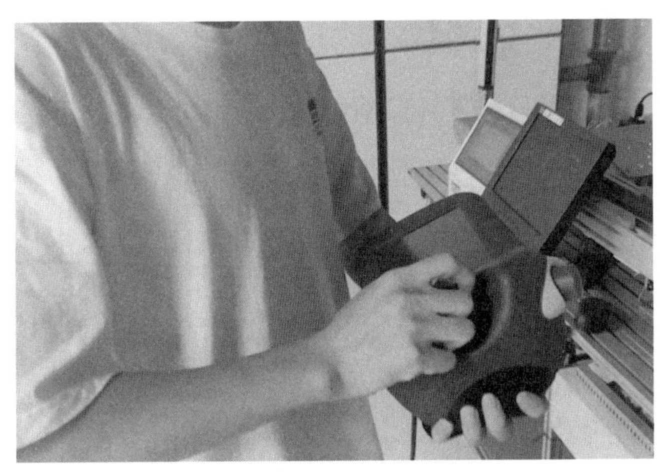

图 2-14

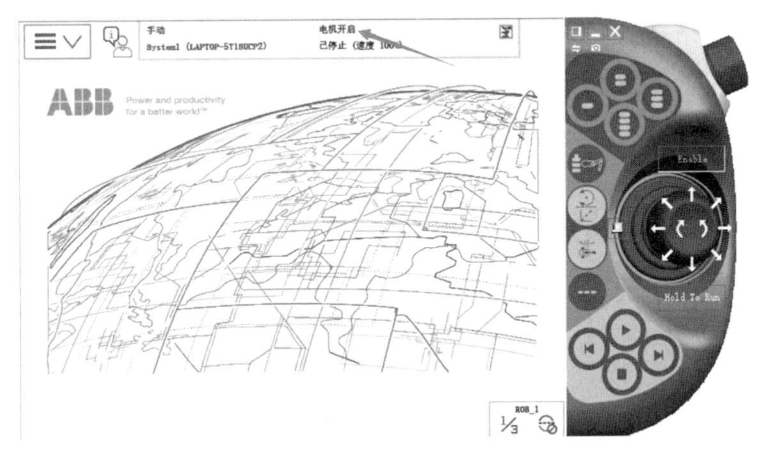

图 2-15

（3）手动状态下第二挡：防护装置停止状态，如图2-16所示。

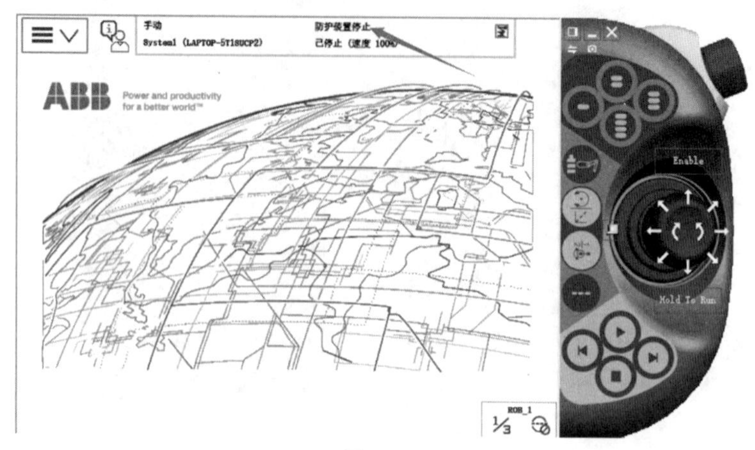

图 2-16

为了安全使用示教器，必须遵循以下原则：

（1）使能设备按钮不能失去功能。在编程或调试时，当机器人不需要移动时，立即松开使能设备按钮即可。

（2）当编程人员进入安全区域后，必须随时将示教器带在身上，避免其他人移动机器人。

2.2　工业机器人的手动操作

工业机器人的手动操作

手动操作工业机器人进行运动一共有三种模式：单轴运动模式、线性运动模式和重定位运动模式。下面介绍如何手动操作工业机器人进行这三种运动。

2.2.1　单轴手动操作

一般地，工业机器人由六个伺服电动机分别驱动工业机器人的六个关节轴，那么每次手动操作一个关节轴的运动，就称之为单轴运动。

（1）工业机器人的六个关节轴，如图2-17和图2-18所示。

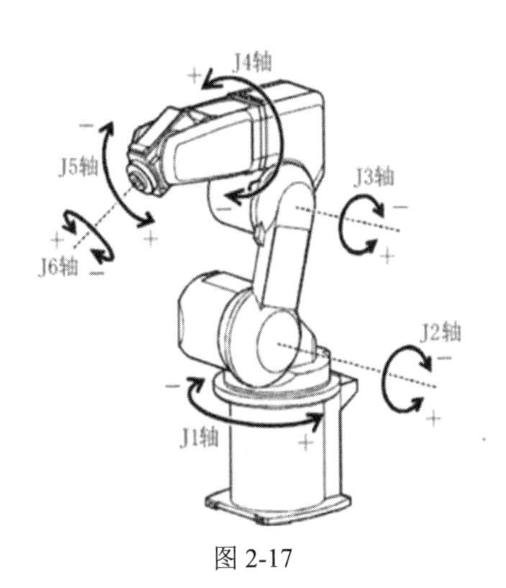

图 2-17

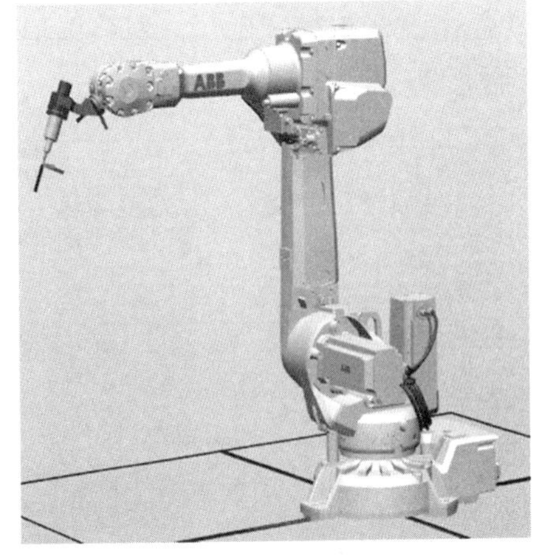

图 2-18

（2）将示教器调到机器人手动模式，如图2-19所示。

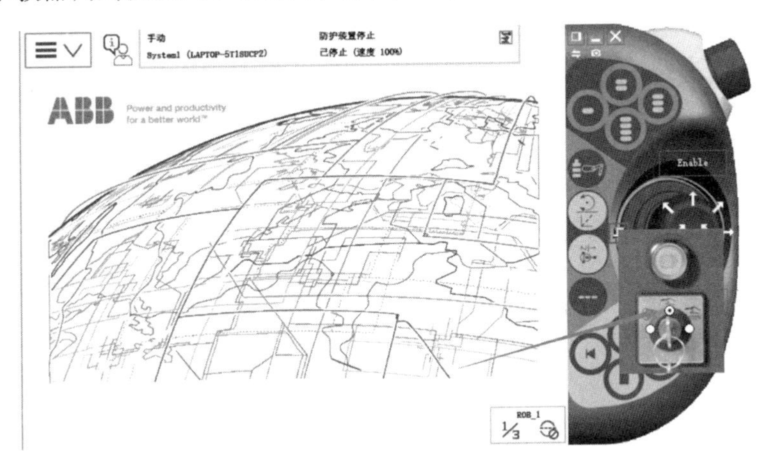

图 2-19

（3）选择“手动操纵”，如图2-20所示。

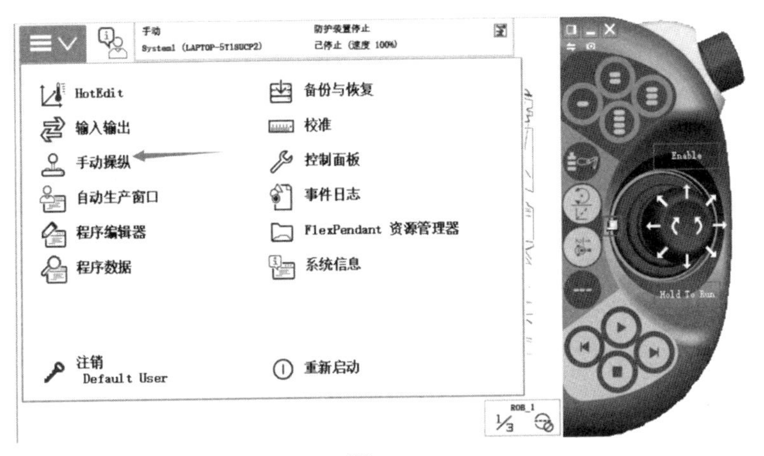

图 2-20

（4）单击“动作模式”，并选择“轴1-3”，此时示教器遥杆所控制的轴为1-3轴及其方向，如图2-21所示。

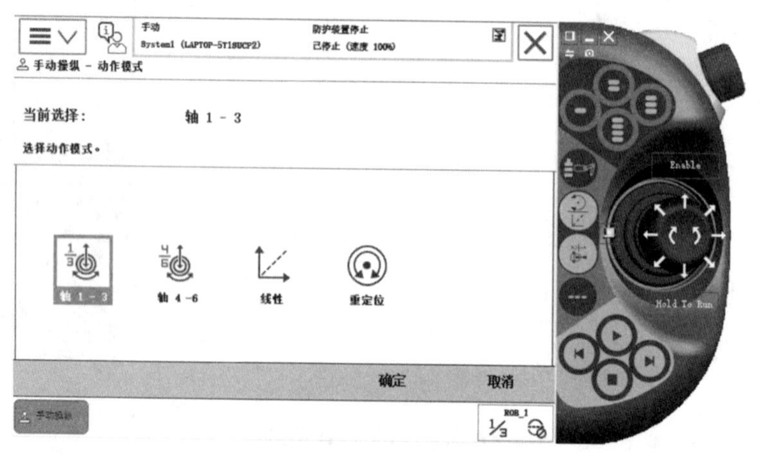

图 2-21

（5）按下使能按钮，操纵摇杆就可以改变机器人的位姿，如图2-22所示。

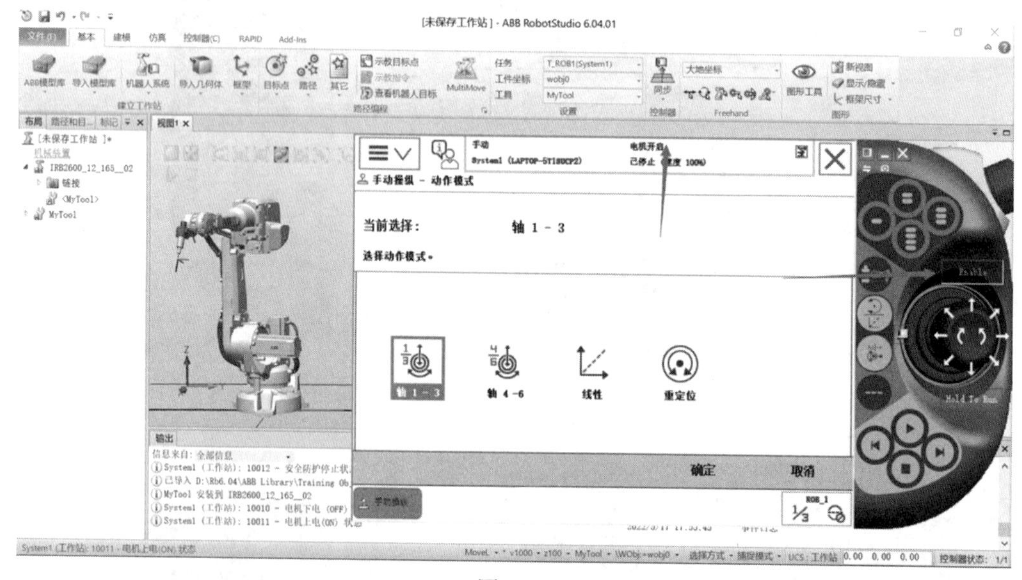

图 2-22

（6）选择菜单栏中的手动模式，通过鼠标来操纵机器人的姿态，如图2-23所示。

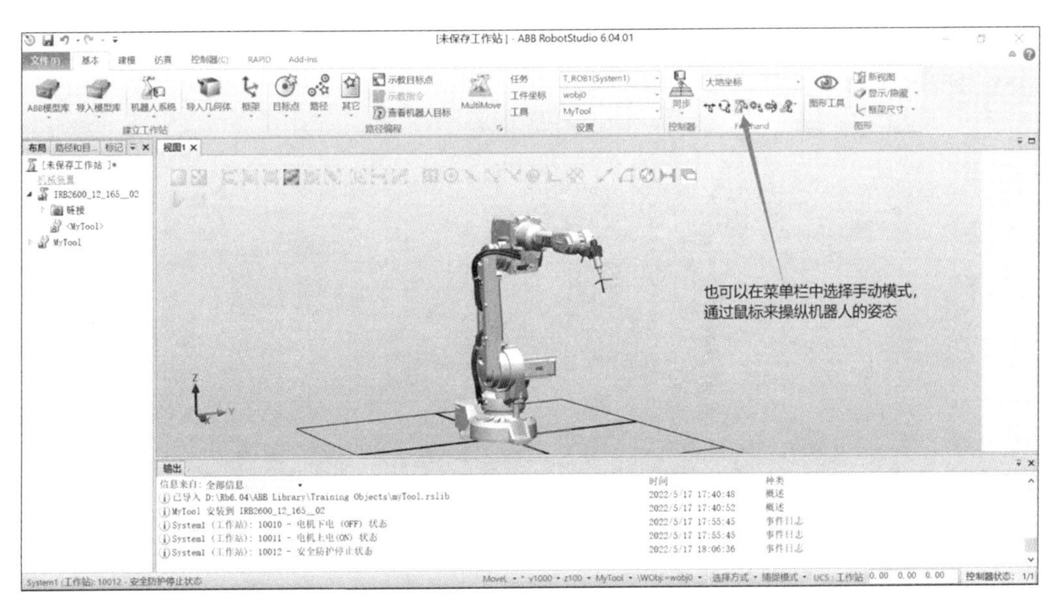

图 2-23

2.2.2　线性手动模式

在了解了单轴手动操作模式之后，下面来进一步学习线性模式和重定位模式。

（1）选择“线性模式”，按下使能按钮，此时示教器摇杆所控制机器人第六轴法兰盘上工具的TCP在空间中做线性运动，如图2-24所示。

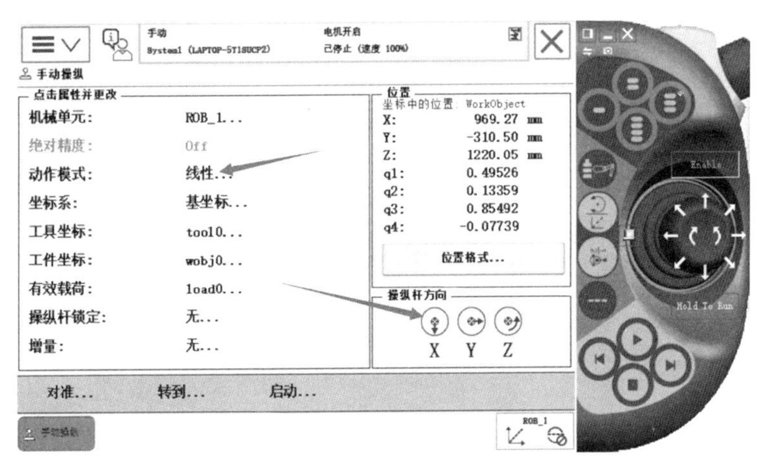

图 2-24

（2）通过菜单栏中的线性手动选项，通过鼠标控制机器人第六轴法兰盘上工具的TCP在空间中做线性运动，如图2-25所示。

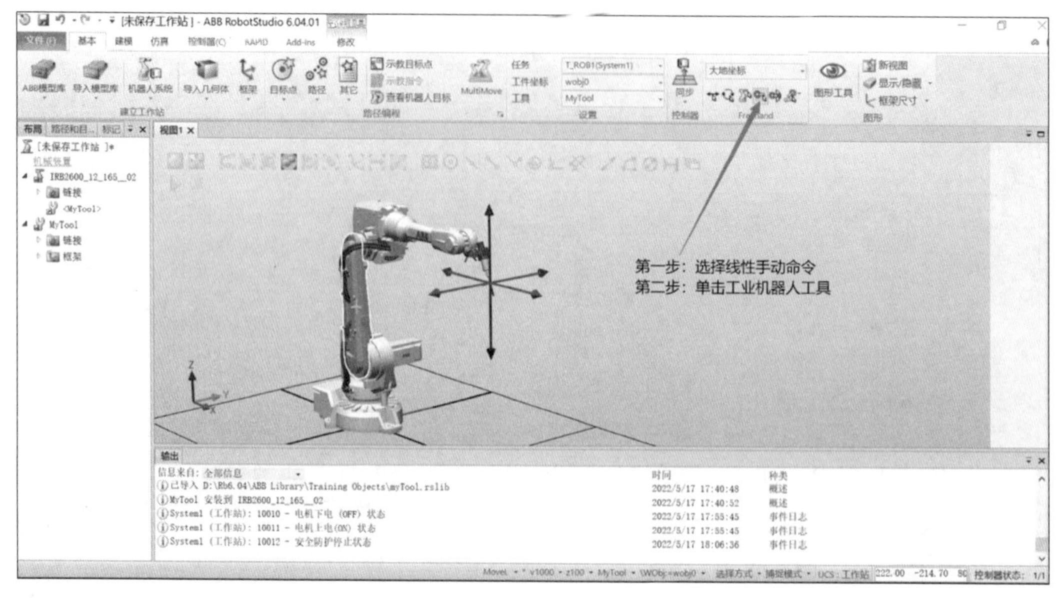

图 2-25

2.2.3 重定位模式

（1）选择“重定位模式”。此时示教器摇杆所控制机器人第六轴法兰盘上的TCP在空间中绕着坐标轴做旋转运动，如图2-26所示。

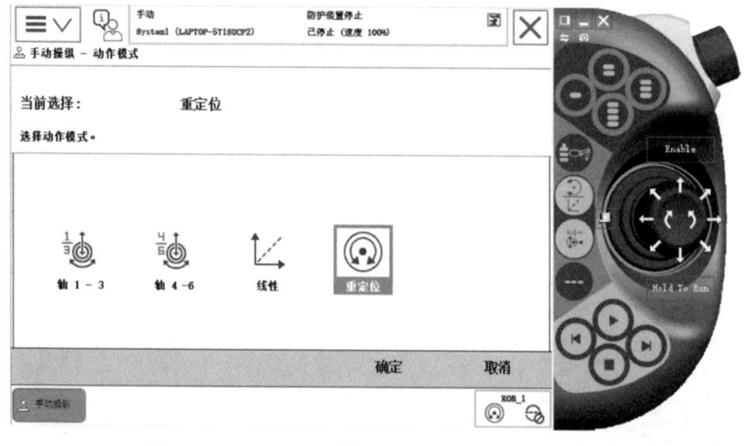

图 2-26

（2）通过菜单栏中的手动重定位选项，通过鼠标控制机器人第六轴法兰盘上的TCP在空间中绕着坐标轴做旋转运动，如图2-27所示。

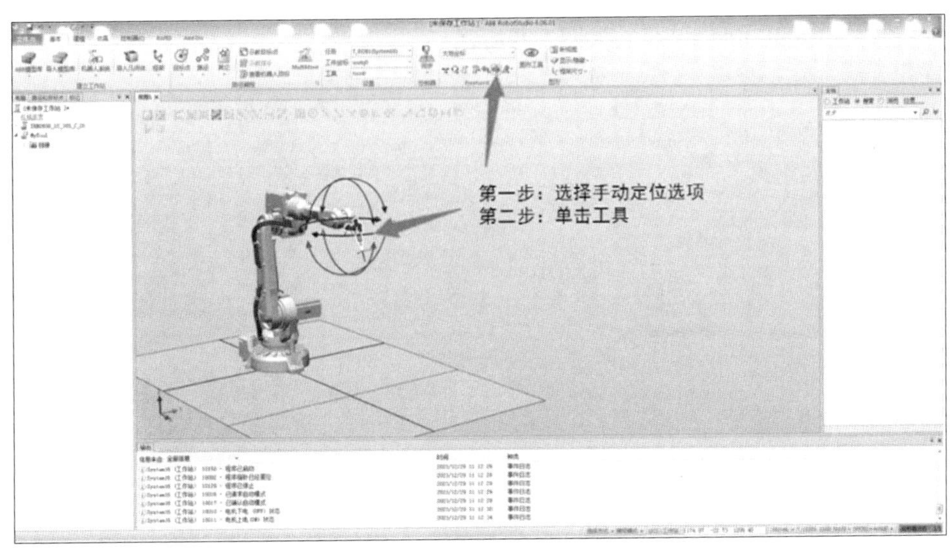

图 2-27

2.3　工业机器人数据的备份与恢复

在机器人的日常调试过程中，养成一个经常给机器人做备份的习惯可以说是非常有必要的。如果你经常给机器人做备份，那么当机器人系统出现故障时，就可以快速地把工业机器人恢复到备份时的状态。下面让我们来学习一下工业机器人数据的备份与恢复的详细步骤。

备份与恢复

2.3.1　工业机器人数据的备份与恢复

1. 工业机器人数据的备份

（1）单击左上角的菜单栏，选择“备份与恢复”，如图2-28所示。

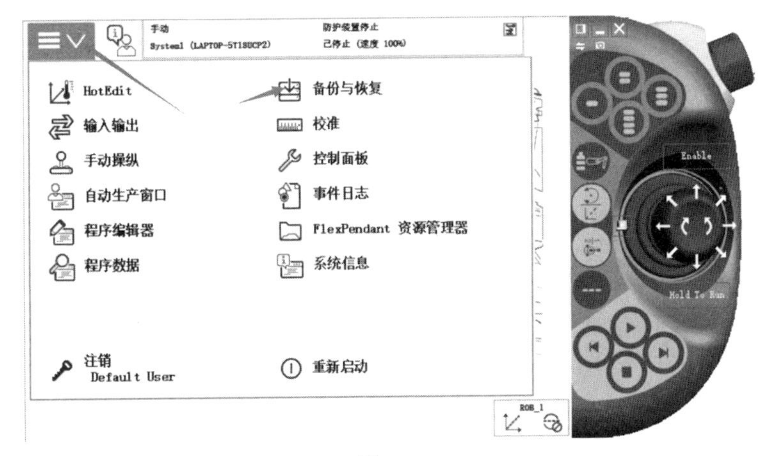

图 2-28

（2）单击“备份当前系统”，如图2-29所示。

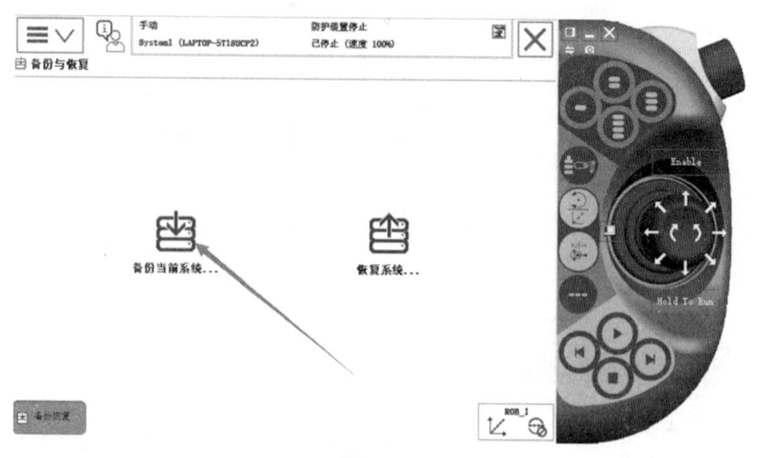

图 2-29

（3）备份设置。单击“ABC...”可以设置备份文件夹的名称，设置要存放备份数据的路径，注意备份路径不能有中文，如图2-30所示。

图 2-30

（4）备份完成。可以查看备份文件，如图2-31所示。

System1_Backup_20220517
共享 查看
› 此电脑 › Data (D:) › Robotstudio › jiaocaibianxie ›
名称
BACKINFO
HOME
RAPID
SYSPAR
system.xml

图 2-31

BACKINFO：包含要从RobotWare中重新创建系统软件和选项所需的信息。

HOME：包含系统主目录中的内容的拷贝。

RAPID：为机器人中的每个任务创建一个文件夹。每个任务文件夹包含单独的程序模块文件夹和系统模块文件夹。

SYSPAR：包含系统配置文件。

2. 工业机器人数据的恢复

（1）单击“恢复系统”，如图2-32所示。

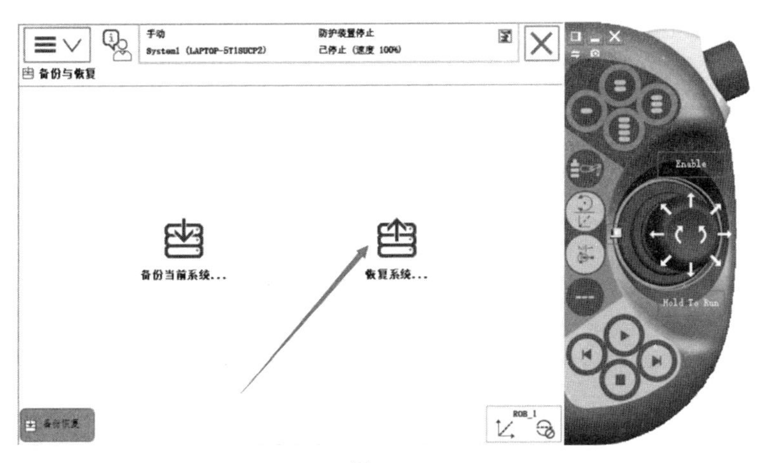

图 2-32

（2）选择备份文件的路径。在弹出的界面上单击“是”，如图2-33和图2-34所示。

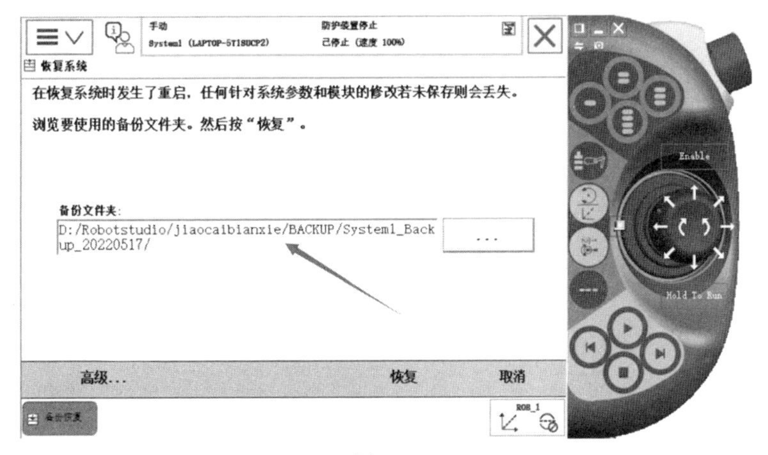

图 2-33

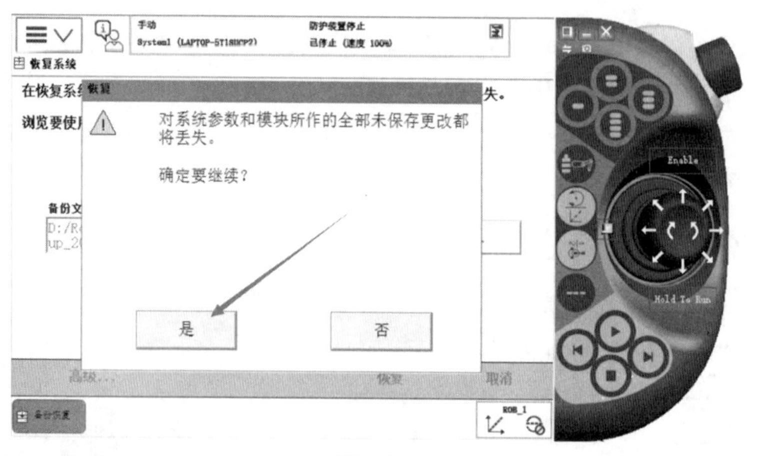

图 2-34

（3）备份恢复完成。

2.3.2 工业机器人工作站的打包与解包

打包与解包

1. 工业机器人工作站的打包

（1）单击界面左上角的“文件”，如图2-35所示。

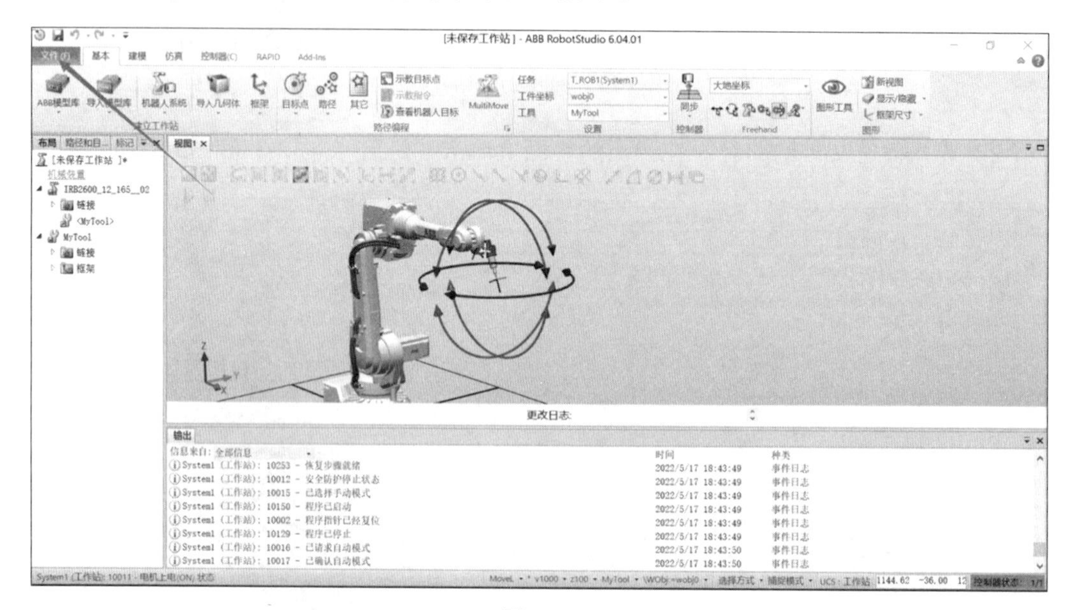

图 2-35

（2）单击“共享”选项卡，选择“打包”，如图2-36所示。

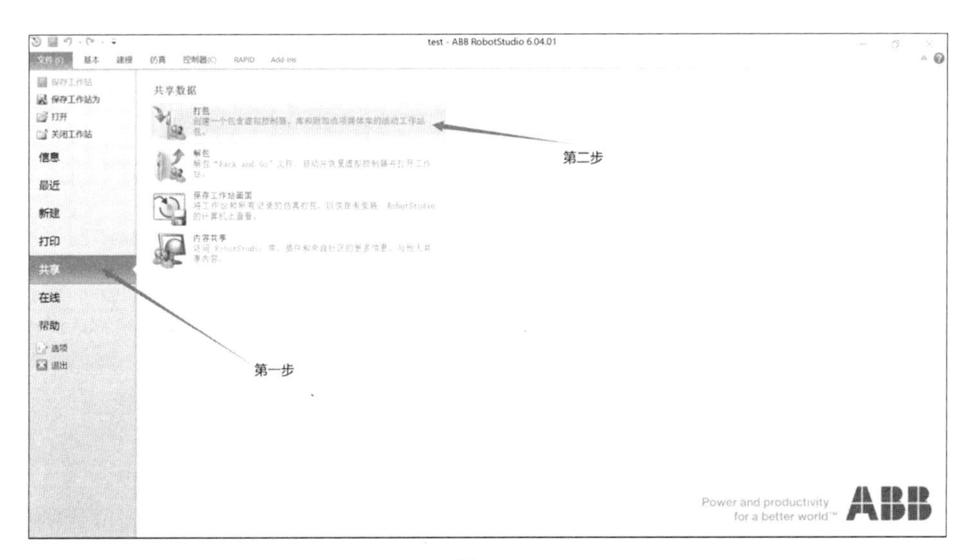

图 2-36

（3）设置工作站打包的名字和位置，这里注意，工作站存放位置的路径不能有中文，如图2-37所示。

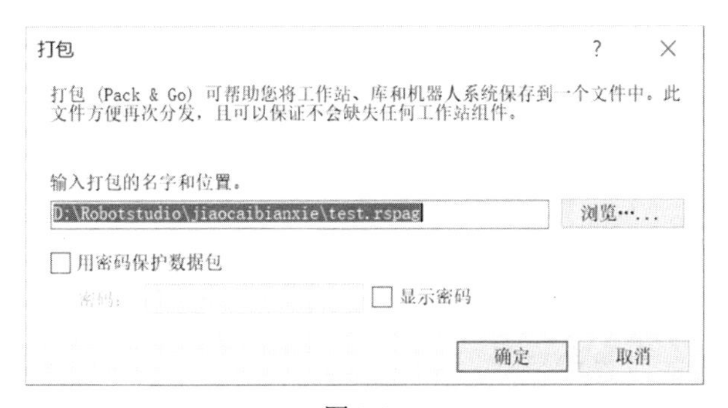

图 2-37

（4）单击“确定”，打包完成。

2. 工业机器人工作站的解包

（1）找到需要解包的文件并双击，如图2-38所示。

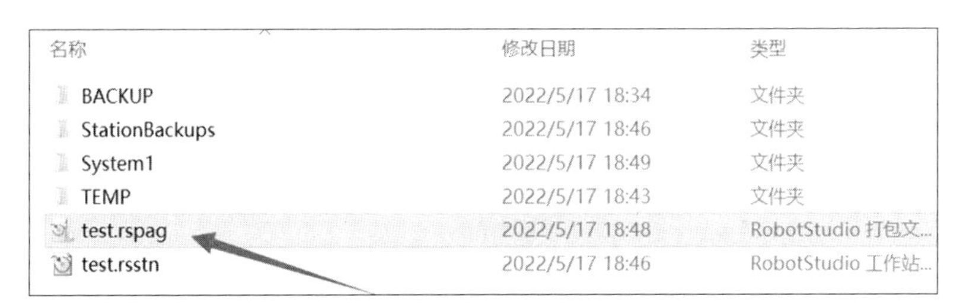

图 2-38

（2）单击“下一个”，如图2-39所示。

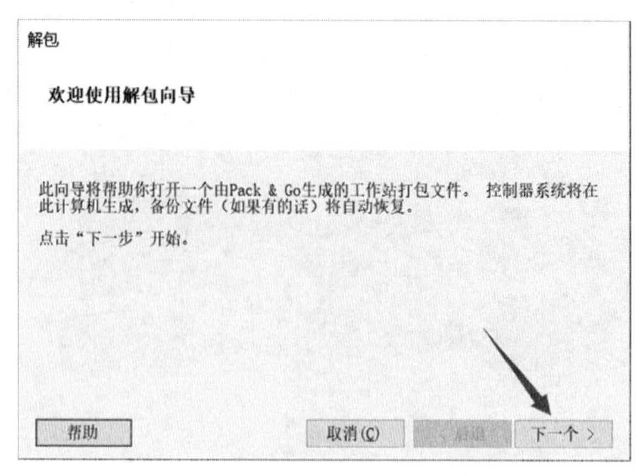

图 2-39

（3）设置解包的目标文件夹并单击“下一个”，这里注意，工作站存放位置的路径不能有中文，如图2-40所示。

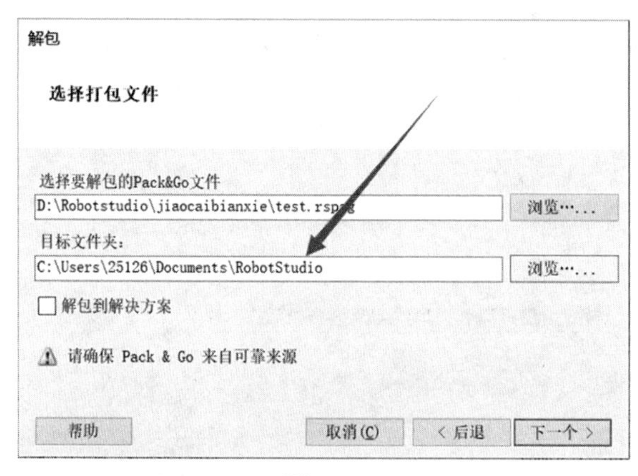

图 2-40

（4）选择6.04.01.00版本的RobotWare，并单击“下一个”，如图2-41所示。

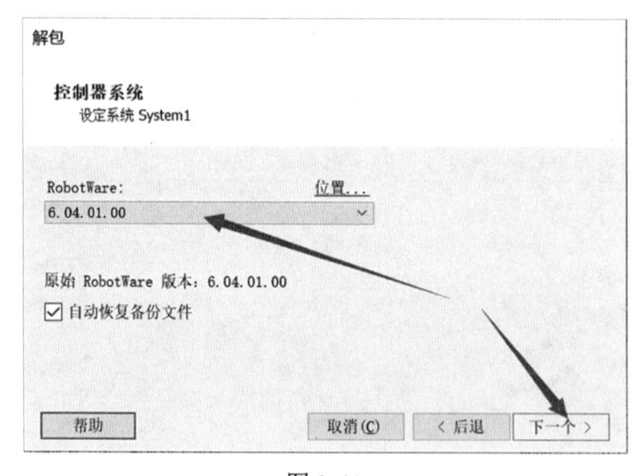

图 2-41

（5）单击“完成”，进行解包，如图2-42所示。

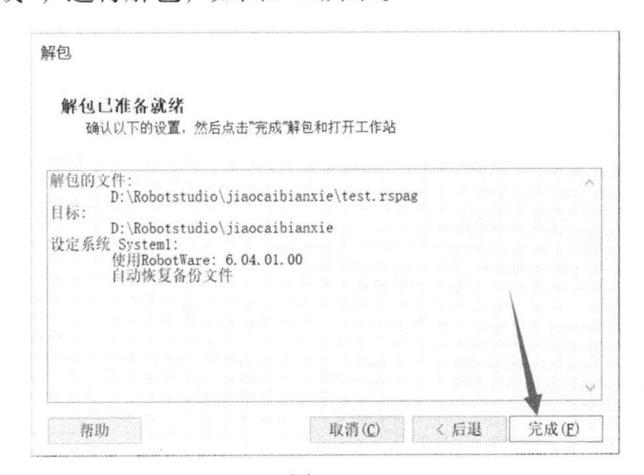

图 2-42

（6）解包完成，如图2-43所示。

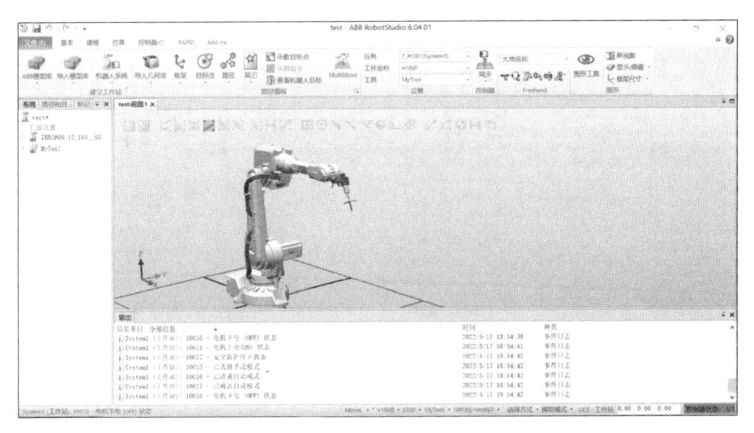

图 2-43

2.3.3　工业机器人虚拟工作站与现实机器的通信

（1）用网线将计算机与机器人控制柜上的X6端口连接，如图2-44所示。

图 2-44

（2）打开RobotStudio软件，单击“文件”，选择“在线”选项，如图2-45所示。

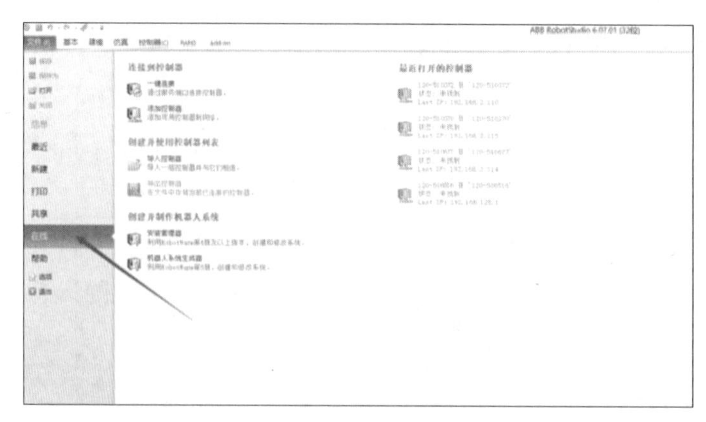

图 2-45

（3）单击“添加控制器”，若网线连接好，将自动识别到机器人。然后单击“确定”，如图2-46所示。

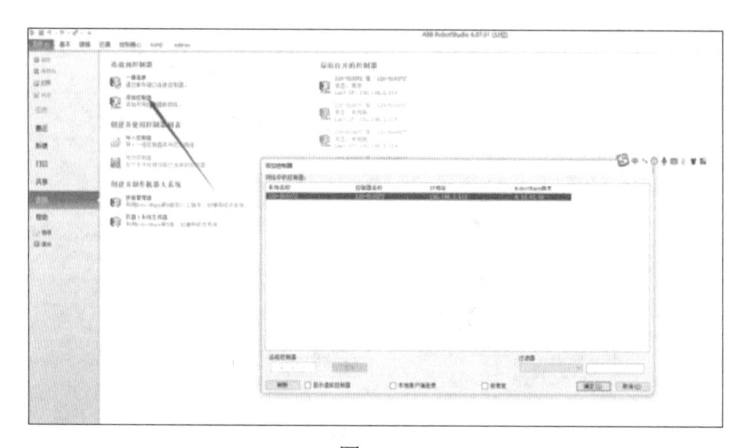

图 2-46

（4）如果要更改机器人中的程序，单击左上角的“请求写权限”，然后在机器人示教器上单击“确认”即可，如图2-47所示。

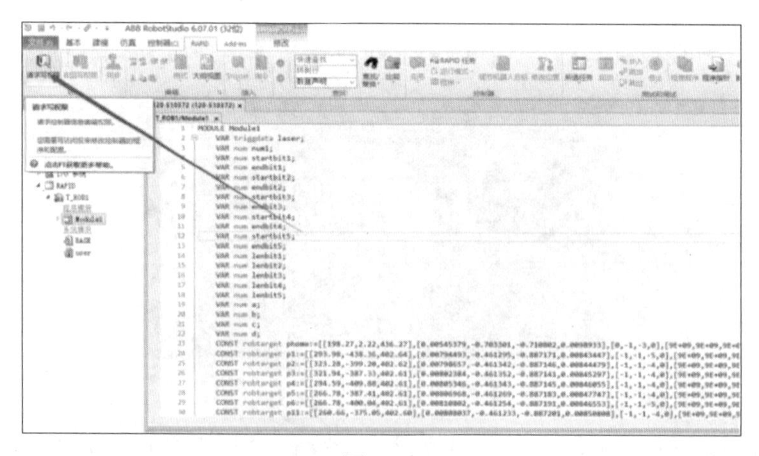

图 2-47

（5）程序更改完毕，单击“应用”，将更改后的程序下载到机器人中，如图2-48所示。

图 2-48

2.4　工业机器人日志的查看

2.4.1　常用日志信息查看

在操作ABB（全球领先的机器人与机械自动化供应商之一）工业机器人系统时，现场通常没有工作人员。为了方便故障排除，系统的记录功能会保存事件信息，并将其作为参考。每个事件日志项目不仅包含一条详细描述该事件的消息，还包含解决问题的建议。

如下是工业机器人事件日志的查看方法，如图2-49和图2-50所示。

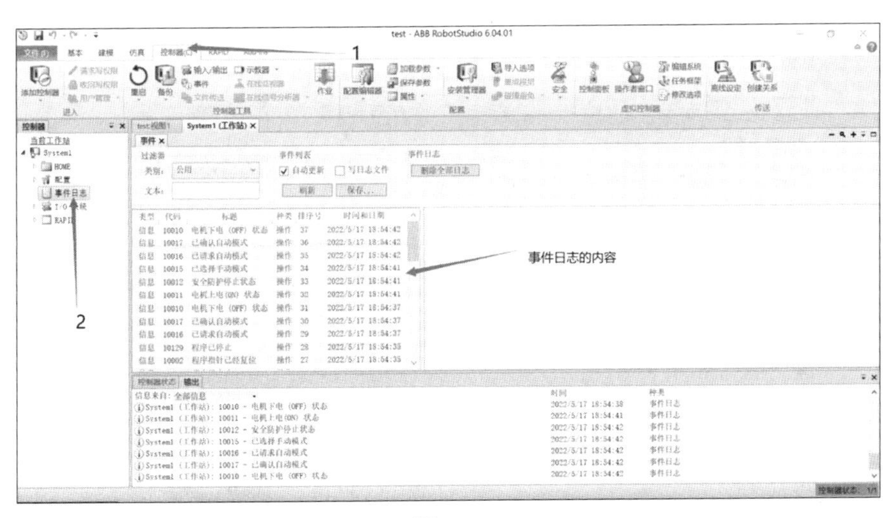

图 2-49

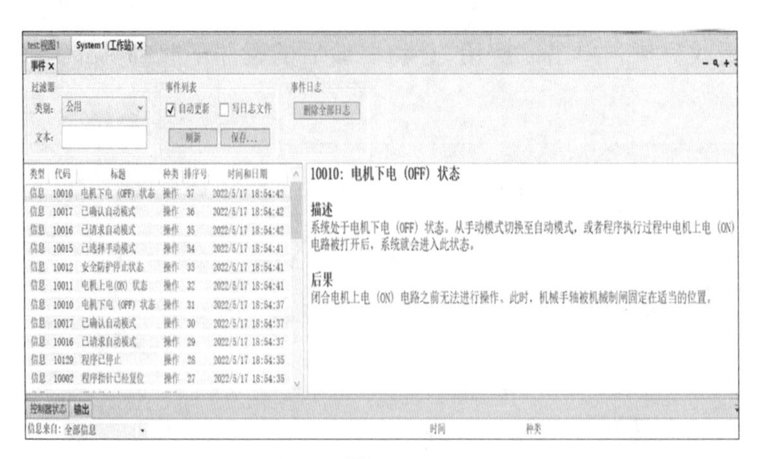

图 2-50

也可以通过示教器查看事件日志。单击示教器上方的区域可以查看到工业机器人的事件日志，单击每个事件日志可以查看事件发生的详细信息和时间以及故障原因，如图2-51至图2-53所示。

图 2-51

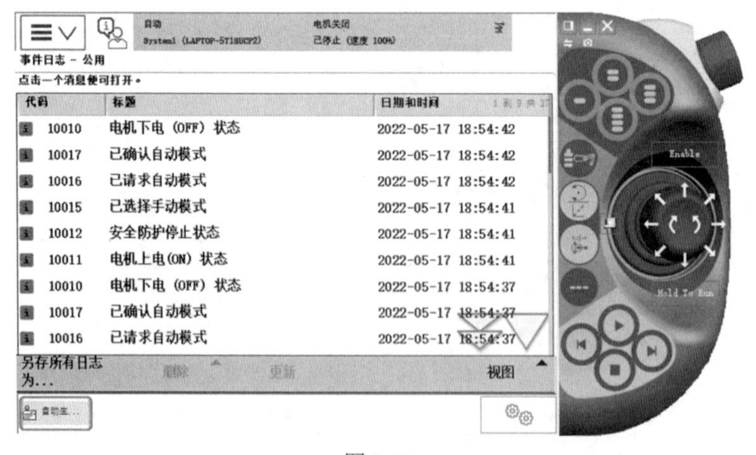

图 2-52

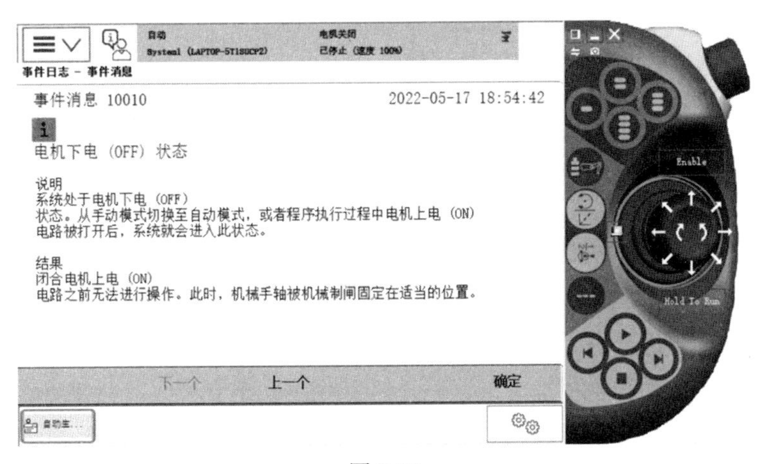

图 2-53

2.5　本章练习

1. 请在示教器里进行语言的设定。
2. 请在示教器里进行工业机器人数据的备份与恢复操作。
3. 请在示教器里练习工业机器人的三种手动操作模式。

第 3 章　工业机器人的信号系统

在实际应用中，工业机器人系统并不是单独使用的，在工业机器人投入生产的过程中，必须要与其他设备联系在一起，而这些设备上的信号必须通过CC-Link工业协议和工业生产机器人的系统信号联系在一起。因此，在机器人安装出厂后，投入实际生产使用前，对工业机器人进行信号处理调试是十分必要的一个环节。

3.1　工业机器人 I/O 通信的种类

ABB工业机器人提供了丰富的I/O通信接口，如ABB的标准通信，与PLC（可编程逻辑控制器）的现场总线通信，还有与PC机的数据通信，如图3-1所示，可以轻松地实现与周边设备的通信。

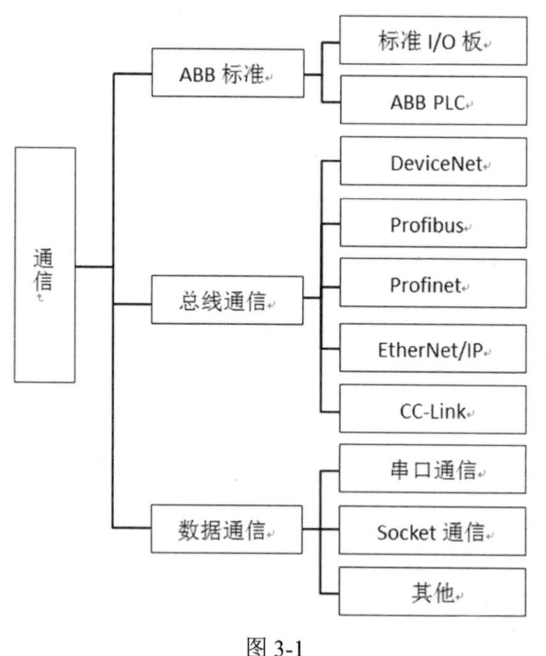

图 3-1

ABB工业机器人的标准I/O板提供的常用信号处理有数字量输入、数字量输出、组输入、组输出、模拟量输入、模拟量输出，在本章中会对此进行介绍。

ABB工业机器人可以选配标准ABB的PLC，省去了原来与外部PLC进行通信设置的麻烦，并且在机器人的示教器上就能实现与PLC的相关操作。

在本章节中，将对ABB工业机器人控制器的结构进行简单介绍，如图3-2至图3-4所示。

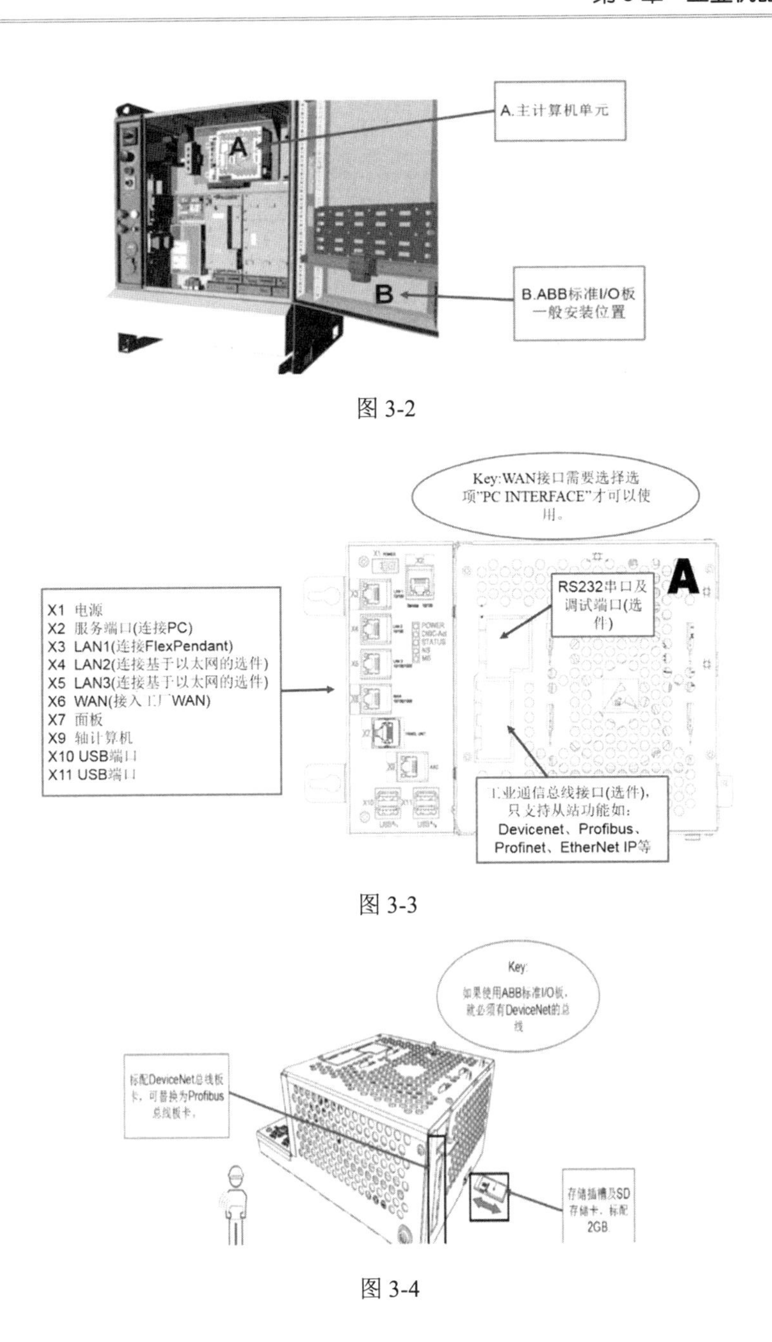

图 3-2

图 3-3

图 3-4

3.2　工业机器人标准 I/O 板

经过上节对ABB工业机器人控制器结构的简单了解之后，本章节将对DSQC651板和DSQC652板进行详细的介绍。

3.2.1　DSQC651 板的详细介绍

DSQC651板主要用于8个数字输入信号、8个数字输出信号和2个模拟输出信号的处理。

（1）模块接口说明，如图3-5所示。

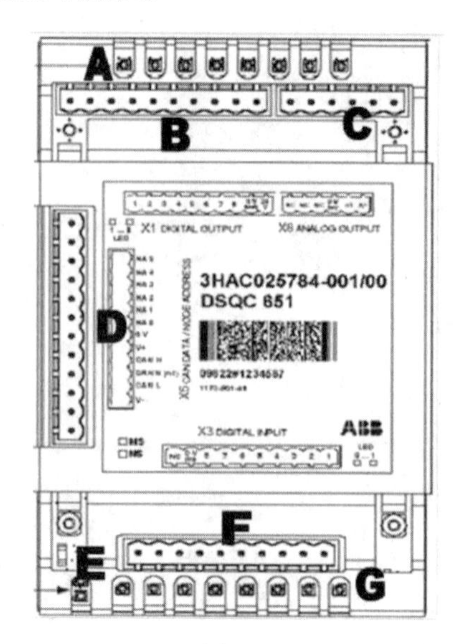

图 3-5

A：数字输出信号指示灯。

B：X1数字输出接口。

C：X6模拟输出接口。

D：X5是DeviceNet接口。

E：模块状态指示灯。

F：X3数字输入接口。

G：数字输入信号指示灯。

（2）模块接口连接说明。

① X1端子。X1端子不同接口的使用定义和地址分配如表3-1所示。

表 3-1

X1 端子编号	使用定义	地址分配
1	OUTPUT CH1	32
2	OUTPUT CH2	33
3	OUTPUT CH3	34
4	OUTPUT CH4	35
5	OUTPUT CH5	36
6	OUTPUT CH6	37
7	OUTPUT CH7	38
8	OUTPUT CH8	39
9	0V	
10	24V	

② X3端子。X3端子不同接口的使用定义和地址分配如表3-2所示。

表 3-2

X3 端子编号	使用定义	地址分配
1	INPUT CH1	0
2	INPUT CH2	1
3	INPUT CH3	2
4	INPUT CH4	3
5	INPUT CH5	4
6	INPUT CH6	5
7	INPUT CH7	6
8	INPUT CH8	7
9	0V	
10	未使用	

③ X5端子。X5端子不同接口的使用定义和地址分配如表3-3所示。

表 3-3

X5 端子编号	使用定义
1	0V BLACK（黑色）
2	CAN 信号线 low BLUE（蓝色）
3	屏蔽线
4	CAN 信号线 high WHITE（白色）
5	24V RED（红色）
6	GND 地址选择公共端
7	模块 ID bit 0 (LSB)
8	模块 ID bit 1 (LSB)
9	模块 ID bit 2 (LSB)
10	模块 ID bit 3 (LSB)
11	模块 ID bit 4 (LSB)
12	模块 ID bit 5 (LSB)

ABB标准I/O板是挂在DeviceNet网络上的，所以要设定模块在网络中的地址。端子X5的6~12的跳线就是用来决定模块的地址的，地址可用范围为10~63。

如图3-6所示，将第8脚和第10脚的跳线剪去，2+8=10就可以获得10的地址。

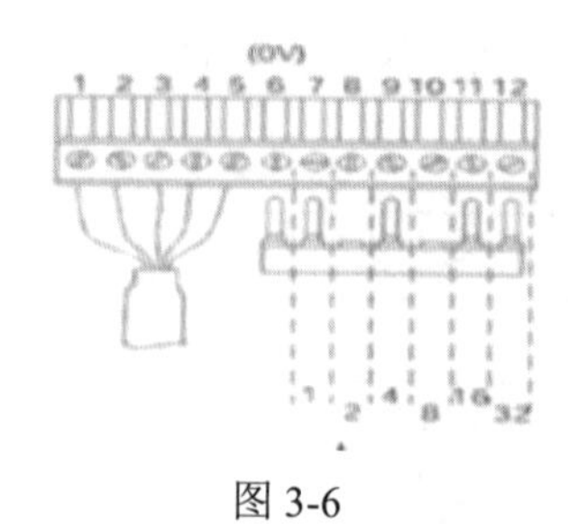

图 3-6

④ X6端子。X6端子不同接口的使用定义和地址分配如表3-4所示。

表 3-4

X6 端子编号	使用定义	地址分配
1	未使用	
2	未使用	
3	未使用	
4	0V	
5	模拟输出 A01	0～15
6	模拟输出 A02	16～31

3.2.2 DSQC652 板的详细介绍

DSQC651板主要用于16个数字输入信号、16个数字输出信号的处理。

（1）模块接口说明，如图3-7所示。

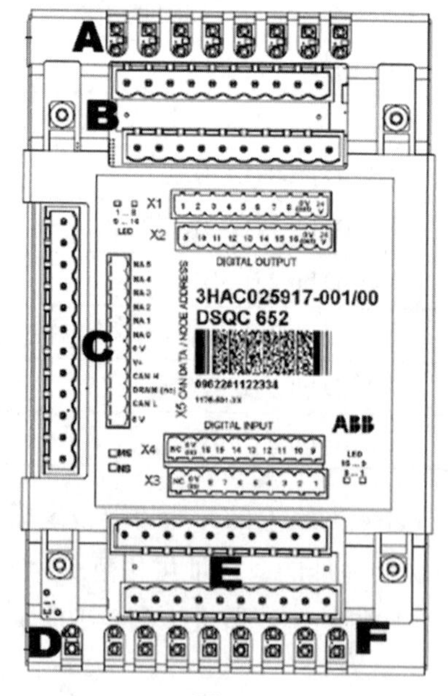

图 3-7

A：数字输出信号指示灯。

B：X1、X2数字输出接口。

C：X5是DeviceNet接口。

D：模块状态指示灯。

E：X3、X4数字输入接口。

F：数字输入信号指示灯。

（2）模块接口连接说明。

① X1端子。X1端子不同接口的使用定义和地址分配如表3-5所示。

表 3-5

X1 端子编号	使用定义	地址分配
1	OUTPUT CH1	0
2	OUTPUT CH2	1
3	OUTPUT CH3	2
4	OUTPUT CH4	3
5	OUTPUT CH5	4
6	OUTPUT CH6	5
7	OUTPUT CH7	6
8	OUTPUT CH8	7
9	0V	
10	24V	

② X2端子。X2端子不同接口的使用定义和地址分配如表3-6所示。

表 3-6

X2 端子编号	使用定义	地址分配
1	OUTPUT CH9	8
2	OUTPUT CH10	9
3	OUTPUT CH11	10
4	OUTPUT CH12	11
5	OUTPUT CH13	12
6	OUTPUT CH14	13
7	OUTPUT CH15	14
8	OUTPUT CH16	15
9	0V	
10	24V	

③ X3端子。X3端子不同接口的使用定义和地址分配如表3-7所示。

表 3-7

X3 端子编号	使用定义	地址分配
1	INPUT CH1	0
2	INPUT CH2	1
3	INPUT CH3	2
4	INPUT CH4	3
5	INPUT CH5	4
6	INPUT CH6	5
7	INPUT CH7	6
8	INPUT CH8	7
9	0V	
10	未使用	

④ X4端子。X4端子不同接口的使用定义和地址分配如表3-8所示。

表 3-8

X4 端子编号	使用定义	地址分配
1	INPUT CH9	8
2	INPUT CH10	9
3	INPUT CH11	10
4	INPUT CH12	11
5	INPUT CH13	12
6	INPUT CH14	13
7	INPUT CH15	14
8	INPUT CH16	15
9	0V	
10	未使用	

⑤ X5端子。X5端子不同接口的使用定义和地址分配如表3-9所示。

表 3-9

X5 端子编号	使用定义
1	0V BLACK（黑色）
2	CAN 信号线 low BLUE（蓝色）
3	屏蔽线
4	CAN 信号线 high WHITE（白色）
5	24V RED（红色）
6	GND 地址选择公共端
7	模块 ID bit 0 (LSB)
8	模块 ID bit 1 (LSB)
9	模块 ID bit 2 (LSB)
10	模块 ID bit 3 (LSB)
11	模块 ID bit 4 (LSB)
12	模块 ID bit 5 (LSB)

3.3　机器人信号的配置

ABB标准I/O板DSQC651和DSQC652是较常用的模块，本节将详细讲述DSQC651板输入/输出信号的配置过程。DSQC652板的配置过程可类比DSQC651板的配置过程。

3.3.1　定义 DSQC651 板的总线的连接

ABB标准I/O板都是下挂在DeviceNet现场总线下的设备，通过X5端口与DeviceNet现场总线进行通信。

定义 DSQC651 板的总线的连接

定义DSQC651板的总线连接的相关步骤如下：

（1）单击软件界面中的“控制器”选项卡，单击“修改选项”，如图3-8所示。

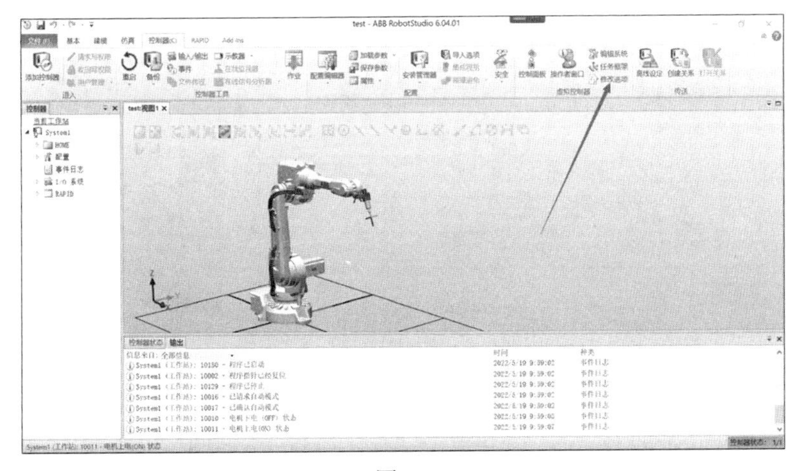

图 3-8

（2）在“Industrial Networks”选项下勾选“709-1 DeviceNet ”并确定，如图3-9所示。

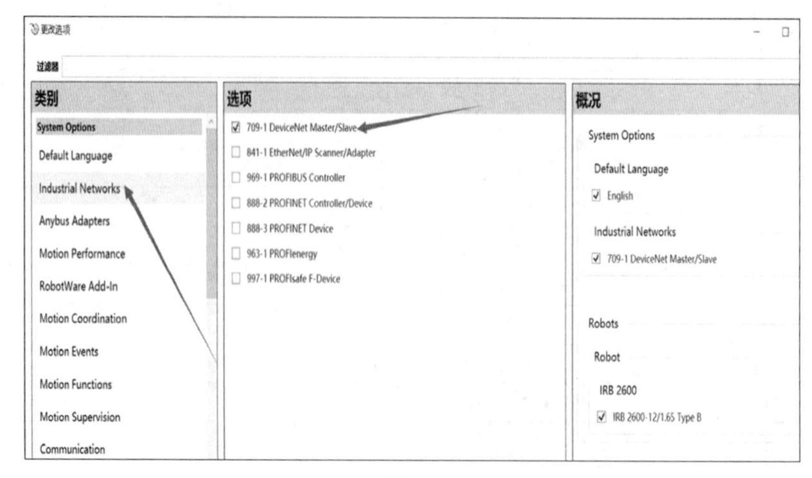

图 3-9

（3）在弹出的界面上单击“是”，重启控制器，如图3-10所示。

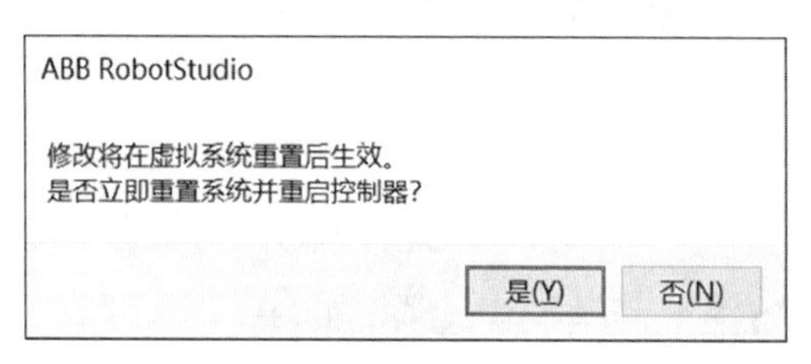

图 3-10

（4）打开示教器，单击左上角的“菜单”，选择“控制面板”，如图3-11所示。

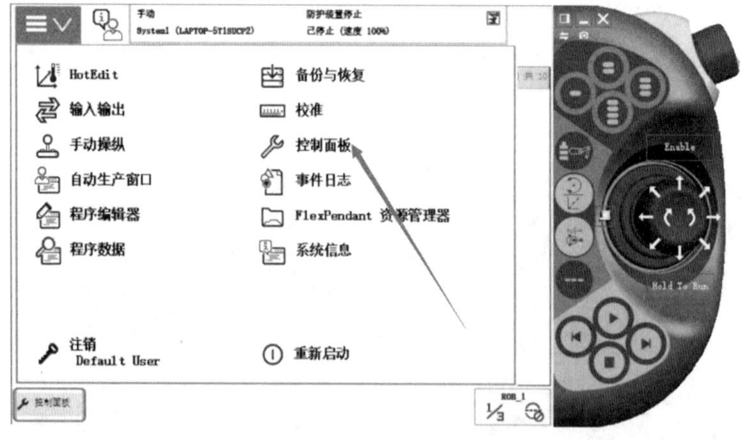

图 3-11

（5）选择“配置”，如图3-12所示。

（6）选择“DeviceNet Device”，并单击“显示全部”，如图3-13所示。

（7）单击“添加”，如图3-14所示。

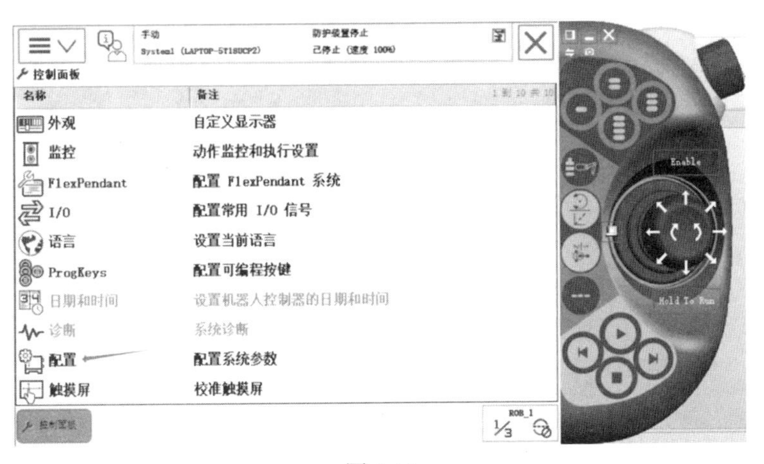

图 3-12

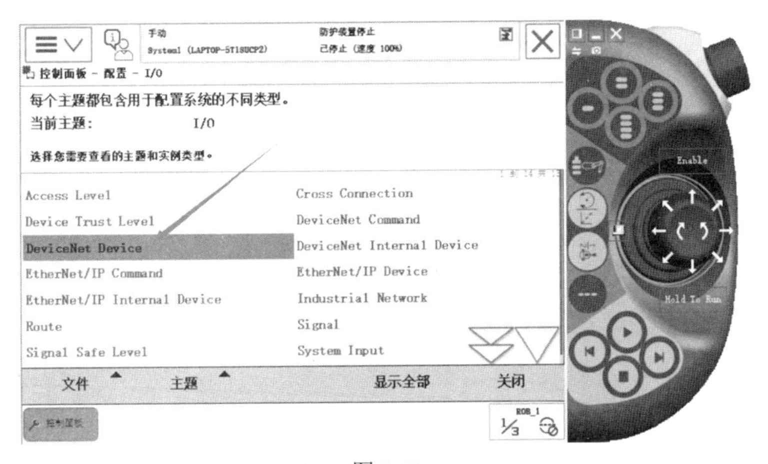

图 3-13

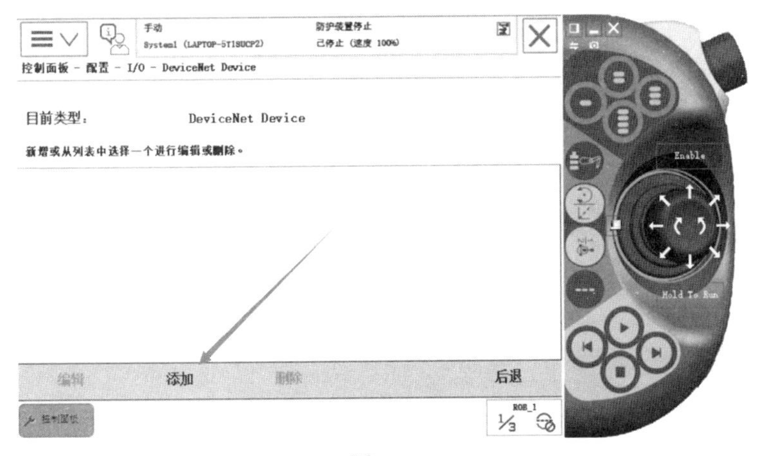

图 3-14

（8）单击“使用来自模板的值”的下拉按钮，选择DSQC651的选项，如图3-15所示。

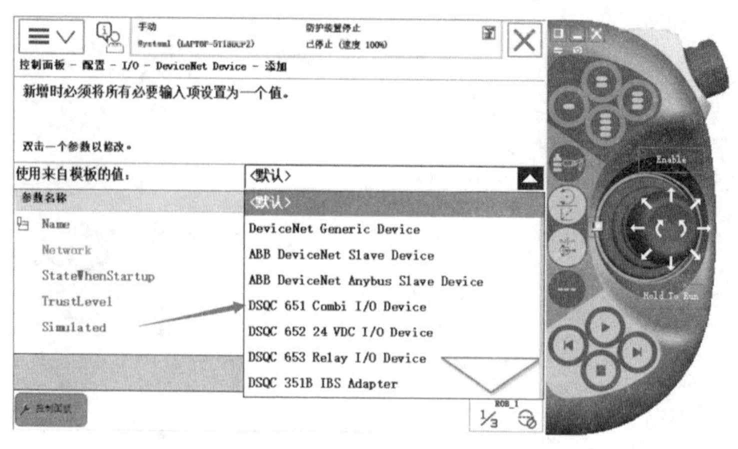

图 3-15

（9）将“Name”栏设置为board10，10代表此模块在DeviceNet中的地址是10，方便识别，如图3-16所示。

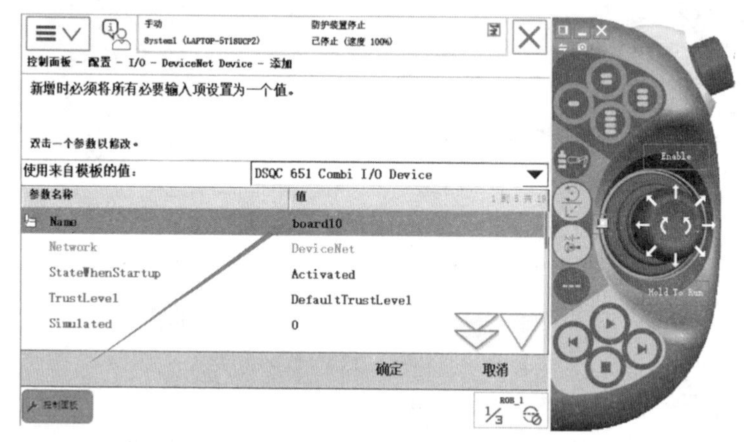

图 3-16

（10）单击下翻按钮。将“address”的地址设定为10，如图3-17所示。

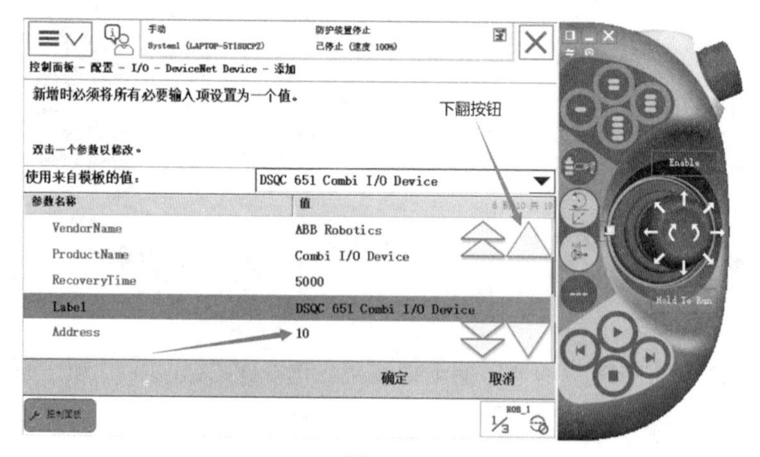

图 3-17

（11）单击“确定”，并单击“是”，DeviceNet的总线连接配置完成，如图3-18所示。

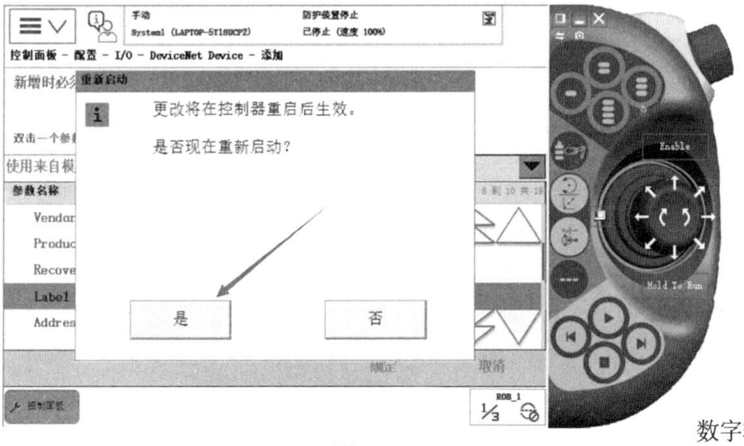

数字输入信号的配置

图 3-18

3.3.2　数字输入信号的配置

将DSQC651板的总线连接配置好之后，我们要开始配置相关的输入/输出信号。数字输入信号的配置步骤如下：

（1）打开示教器，单击左上角的“菜单”，选择“控制面板”，如图3-19所示。

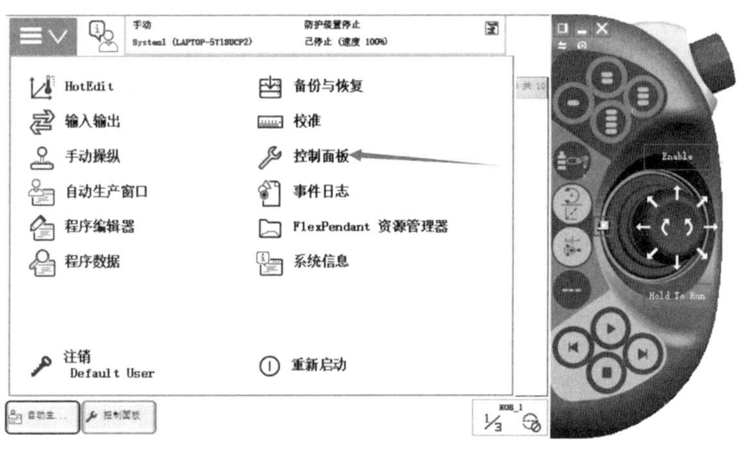

图 3-19

（2）选择“配置”，如图3-20所示。

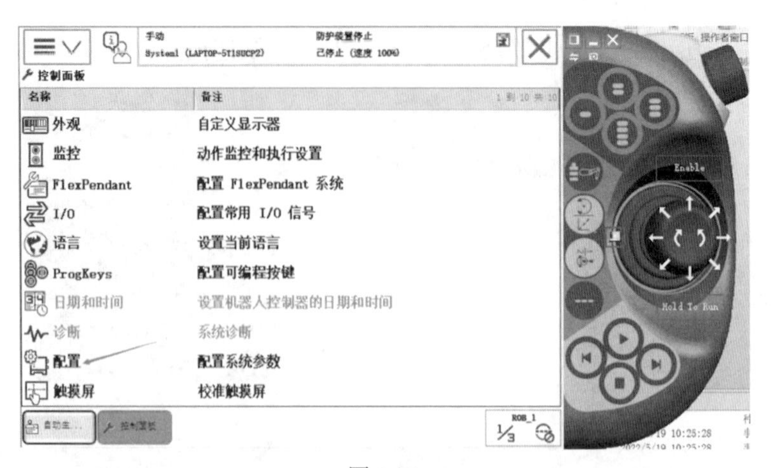

图 3-20

（3）选择“Signal”，并单击“显示全部”，如图3-21所示。

图 3-21

（4）单击“添加”，如图3-22所示。

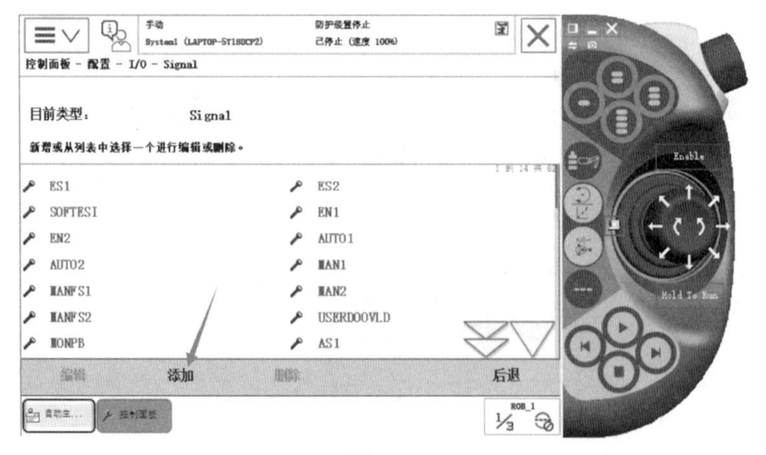

图 3-22

（5）按下图进行设置。Name是数字输入信号的名字。Type of Signl是信号的类型，此处选择数字输入信号。Assigned to Device表示设置要挂载在哪个模块上，此处设置为board10。Device Mapping是信号的地址，此处设置为0，是因为X3端子的地址是0～7，如图3-23所示。

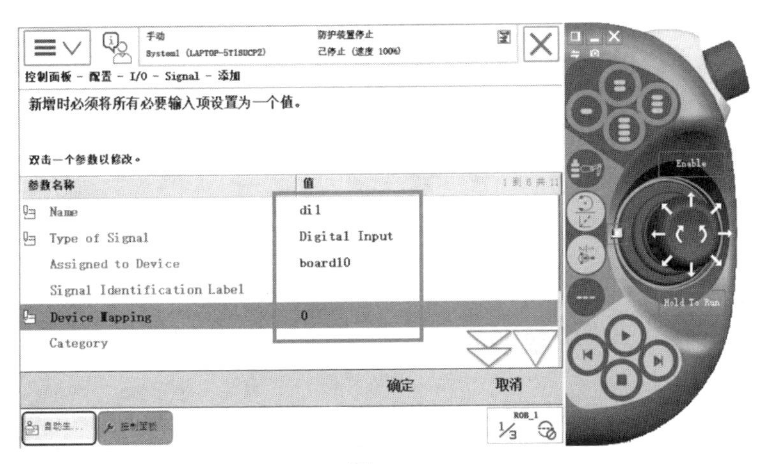

图 3-23

（6）单击“是”，重启控制器，配置数字输入信号完成，如图3-24所示。

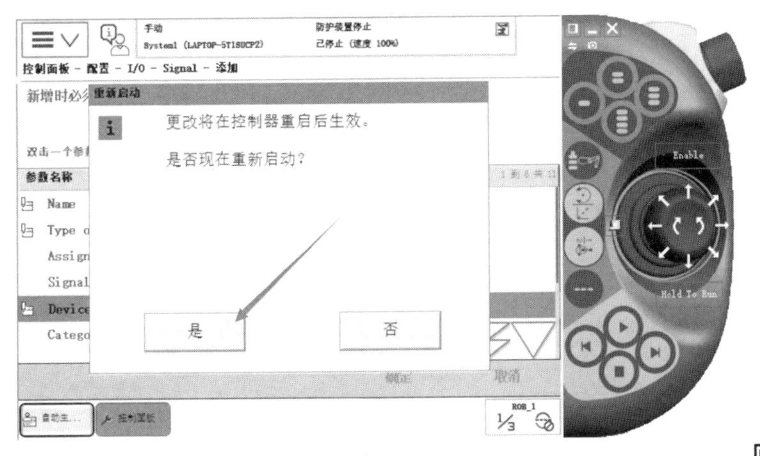

图 3-24

数字输出信号的配置

3.3.3　数字输出信号的配置

数字输出信号的配置步骤如下：

（1）打开示教器，单击左上角的“菜单”，选择“控制面板”，如图3-25所示。

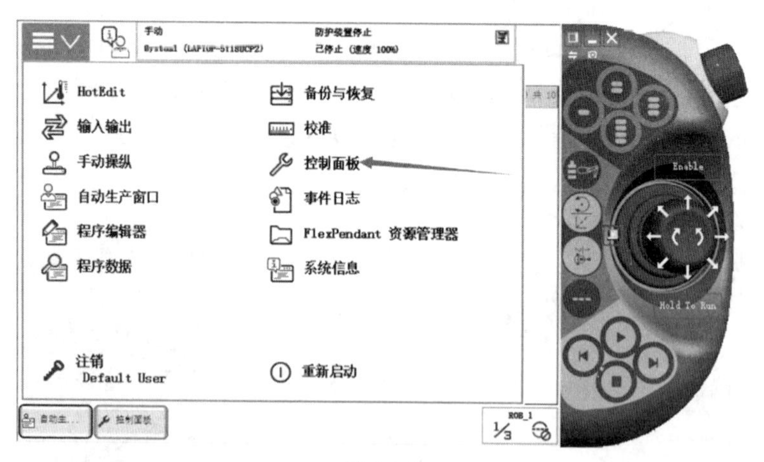

图 3-25

（2）选择“配置”，如图3-26所示。

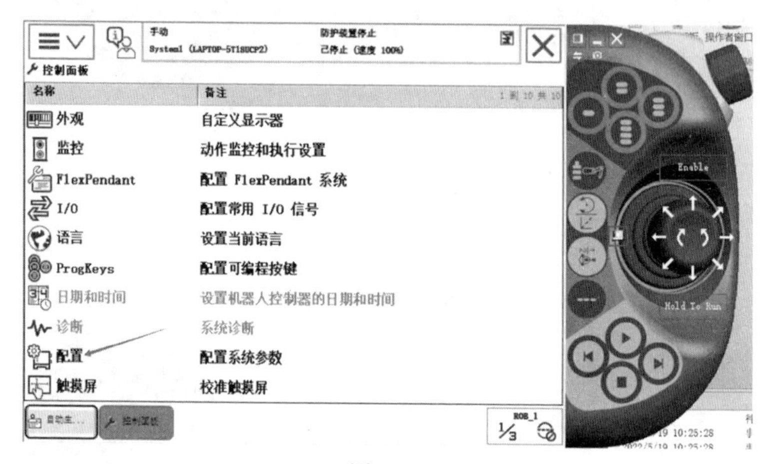

图 3-26

（3）选择“Signal”，并单击“显示全部”，如图3-27所示。

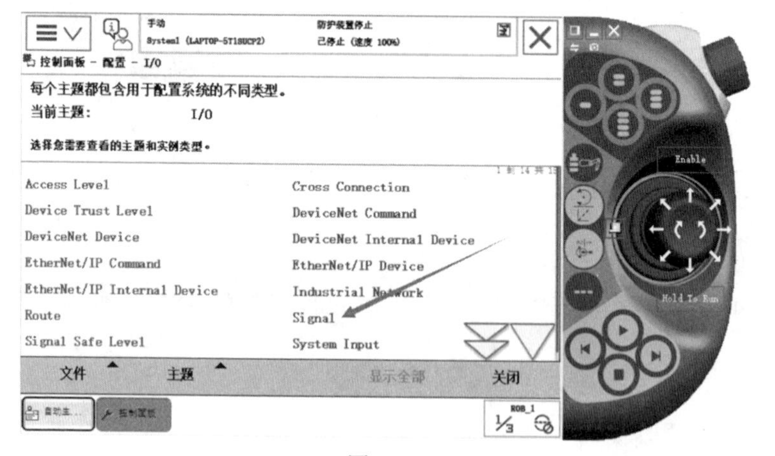

图 3-27

（4）单击“添加”，如图3-28所示。

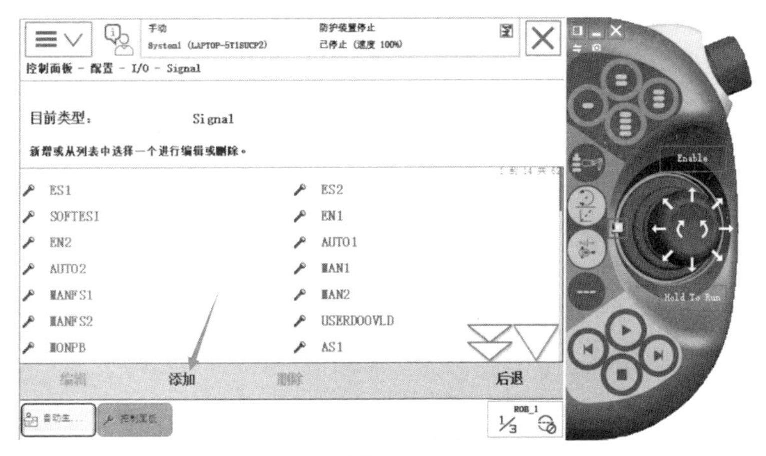

图 3-28

（5）按下图进行设置。Name是数字输出信号的名字。Type of Signl是信号的类型，此处选择数字输出信号。Assigned to Device是设置要挂载在哪个模块上，此处设置为board10。Device Mapping是信号的地址，此处设置为32，是因为X1端子的地址是32～39，如图3-29所示。

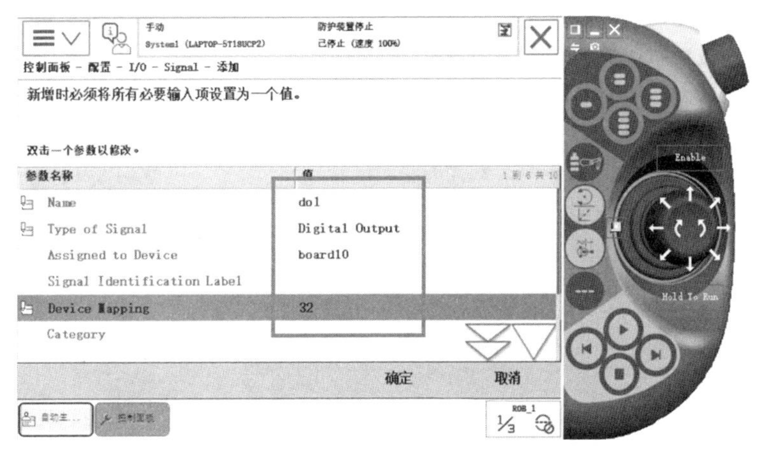

图 3-29

（6）单击“是”，重启控制器，配置数字输出信号完成，如图3-30所示。

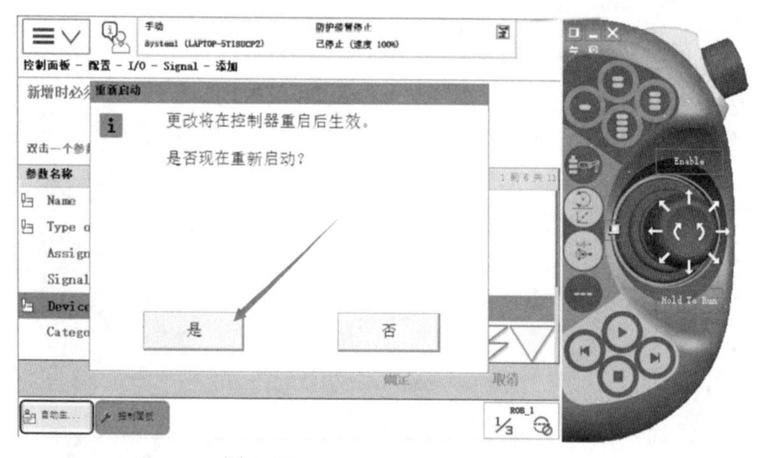

图 3-30

3.3.4 组输入信号的配置

组输入信号的配置

组输入信号就是将几个数字输入信号组合起来使用，用于接收外围设备输入的BCD编码的十进制数。

（1）打开示教器，单击左上角的“菜单”，选择“控制面板”，如图3-31所示。

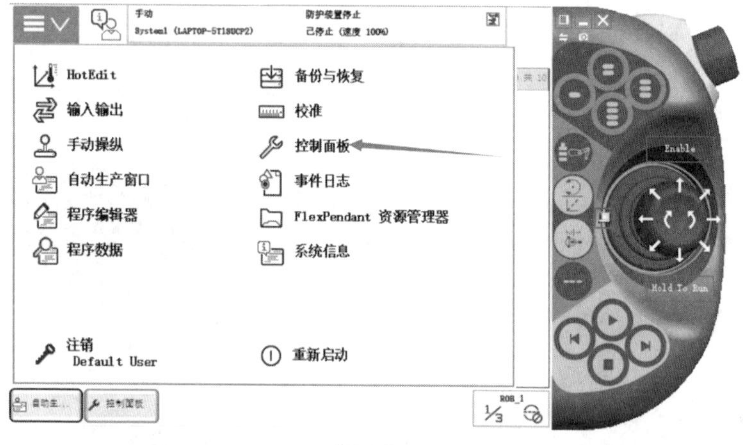

图 3-31

（2）选择“配置”，如图3-32所示。

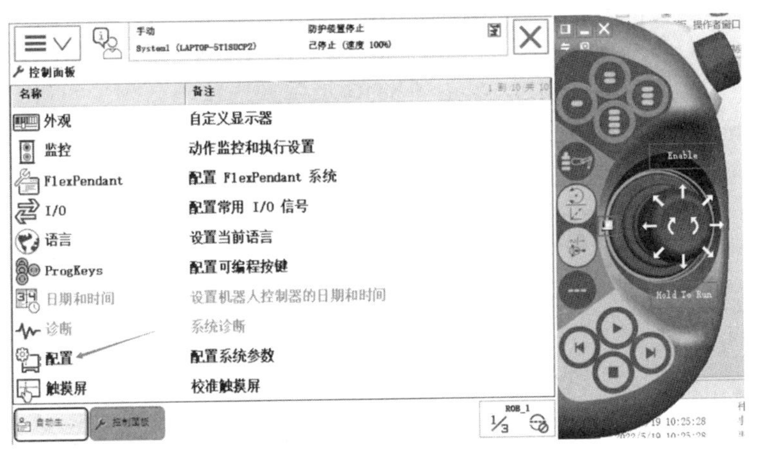

图 3-32

（3）选择“Signal”，并单击“显示全部”，如图3-33所示。

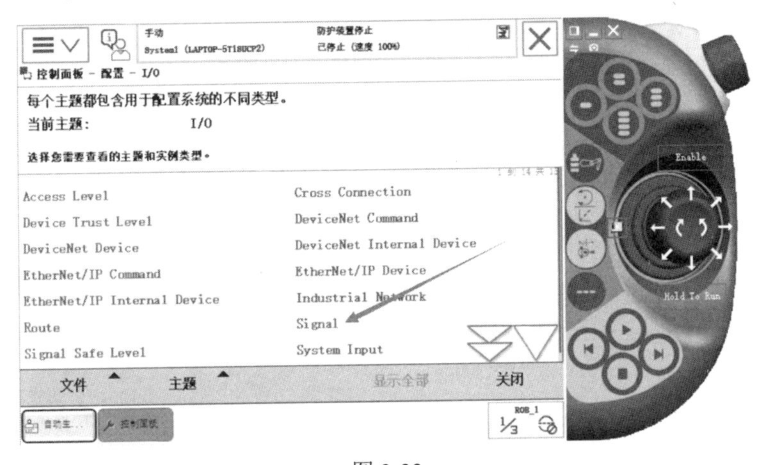

图 3-33

（4）单击“添加”，如图3-34所示。

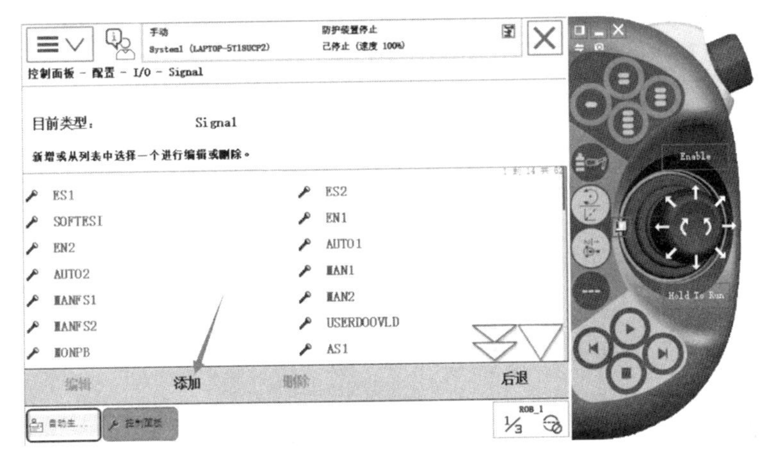

图 3-34

（5）按下图方式进行设置。Name是组输入信号的名字。Type of Signal是信号的类型，此处选择组输入信号。Assigned to Device是设置要挂载在哪个模块上，此处设置为board10。Device Mapping是信号的地址，此处设置为1～4，就是把X3端子地址为1～4的四个信号进行组合输入，可以表达十进制数0～15，如图3-35所示。

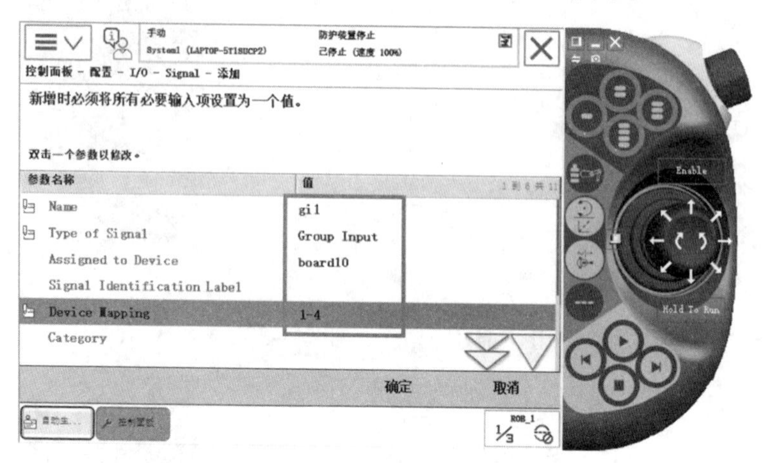

图 3-35

（6）单击“是”，重启控制器，配置组输入信号完成，如图3-36所示。

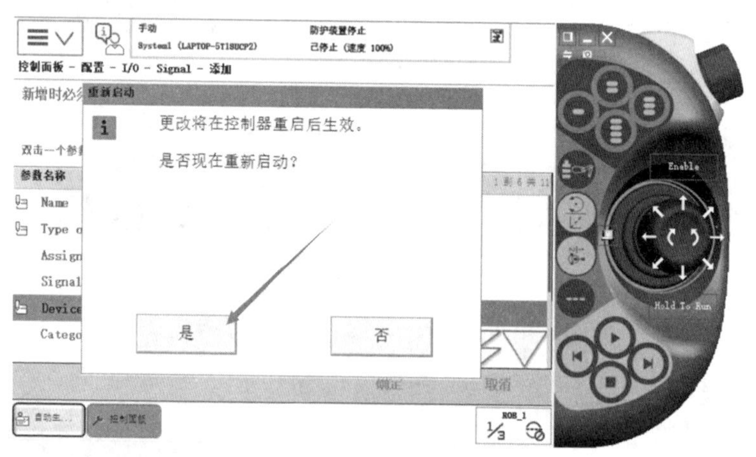

图 3-36

3.3.5 组输出信号的配置

组输出信号就是将几个数字输出信号组合起来使用，用于输出BCD编码的十进制数。

组输出信号的配置

（1）打开示教器，单击左上角的“菜单”，选择“控制面板”，如图3-37所示。

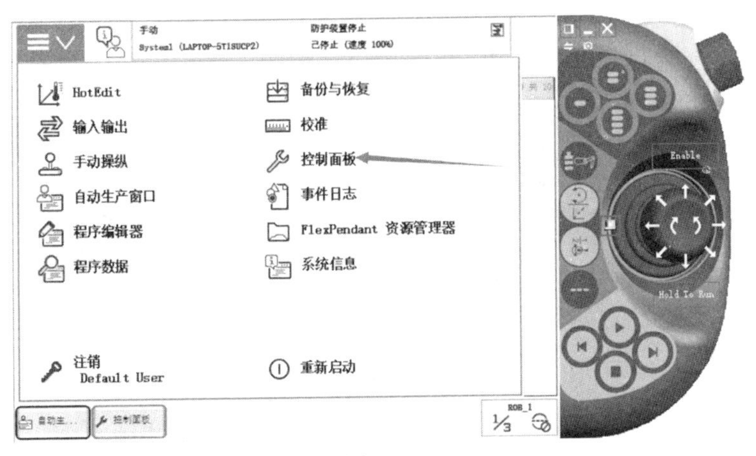

图 3-37

（2）选择“配置”，如图3-38所示。

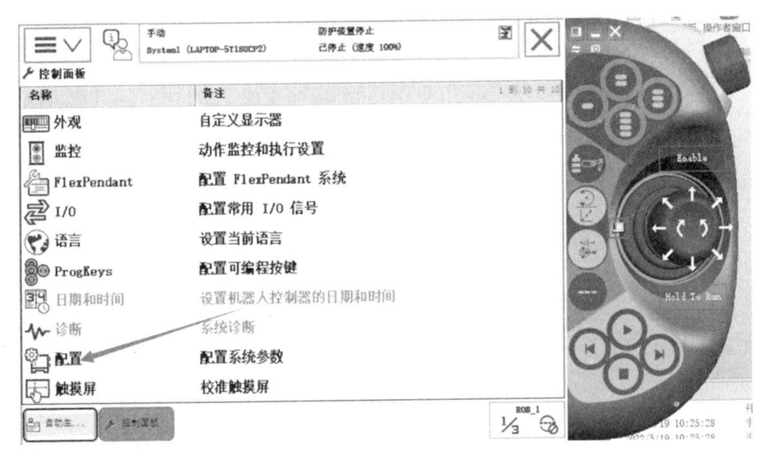

图 3-38

（3）选择“Signal”，并单击“显示全部”，如图3-39所示。

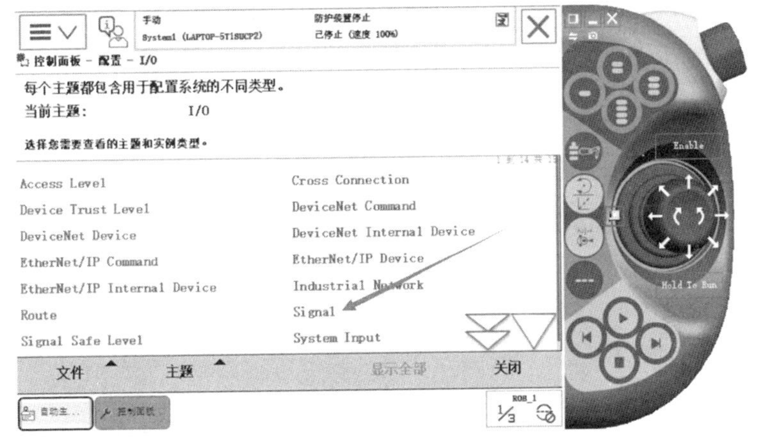

图 3-39

（4）单击“添加”，如图3-40所示。

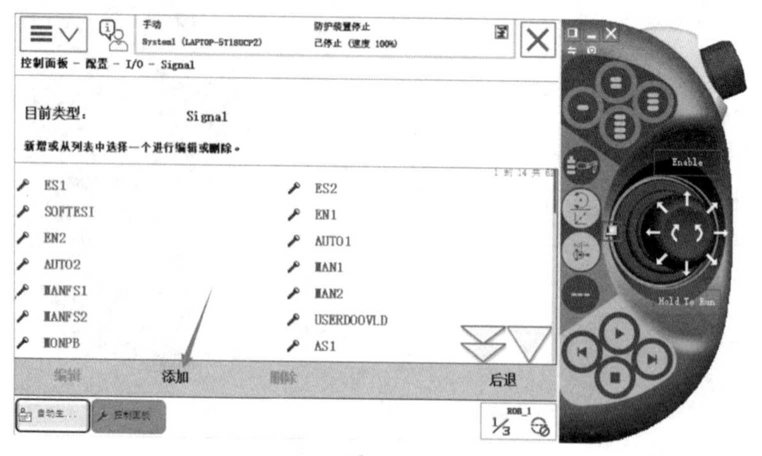

图 3-40

（5）按下图进行设置。Name是组输出信号的名字。Type of Signl是信号的类型，此处选择组输出信号。Assigned to Device是设置要挂载在哪个模块上，此处设置为board10。Device Mapping是信号的地址，此处设置为33～36，就是把X1端子地址为33～36的四个信号进行组合输出，可以表达十进制数0～15，用于控制外围设备，如图3-41所示。

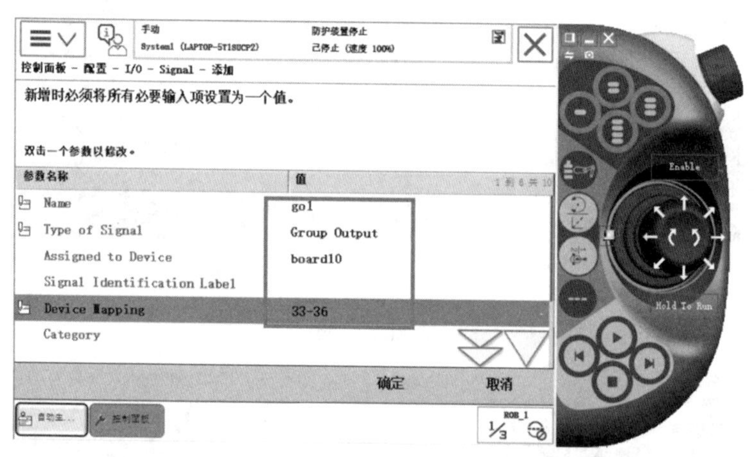

图 3-41

（6）单击“是”，重启控制器，配置组输入信号完成，如图3-42所示。

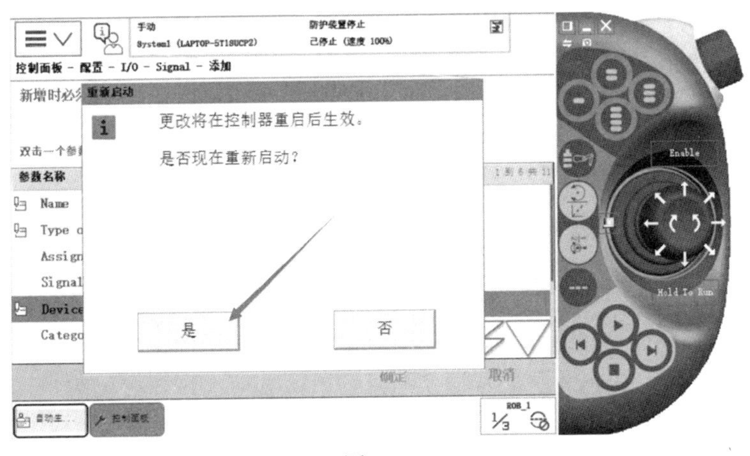

图 3-42

3.3.6　模拟输出信号的配置

模拟输出信号的配置

模拟输出信号是指信息参数在给定范围内表现为连续的信号。或在一段连续的时间间隔内，其代表信息的特征量可以在任意瞬间呈现为任意数值的信号。在工业机器人行业中应用也十分广泛，比如在焊接工艺中，需要使用模拟信号来控制焊枪的焊接电压。那么接下来我们就学习一下模拟输出信号的配置。

（1）打开示教器，单击左上角的“菜单”，选择“控制面板”，如图3-43所示。

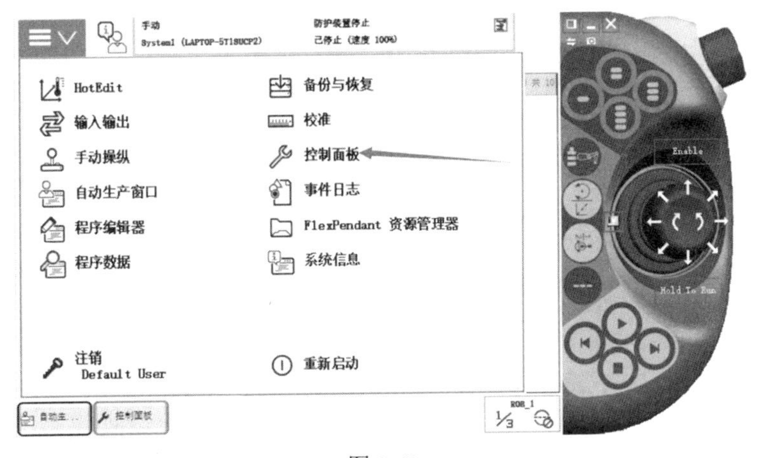

图 3-43

（2）选择“配置”，如图3-44所示。

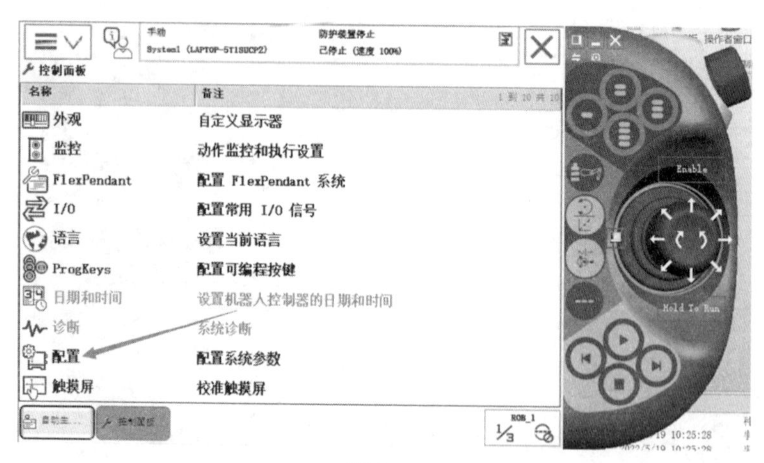

图 3-44

（3）选择“Signal”，并单击“显示全部”，如图3-45所示。

图 3-45

（4）单击“添加”，如图3-46所示。

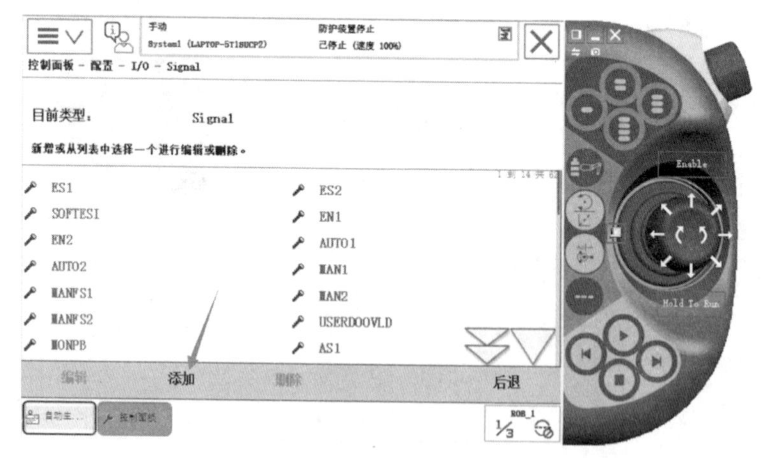

图 3-46

（5）按下图进行设置。Name是模拟输出信号的名字。Type of Signl是信号的类型，此处选择模拟输出信号。Assigned to Device是设置要挂载在哪个模块上，此处设置为board10。Device Mapping是信号的地址，此处设置为0-15，详情可参考X6端子地址的分配，如图3-47至图3-49所示。

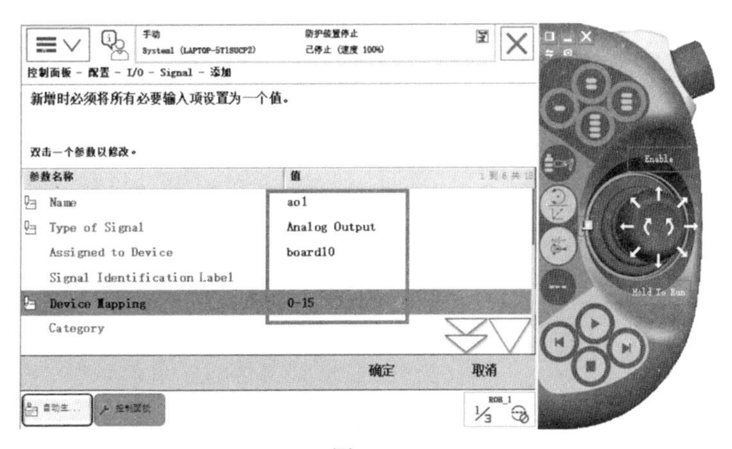

图 3-47

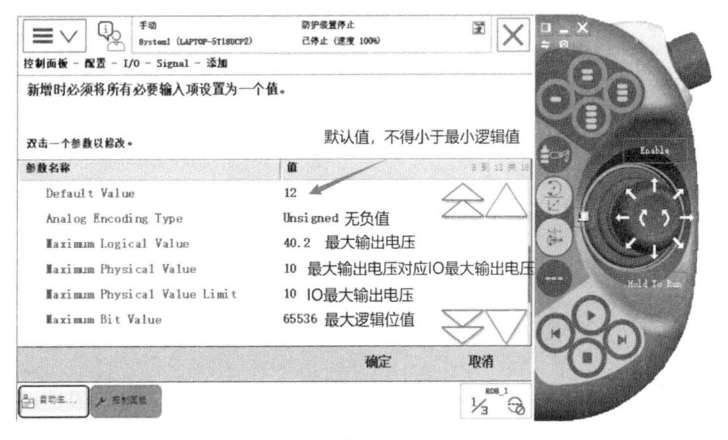

图 3-48

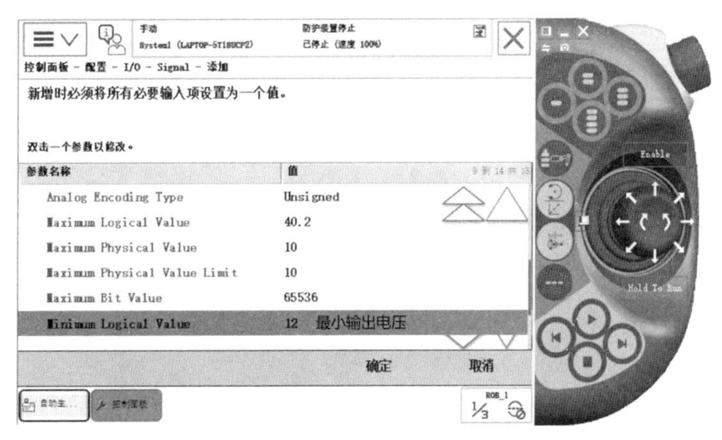

图 3-49

（6）单击“是”，重启控制器，配置组输入信号完成，如图3-50所示。

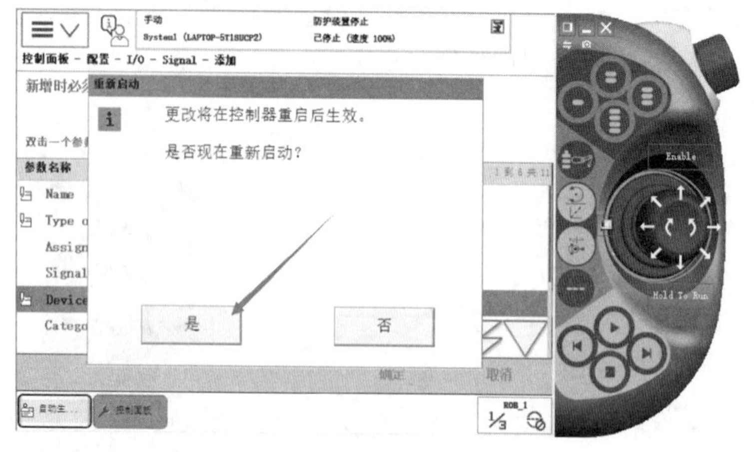

图 3-50

3.4 建立系统输入/输出信号与I/O信号的连接

将数字输入信号与系统的控制信号关联起来，就可以对系统进行控制了。系统的状态信号也可以与数字输出信号关联起来，将系统的状态输出给外围设备，以起到控制之用。本节将介绍系统输入/输出信号与I/O信号的关联操作，步骤如下：

系统输入与数字输入信号 DI1 的关联

3.4.1 系统输入“电机开启”与数字输入信号 DI1 的关联

（1）打开示教器，单击“菜单”，选择“控制面板”，如图3-51所示。

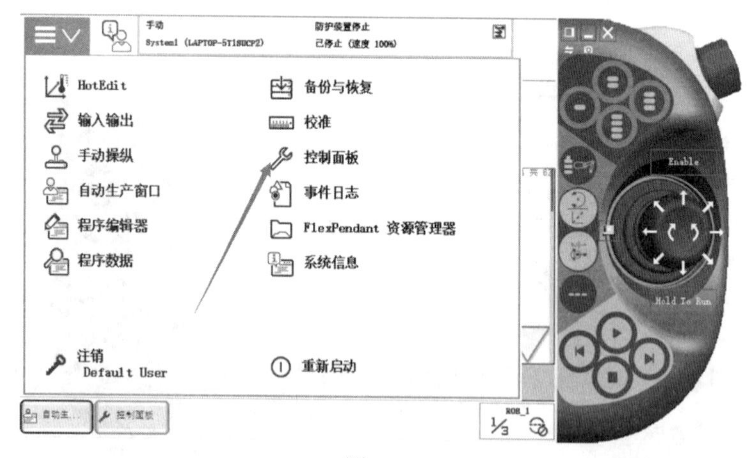

图 3-51

（2）选择“配置”，如图3-52所示。

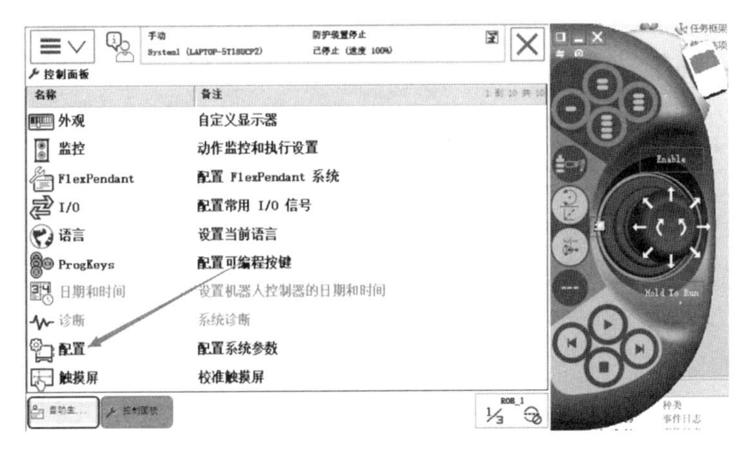

图 3-52

（3）选择“System Input”，如图3-53所示。

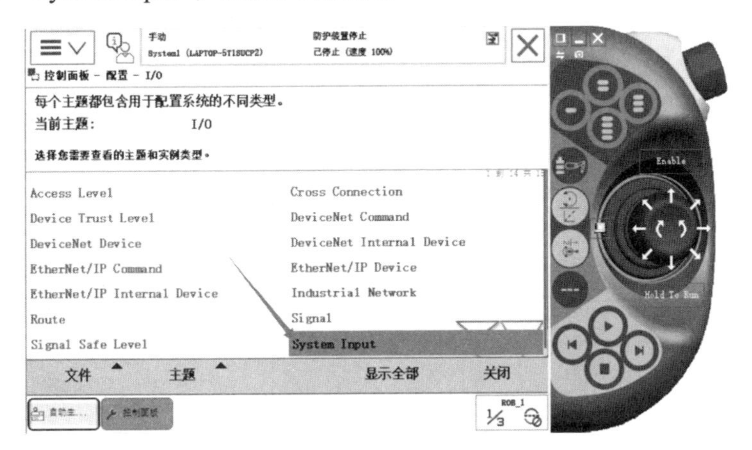

图 3-53

（4）单击“添加”，如图3-54所示。

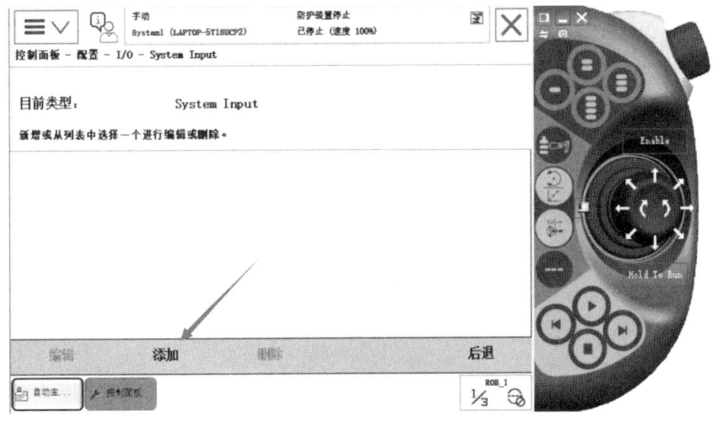

图 3-54

（5）按下图进行设置。即当di1信号为1时，机器人系统将进行上电操作，如图3-55所示。

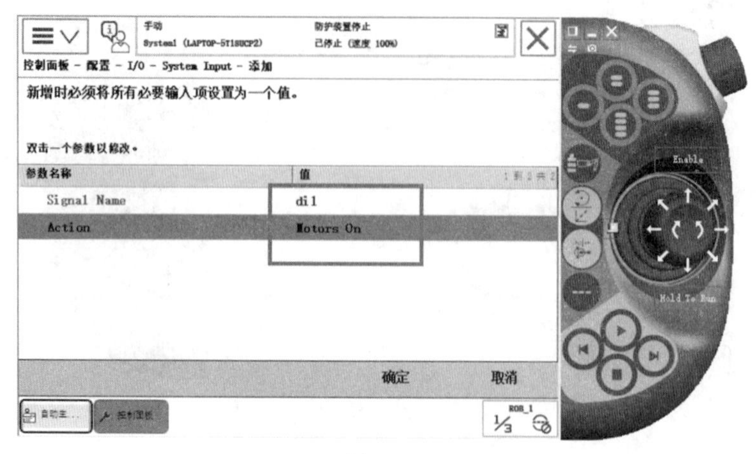

图 3-55

（6）单击“是”，重启控制器，如图3-56所示。

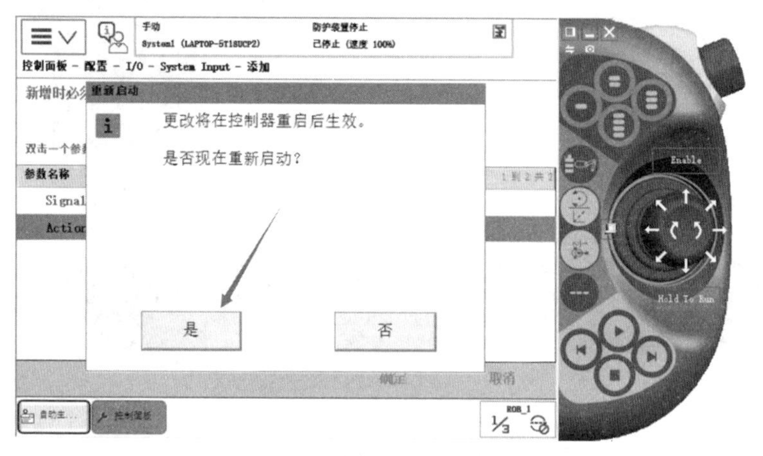

图 3-56

3.4.2 系统输出“电动机开启”与数字输出信号 DO1 的关联

（1）打开示教器，单击“菜单”，选择“控制面板”，如图3-57所示。

（2）选择“配置”，如图3-58所示。

（3）选择“System Output”，如图3-59所示。

系统输出与数字输出信号 DO1 的关联

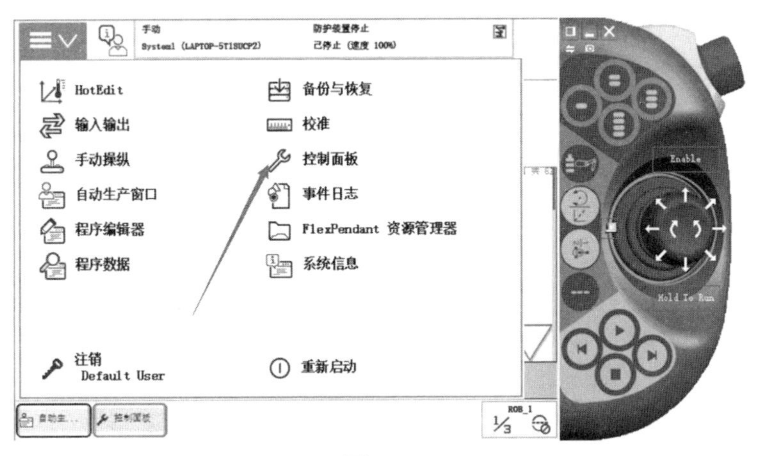

图 3-57

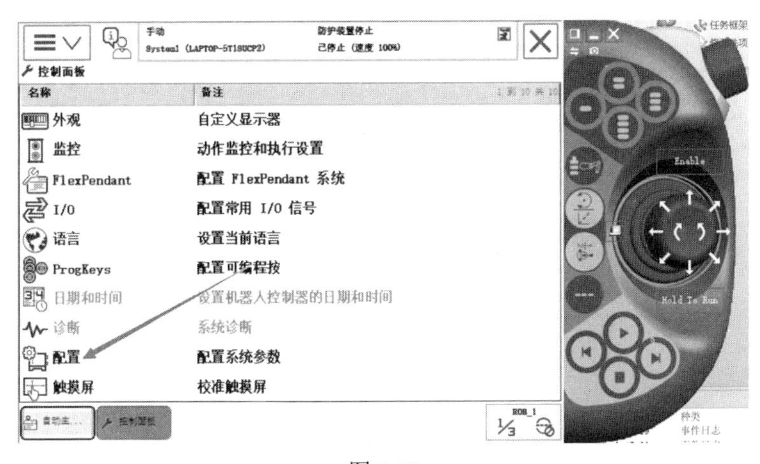

图 3-58

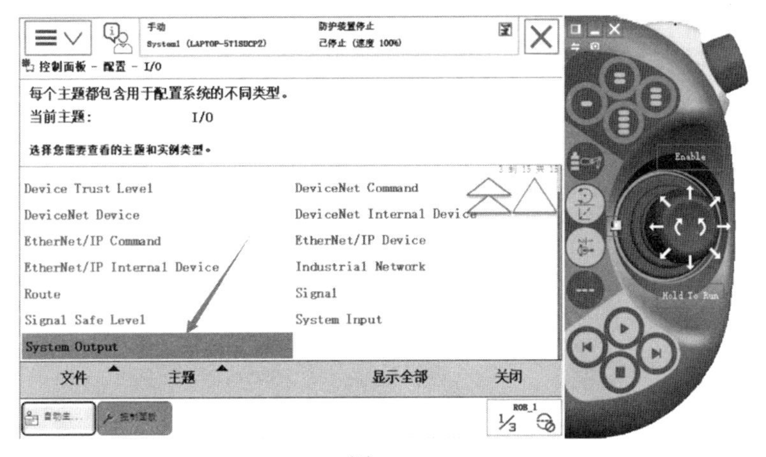

图 3-59

（4）单击“添加”，如图3-60所示。

（5）按下图进行设置。即当do1信号为1时，表示此时机器人系统处于上电状态，如图3-61所示。

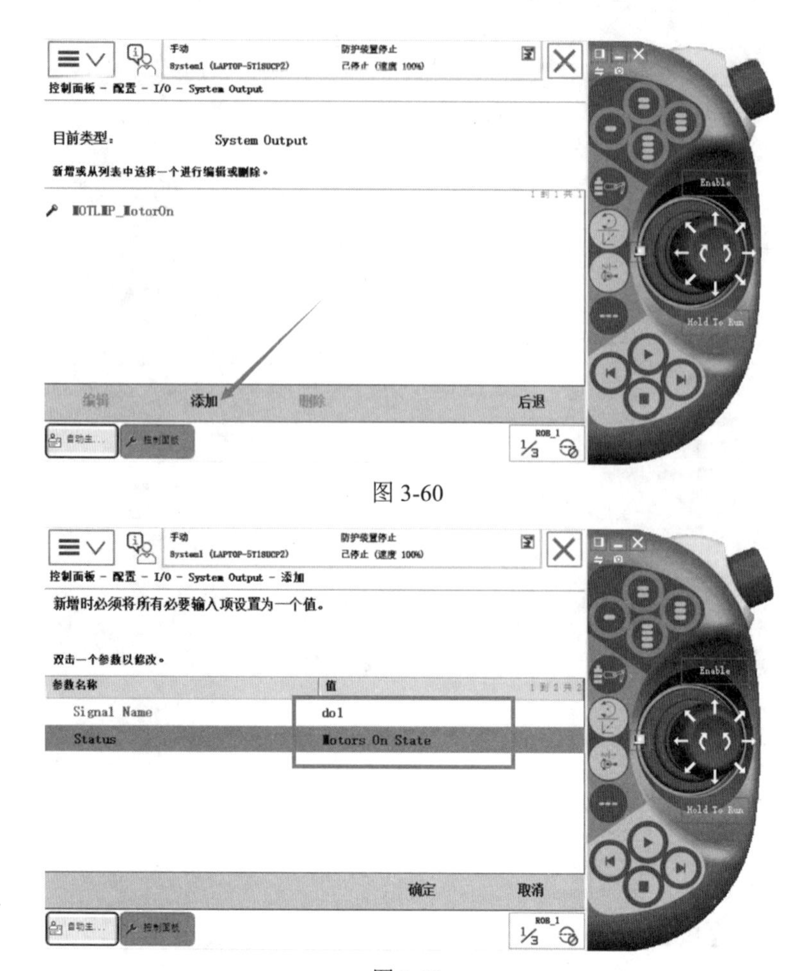

图 3-60

图 3-61

（6）单击“是”，重启控制器，如图3-62所示。

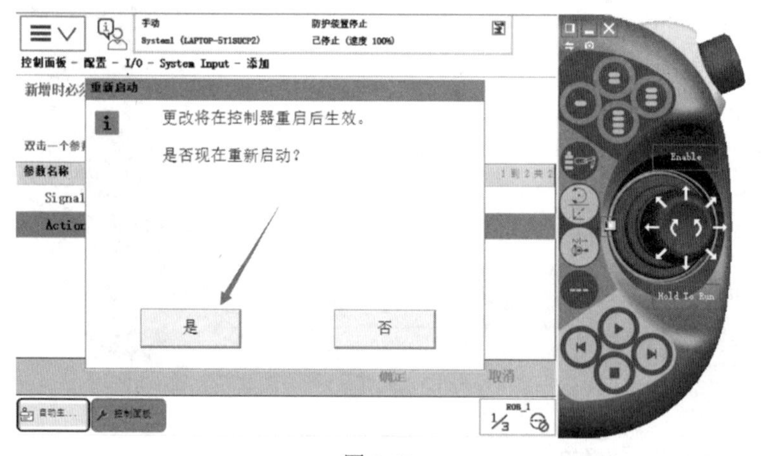

图 3-62

3.5　本章练习

1. 请列出ABB工业机器人I/O通信的种类。

2. 在示教器上定义一块DSQC651的I/O板。

3. 请为DSQC651板定义di1、do1、gi1、go1、ao1信号。

4. 配置一个系统输入信号，并将该输入信号与系统的STOP状态关联起来，通过该系统输入信号的变化来停止系统运行。

第 4 章　工业机器人的程序设计基础

数据，是指未经过处理的原始记录。一般而言，数据缺乏组织及分类，无法明确地表达事物代表的意义，它可能是一堆杂志、一大叠报纸、数种开会记录或整本病人的病历。数据是描述事物的符号记录，是可定义为有意义的实体，涉及事物的存在形式。数据可以是连续的值，如声音、图像，称为模拟数据；也可以是离散的，如符号、文字，称为数字数据。

工业机器人数据存储描述了机器人控制器内部的各项属性，ABB工业机器人控制器数据类型多达100余种，其中常见的数据类型包括基本数据、I/O数据、运动相关数据。

程序内声明的数据被称为程序数据。

通过本章节的学习，大家可以了解到在机器人编程中遇到的不同的程序数据类型，以及带领大家掌握工业机器人的三个关键程序数据的设定方法。

4.1　掌握工业机器人的三个关键程序数据

ABB工业机器人的程序数据共有76个，并且可以根据实际情况进行程序数据的创建，为ABB工业机器人的程序设计带来了无限可能性。

在示教器的“程序数据”窗口可查看和创建所需要的程序数据，如图4-1和图4-2所示。

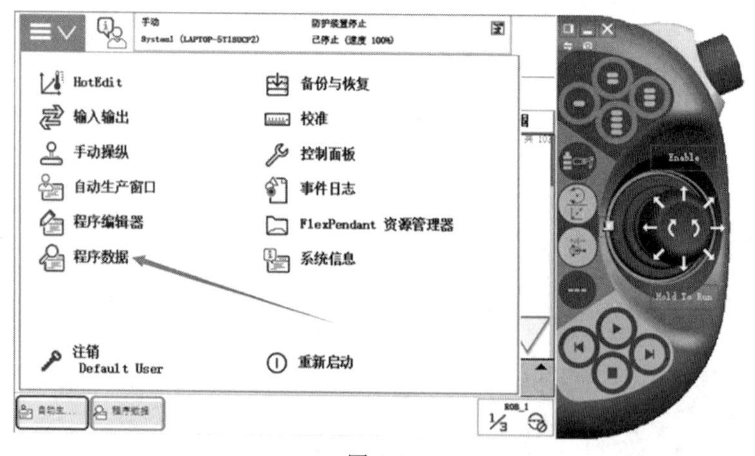

图 4-1

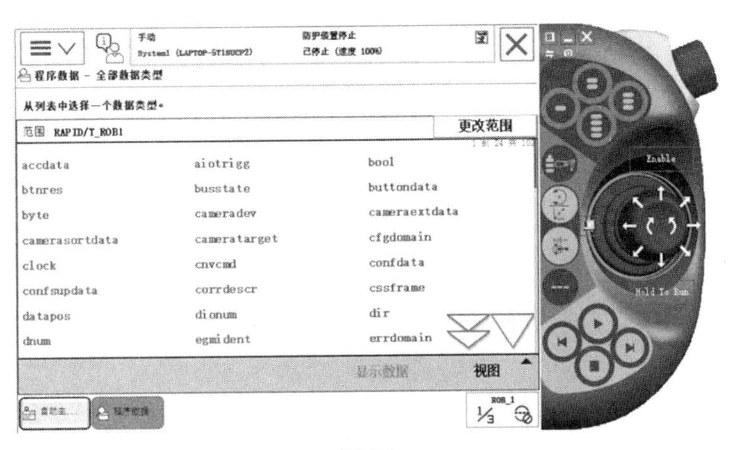

图 4-2

4.1.1　工业机器人数据类型的介绍

在对程序数据有一个简单的了解之后，本小节将给大家介绍常用的工业机器人数据类型，为后续编程打下基础。

1. 变量型数据

变量型数据在程序执行的过程中停止时，会保持当前的值。但如果程序指针被移到主程序后，数值会恢复为声明变量时赋予的值。

举例如下。

```
VAR num aa:=0;                  !名称为 aa 的变量型数值数据
VAR string name:="leo";         !名称为 leo 的变量型字符数据
VAR bool finished:=FALSE;       !名称为 finished 的变量型布尔数据
```

（1）创建变量型数据的步骤如下。

①将机器人调为手动模式，然后单击示教器上的“程序数据”，如图4-3所示。

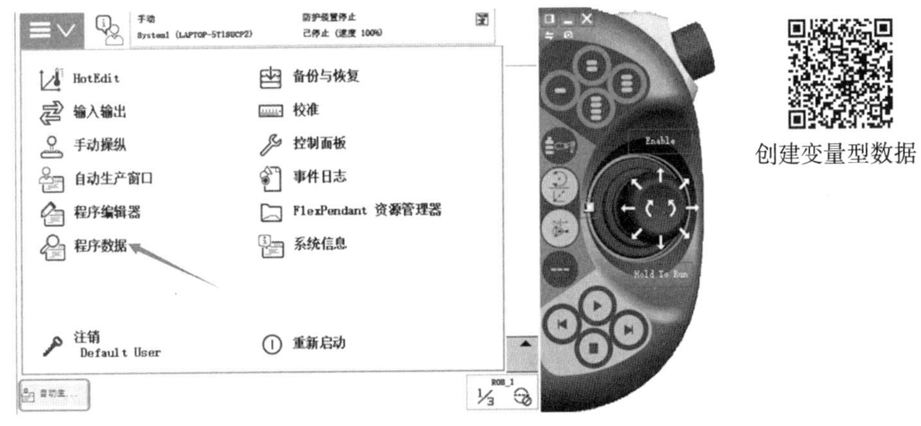

图 4-3

②选择“num”数据类型，然后单击“显示数据”，如图4-4所示。

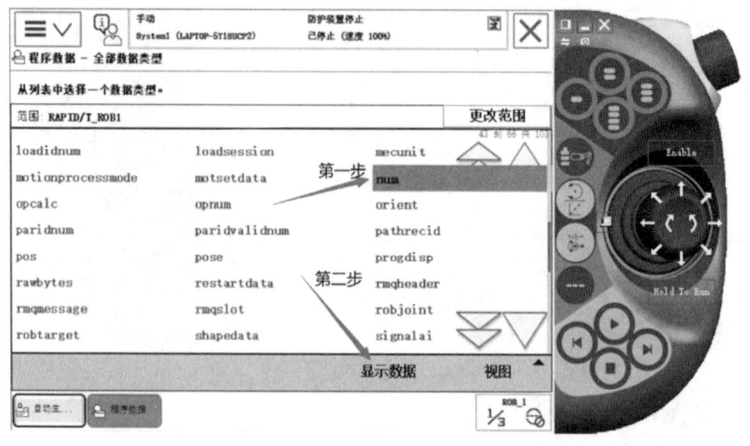

图 4-4

③单击“新建”，如图4-5所示。

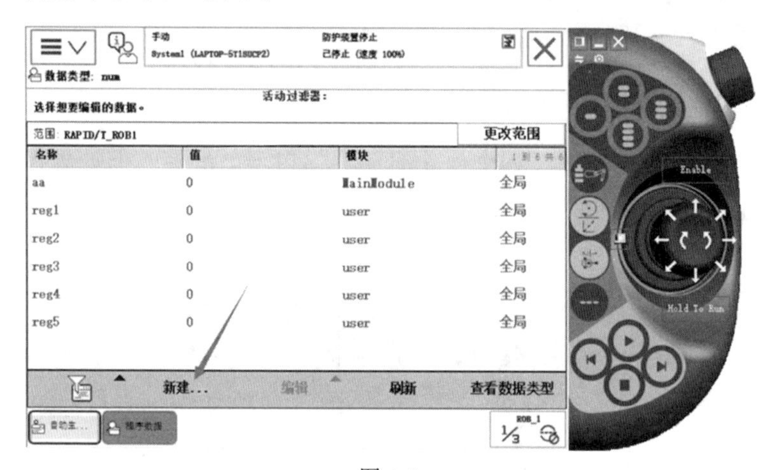

图 4-5

④修改数据的名称及存储类型，然后单击“确定”。名称为变量的名字，范围是设置变量为局部变量还是全局变量，存储类型有变量、可变量和常量，此处设置为变量，模块是定义变量应用于哪一个程序模块中，如图4-6所示。

⑤变量型数据创建完成，如图4-7所示。

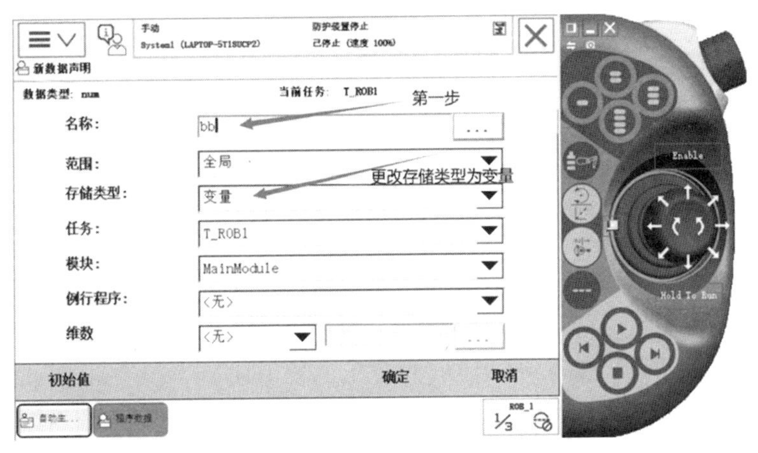

图 4-6

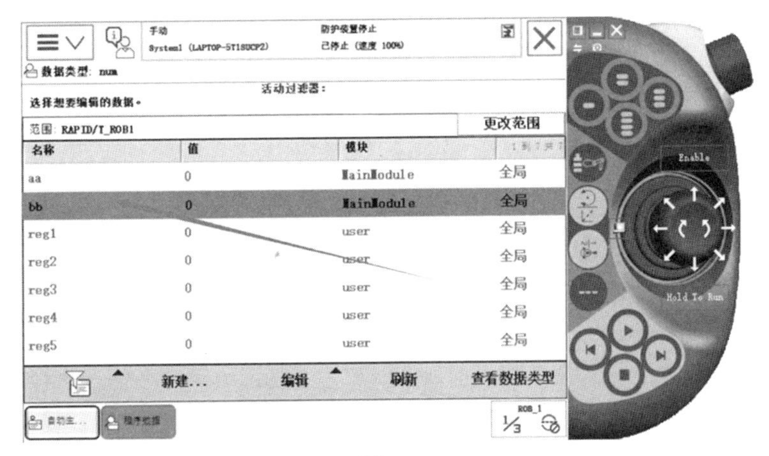

图 4-7

⑥双击变量“bb”，如图4-8所示。

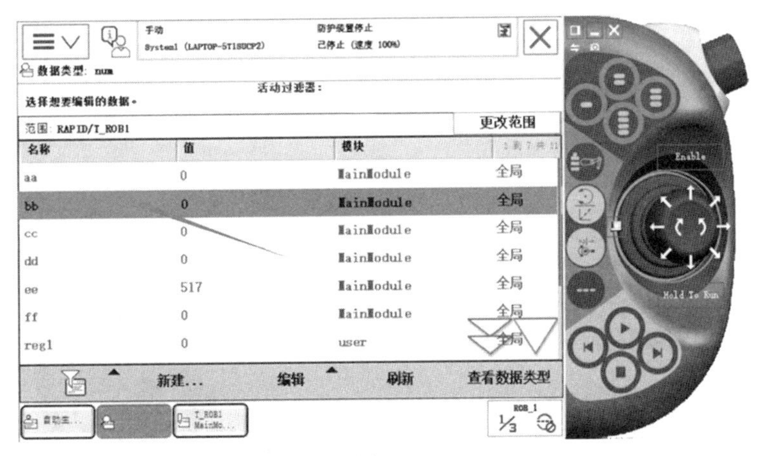

图 4-8

⑦给变量赋值并单击“确定”，如图4-9所示。

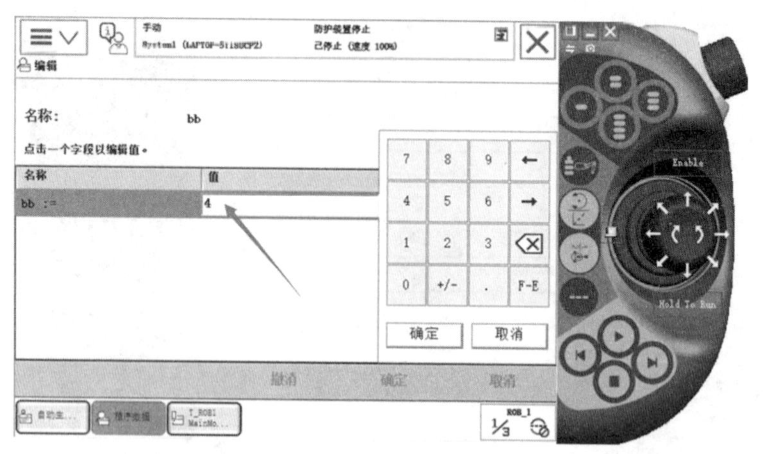

图 4-9

⑧单击示教器上的“程序编辑器”，如图4-10所示。

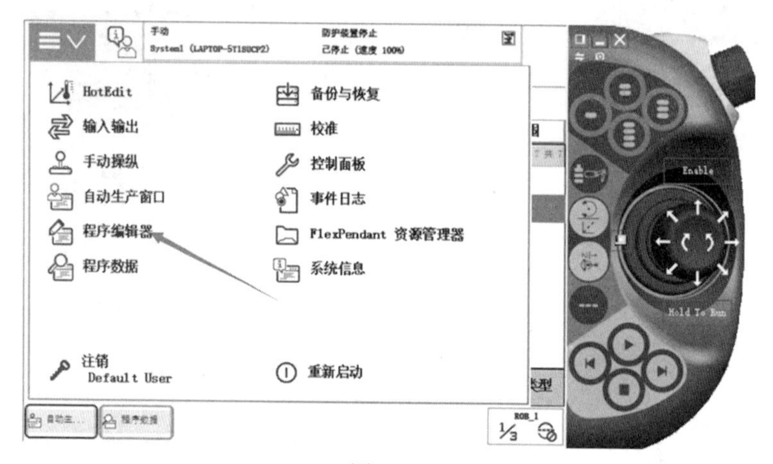

图 4-10

⑨可以在程序模块中看到创建好的变量型数据，如图4-11所示。

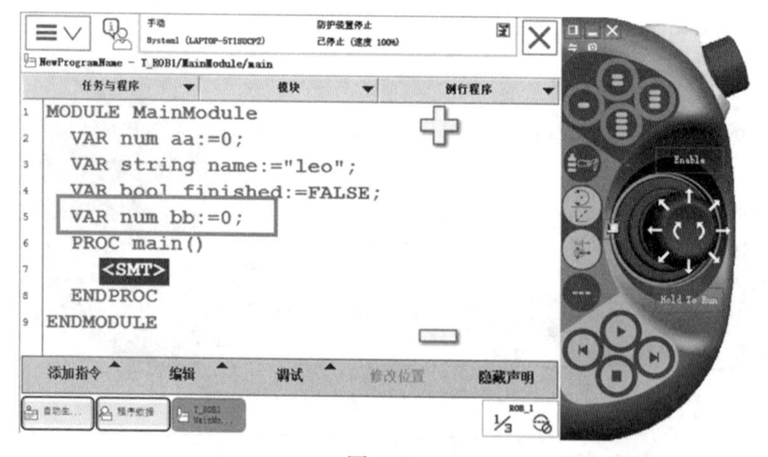

图 4-11

⑩然后利用同样的方法创建变量型字符数据。此处不再详细讲解。

创建可变量型数据

2. 可变量型数据

可变量型数据无论程序的指针如何变化，可变量型的数据都会保持最后赋予的值。

举例如下。

```
PERS num cc:=0;                    !名称为 cc 的可变量型数值数据
VAR string leo1:="leo1";             !名称为 leo1 的可变量型字符数据
```

（1）创建可变量型数据的步骤如下。

①将机器人调为手动模式，然后单击示教器上的“程序数据”，如图4-12所示。

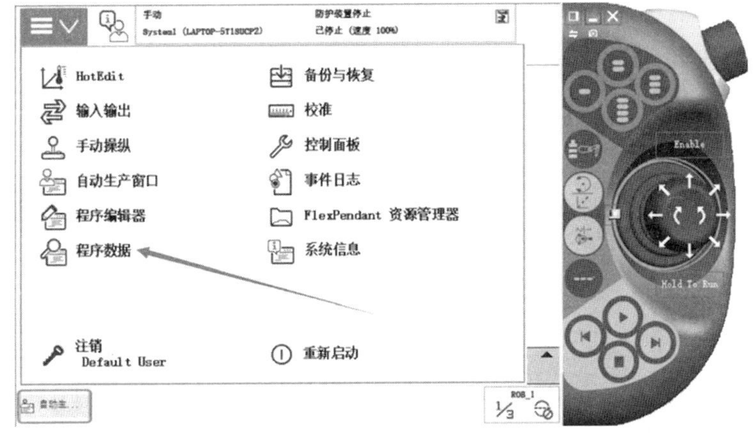

图 4-12

②选择“num”数据类型，然后单击“显示数据”，如图4-13所示。

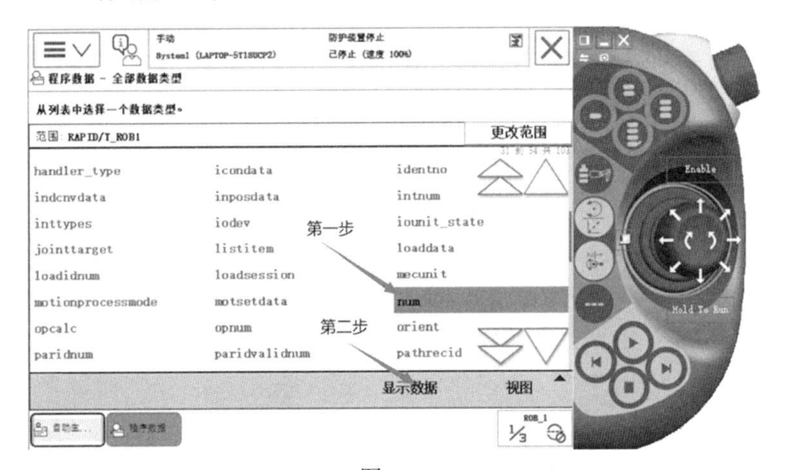

图 4-13

③单击“新建”，如图4-14所示。

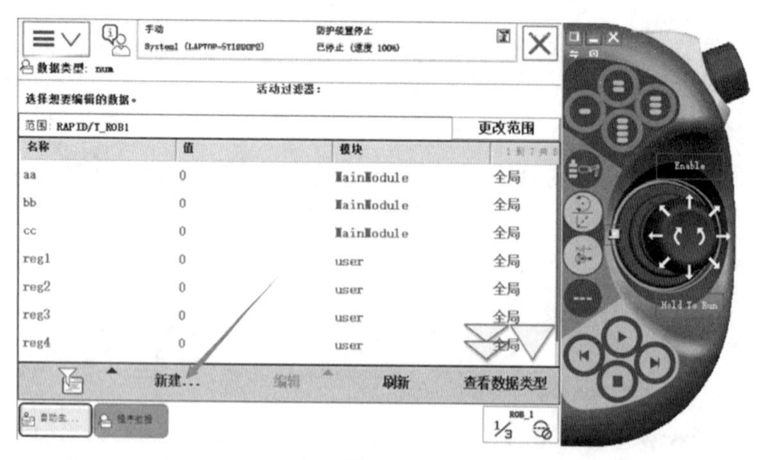

图 4-14

④修改数据的名称及存储类型，然后单击“确定”。名称为可变量的名字，范围是设置可变量为局部变量还是全局变量，存储类型有变量、可变量和常量，此处设置为可变量，模块是定义可变量应用于哪一个程序模块中，如图4-15所示。

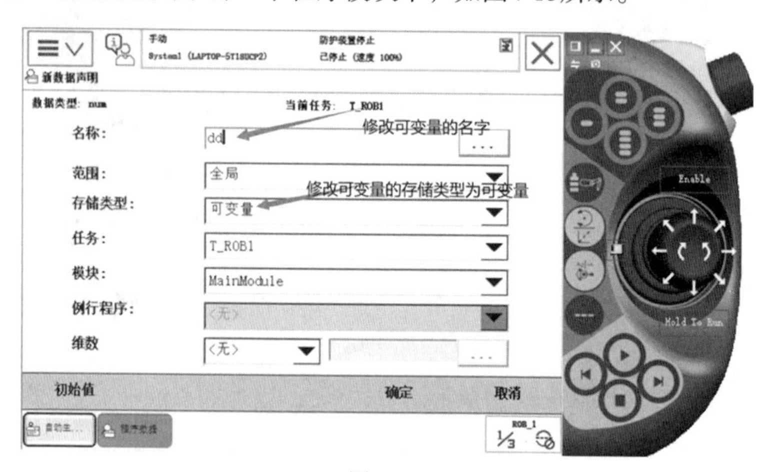

图 4-15

⑤可变量型数据创建完成，如图4-16所示。

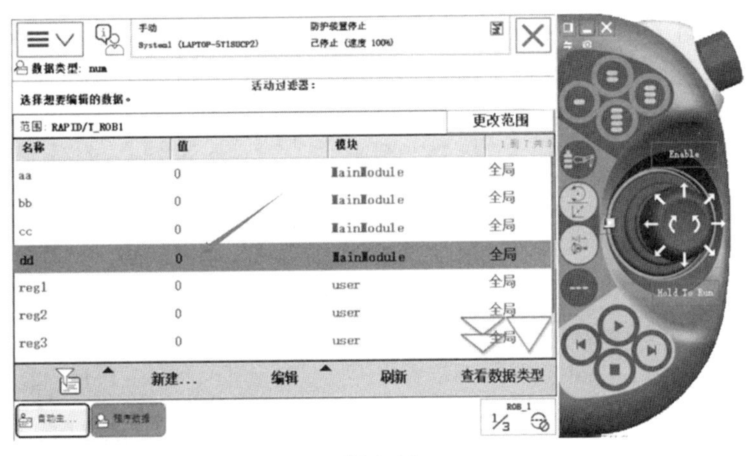

图 4-16

⑥双击可变量“dd”，如图4-17所示。

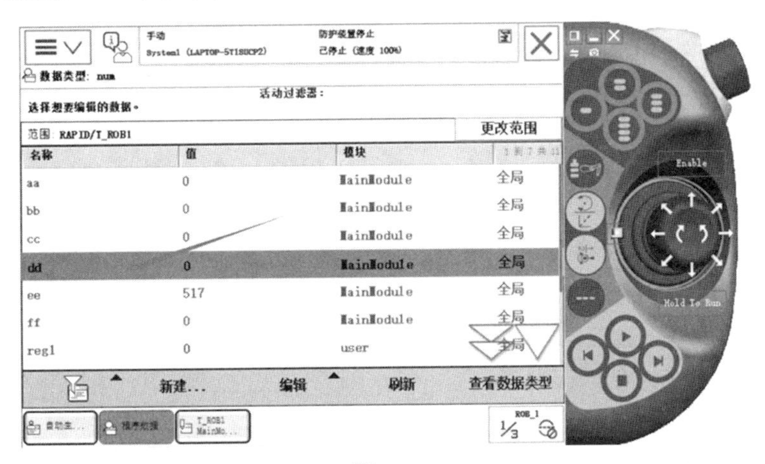

图 4-17

⑦修改可变量“dd”的值并单击“确定”，如图4-18所示。

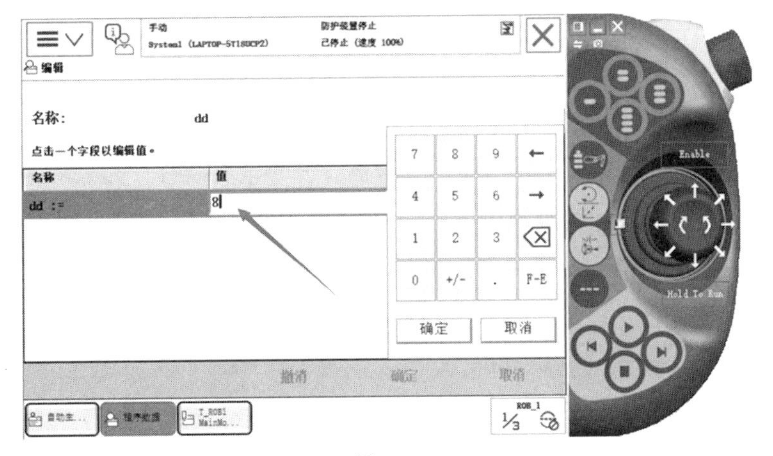

图 4-18

⑧单击示教器上的“程序编辑器”，如图4-19所示。

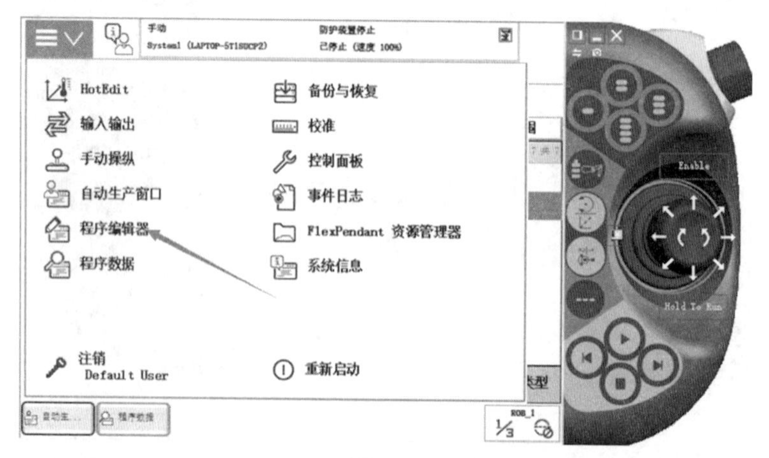

图 4-19

⑨可以在程序模块中看到创建好的可变量型数据，如图4-20所示。

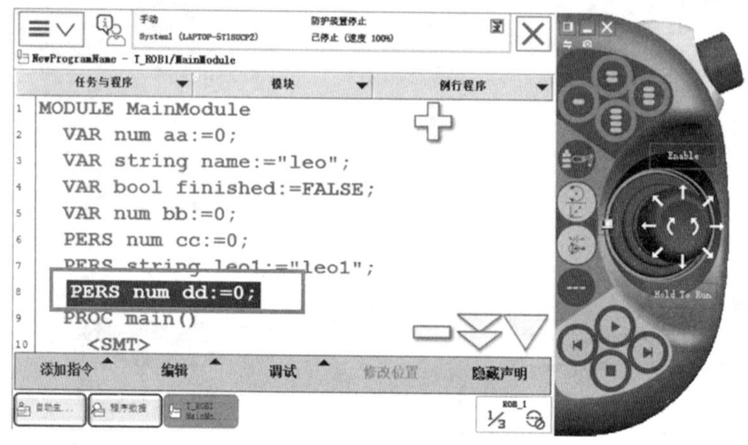

图 4-20

⑧然后利用同样的方法创建可变量型字符数据。此处不再详细讲解。

3. 常量型数据

创建常量型数据

常量型数据的特点是在定义时已赋予了数值，并不能在程序中进行修改，只能手动修改。

举例如下。

```
CONST num ee:=517;                    !名称为 ee 的常量型数值数据
CONST string greating:="hhhhh";       !名称为 greating 的常量型字符数据
```

（1）创建常量型数据的步骤如下。

①将机器人调为手动模式，然后单击示教器上的“程序数据”，如图4-21所示。

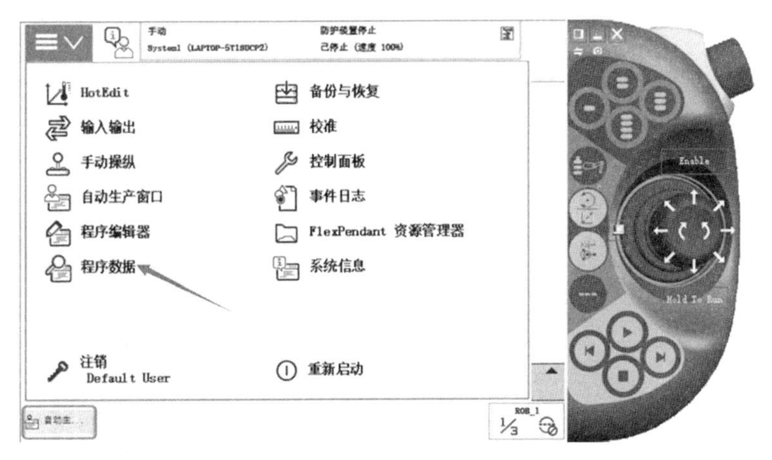

图 4-21

②单击“num”数据类型，然后单击“显示数据”，如图4-22所示。

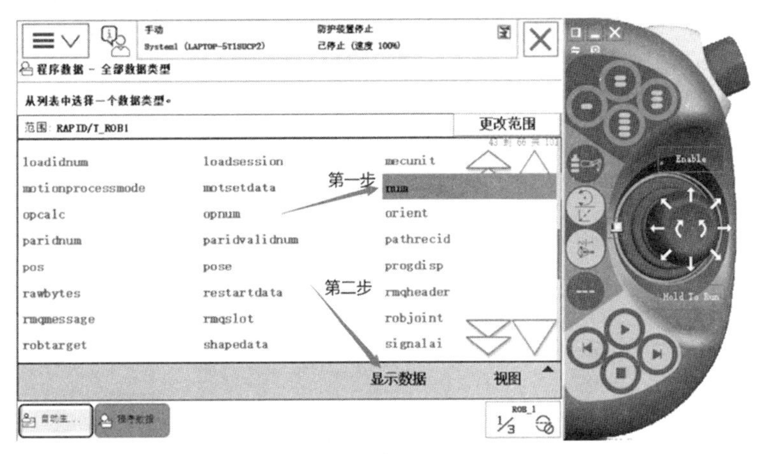

图 4-22

③单击“新建”，如图4-23所示。

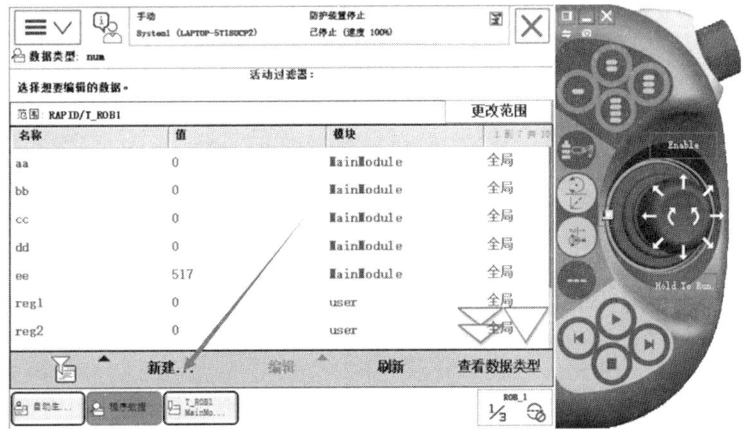

图 4-23

④修改数据的名称及存储类型，然后单击“确定”。名称为常量的名字，范围是设置常量为局部变量还是全局变量，存储类型有变量、可变量和常量，此处设置为常量，模块是定义常量应用于哪一个程序模块中，如图4-24所示。

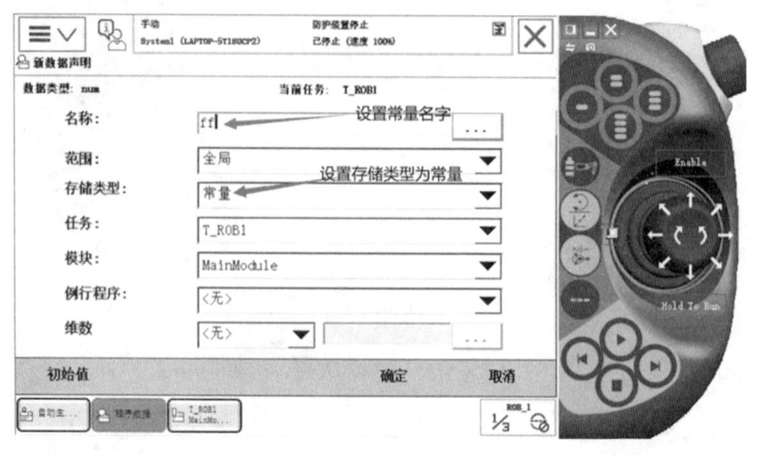

图 4-24

⑤常量型数据创建完成，如图4-25所示。

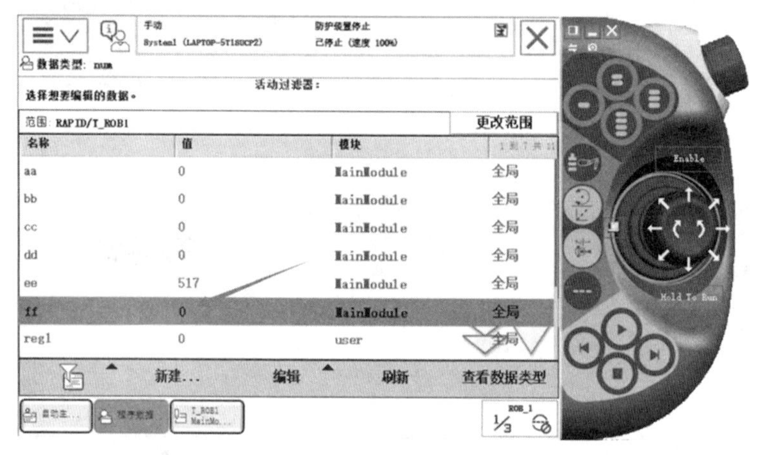

图 4-25

⑥双击常量“ff”，如图4-26所示。

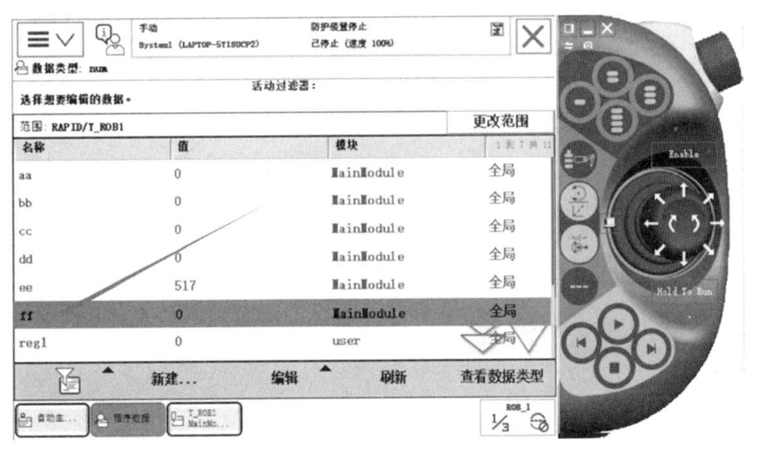

图 4-26

⑦修改常量“ff”的值并单击“确定”，如图4-27所示。

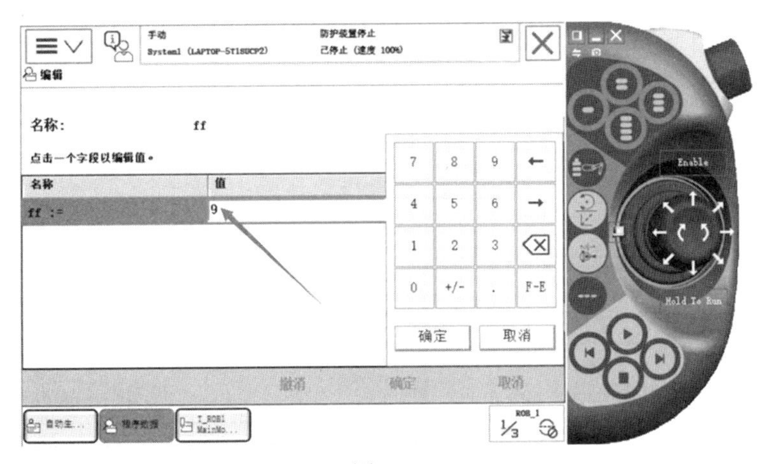

图 4-27

⑧单击示教器上的“程序编辑器”，如图4-28所示。

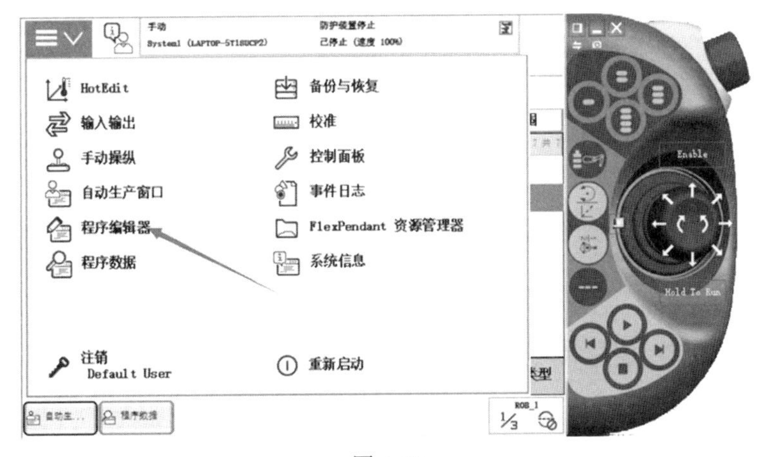

图 4-28

⑨可以在程序模块中看到创建好的常量型数据，如图4-29所示。

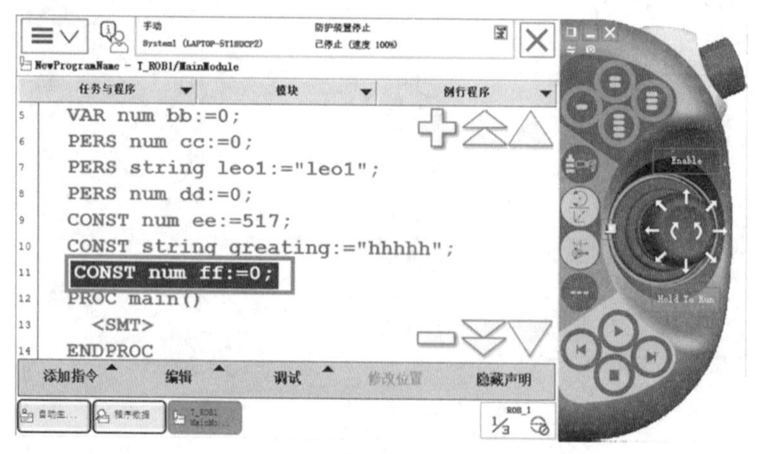

图 4-29

⑩然后利用同样的方法创建常量型字符数据。此处不再详细讲解。

4. 常用的程序数据

常用的程序数据如表4-1所示。

表 4-1

程序数据	说明	程序数据	说明
bool	布尔量	pos	位置数据（只有 *X*、*Y* 和 *Z*）
byte	字节型数据（0～255）	pose	坐标转换
clock	计时数据	robjoint	机器人轴角度数据
dionum	数字输入/输出信号	robtarget	机器人与外轴的位置数据
extjoint	外轴位置数据	speeddata	机器人与外轴的速度数据
intnum	中断标识符	string	字符串
jointtarget	关节位置数据	tooldata	工具数据
loaddata	负荷数据	trapdata	中断数据
num	数值数据	wobjdata	工件数据
orient	姿态数据	zonedata	TCP 转弯半径数据

4.1.2 工业机器人工具数据

工业机器人工具数据

在进行正式的编程之前，需要构建必要的编程环境，其中有三个必须的关键程序数据（工具数据tooldata、工件坐标wobjdata、负荷数据loaddata）需要在编程前进行定义。

工具数据tooldata用于描述安装在机器人第六轴上的工具的TCP、质量、重心等参数数据。一般不同的机器人应用配置不同的工具，比如说弧焊的机器人就使用弧焊枪作为工具，而用于搬运板材的机器人就使用吸盘式的夹具作为工具。

默认工具（tool0）的工具中心点是指位于机器人安装法兰的中心的*A*点，它就是原始的TCP点，如图4-30所示。

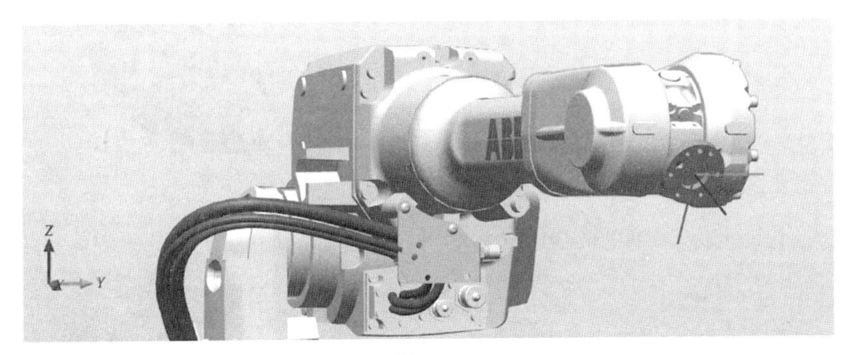

图 4-30

tooldata 的设定步骤

①打开教材配套-配套资源-第四章-工具和工件坐标系练习文件，如图4-31和图4-32所示。

图 4-31

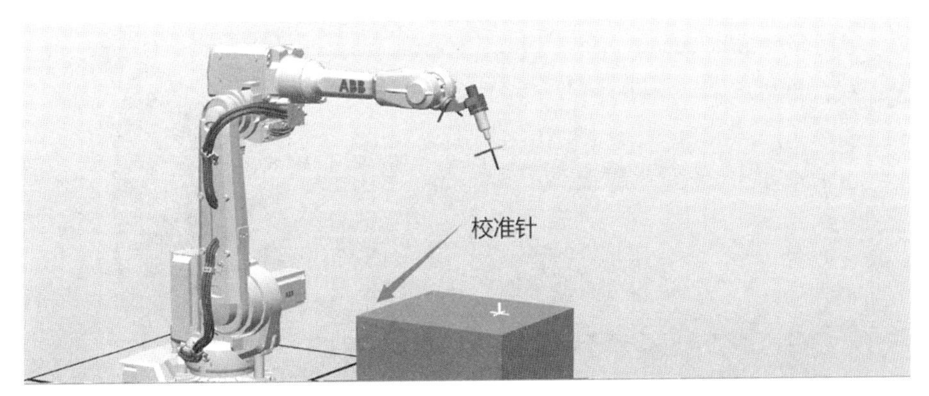

图 4-32

②打开示教器，将机器人调为手动模式，单击“手动操纵”，如图4-33所示。

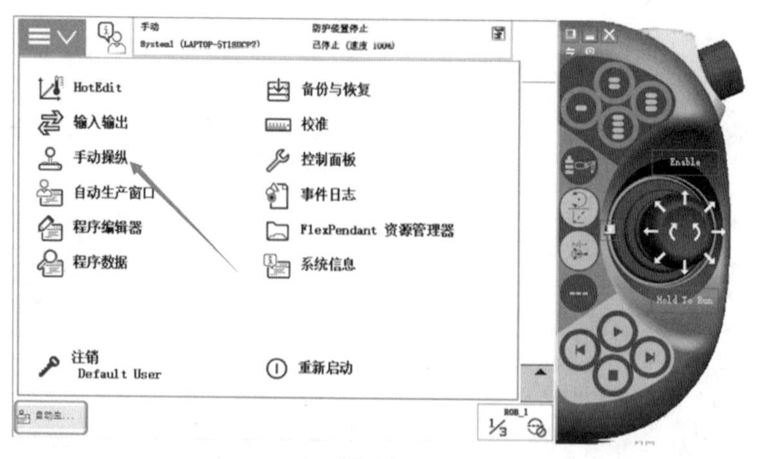

图 4-33

③单击“工具坐标”，如图4-34所示。

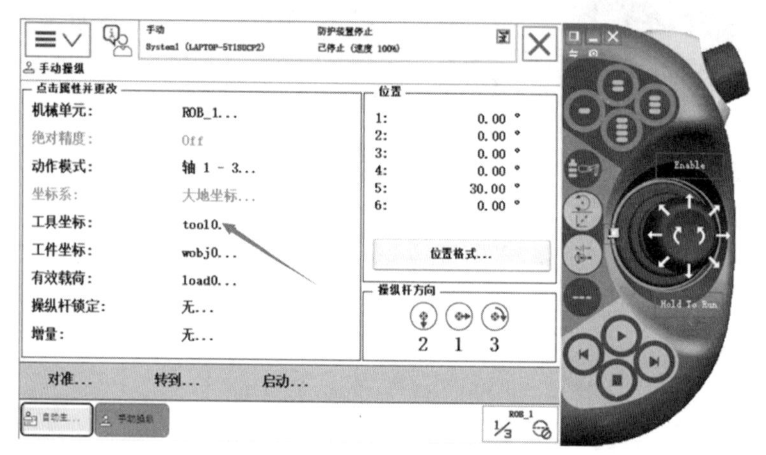

图 4-34

④单击“新建”，如图4-35所示。

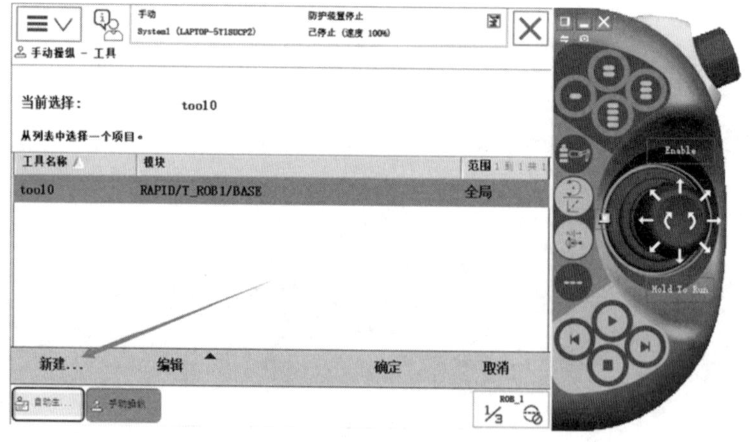

图 4-35

⑤设定工具数据的名字和应用模块，因本小节没有涉及程序的编写，故应用模块使用默认的user，如图4-36所示。

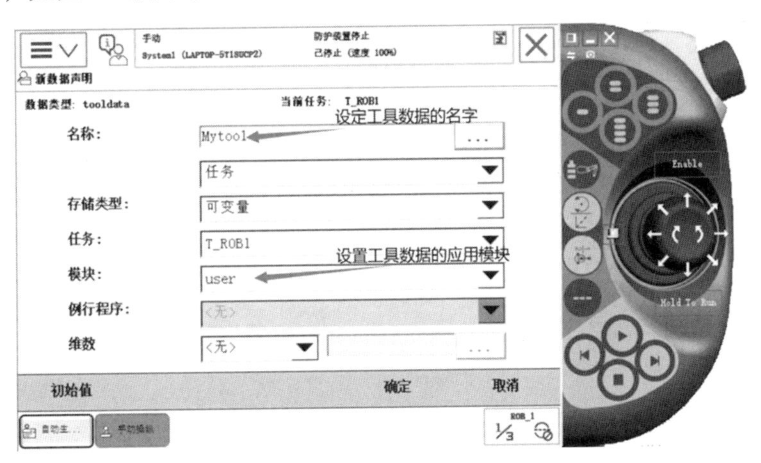

图 4-36

⑥选中新建的工具数据，单击“编辑”，再选择“定义”，如图4-37所示。

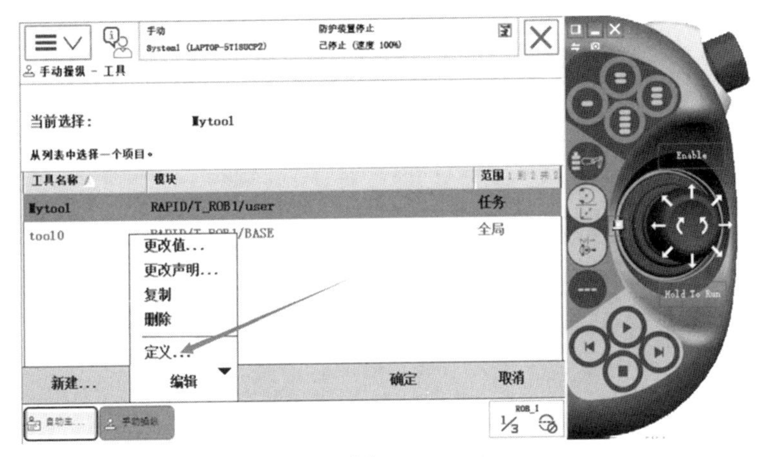

图 4-37

⑦将方法更改为“TCP和Z,X”，点数为4，如图4-38所示。

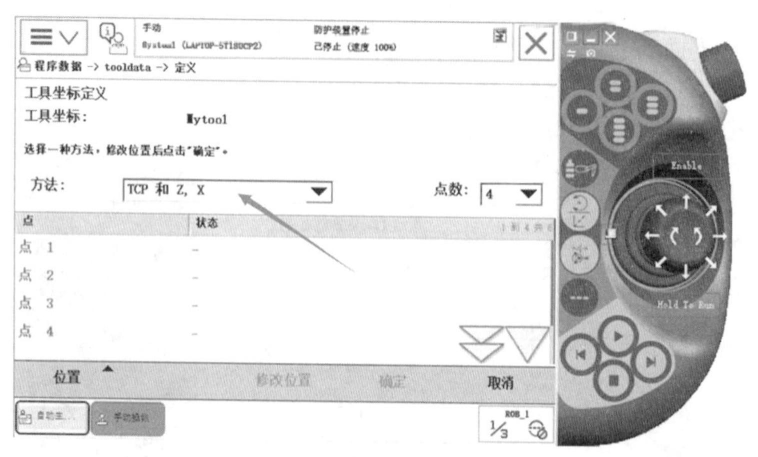

图 4-38

⑧单击"点1"，让点1位于被选中的状态，将机器人调整为如下姿态，再单击"修改位置"，如图4-39至图4-41所示，其中图4-40的左图为正视图。

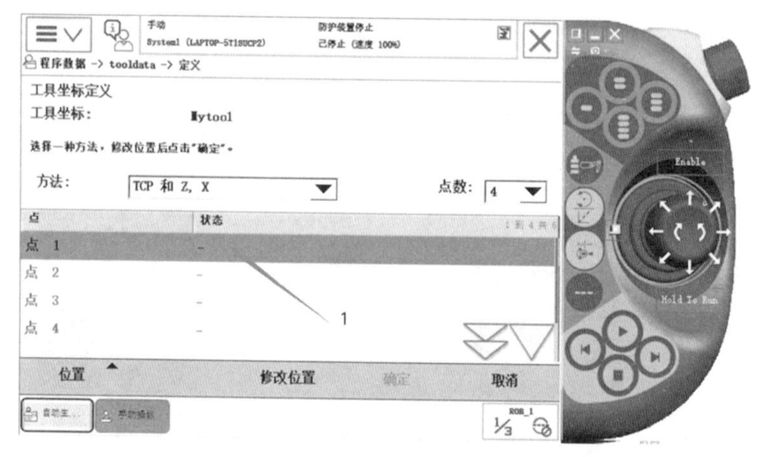

图 4-39

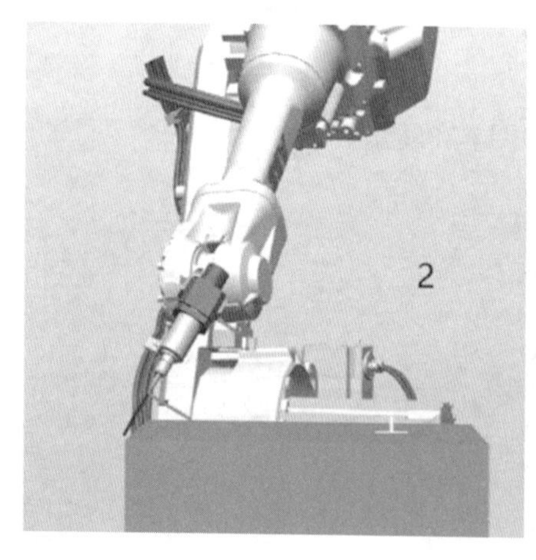

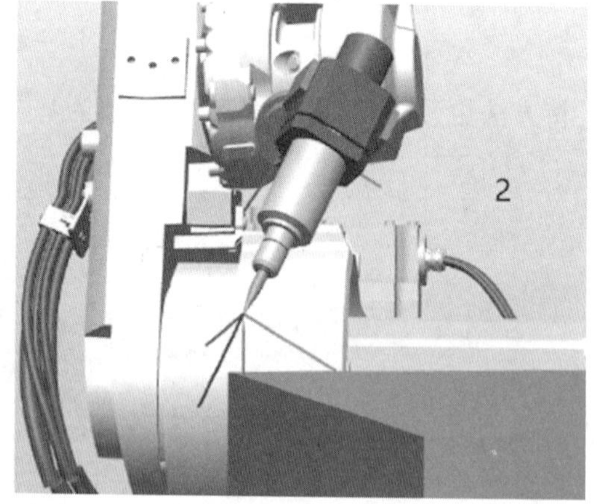

图 4-40

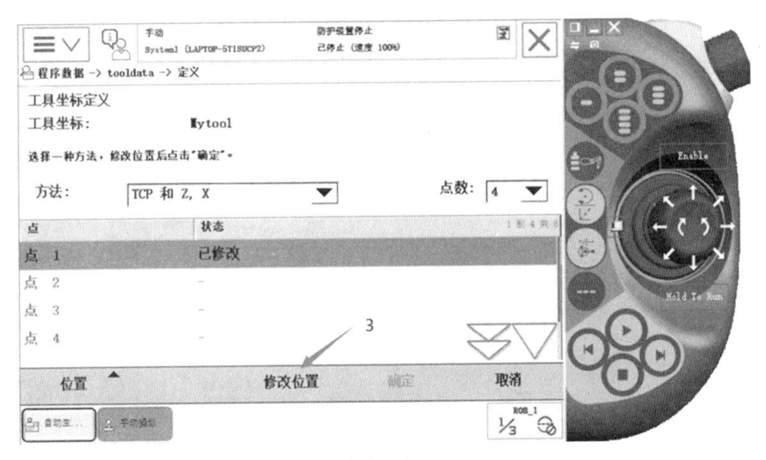

图 4-41

⑨以同样的方法修改点2，点2姿态如图4-42所示，其中图4-42的左图为正视图。

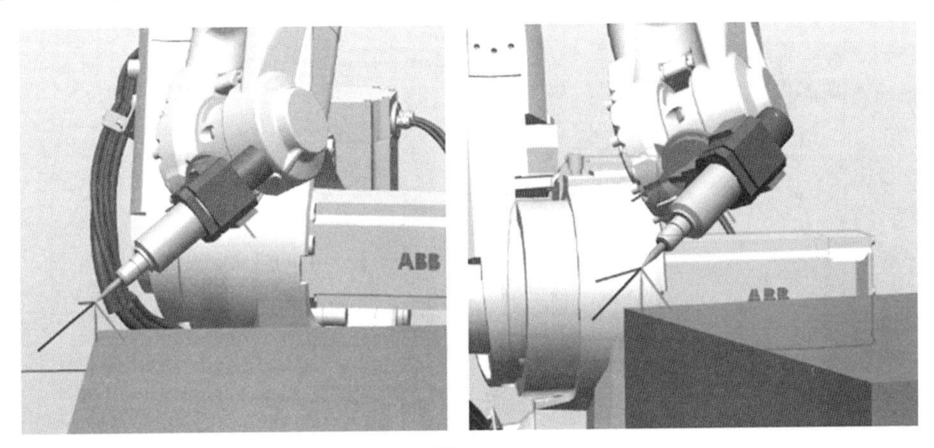

图 4-42

⑩以同样的方法修改点3，点3姿态如图4-43所示，其中图4-43的左图为正视图。

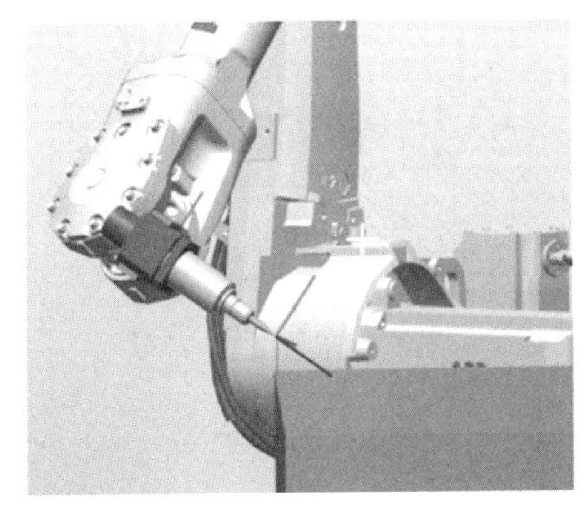
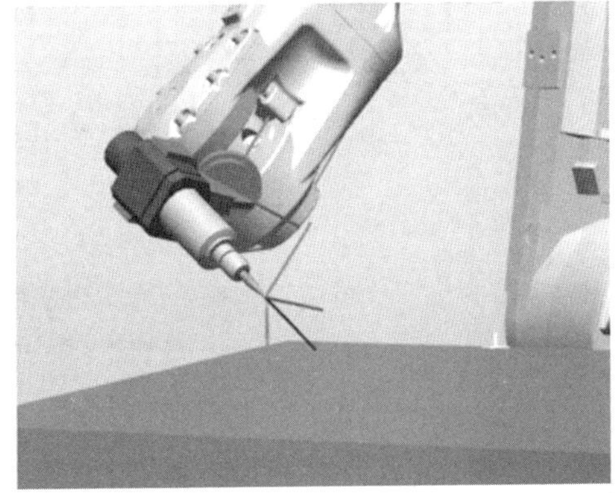

图 4-43

⑪以同样的方法修改点4，点4姿态如图4-44所示，其中图4-44的左图为正视图。

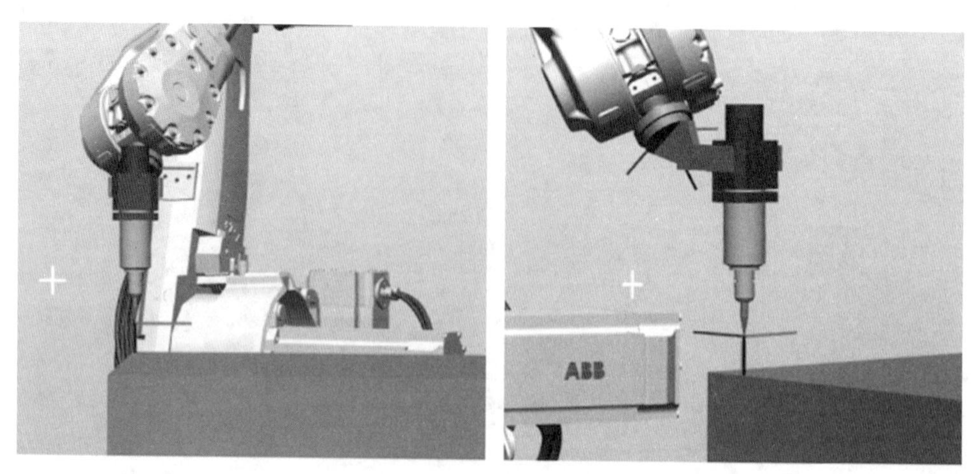

图 4-44

⑫以同样的方法修改延伸器点X，延伸器点X姿态如图4-45所示。

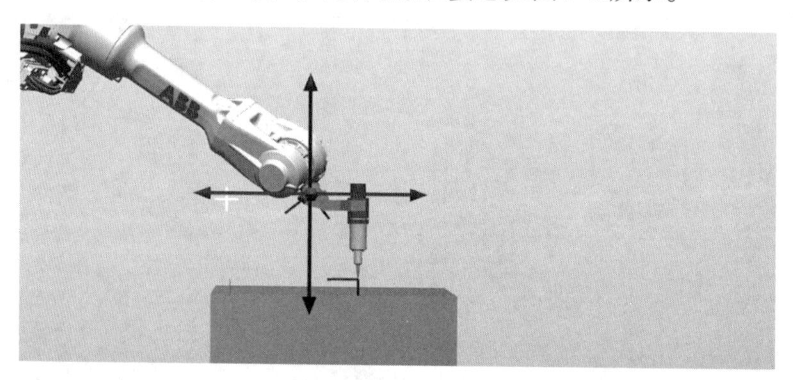

图 4-45

⑬以同样的方法修改延伸器点Z，延伸器点Z姿态如图4-46所示。

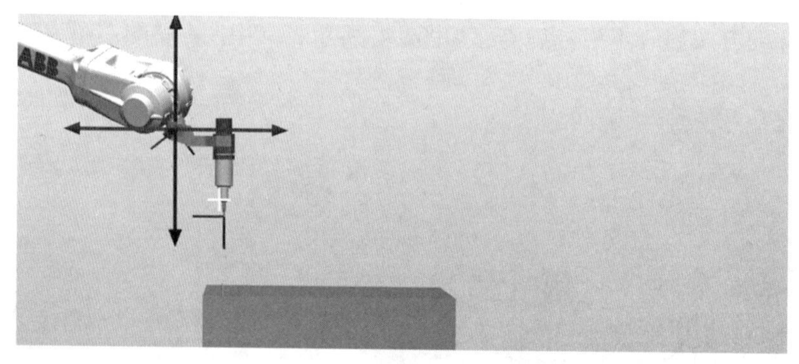

图 4-46

⑭单击“确定”，如图4-47所示。

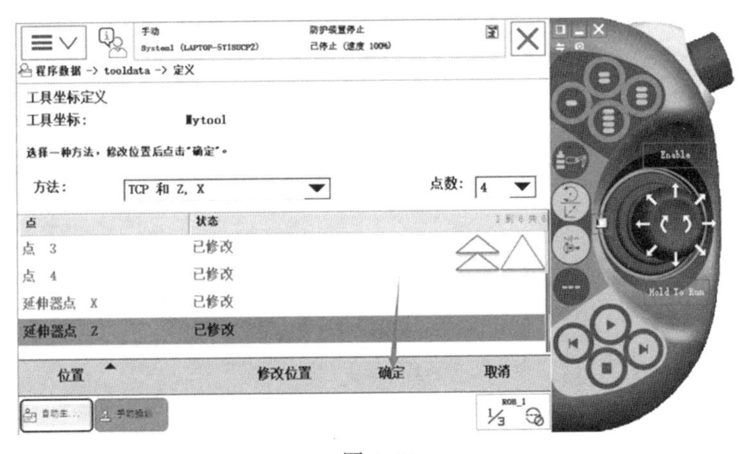

图 4-47

⑮单击“确定”，如图4-48所示。

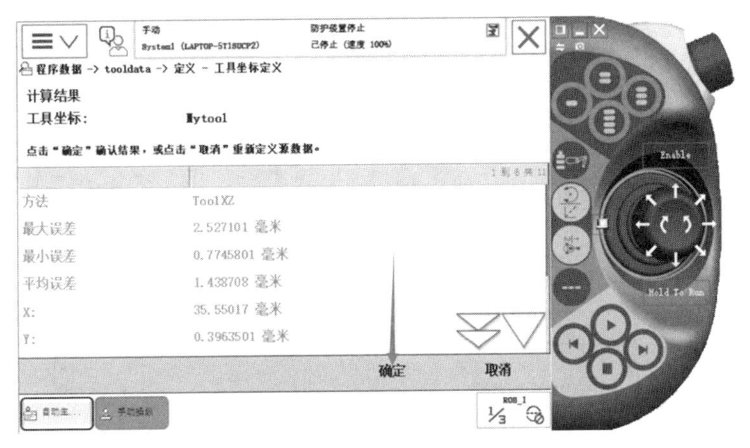

图 4-48

⑯单击“更改值”，设置工具的质量（根据实际情况进行设置，在这里暂时设置为1），单击“确定”，设置完成，如图4-49和图4-50所示。

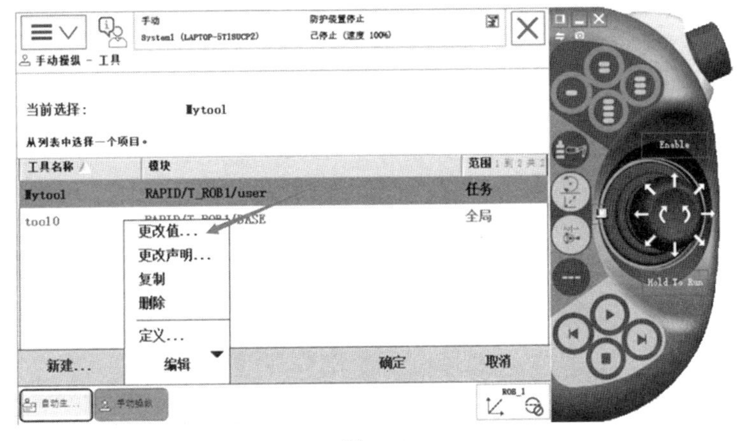

图 4-49

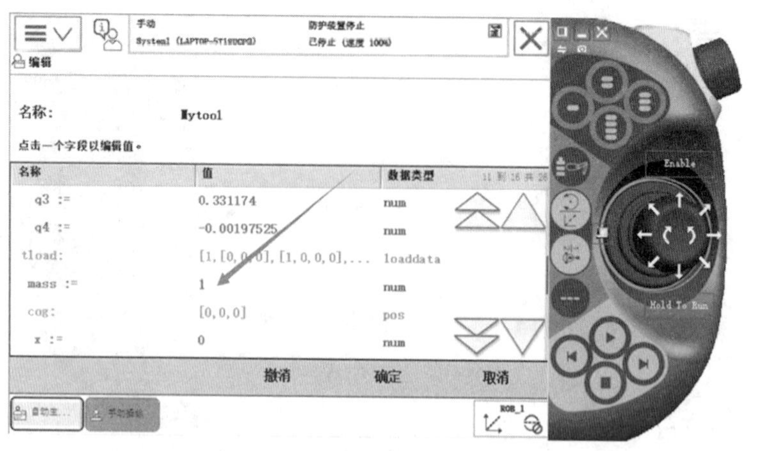

图 4-50

⑰创建完成的结果如图4-51所示。

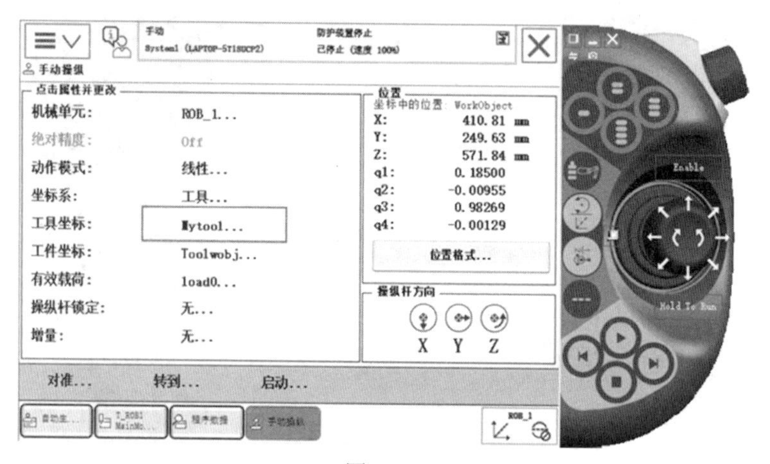

图 4-51

4.1.3 工业机器人工件坐标数据

工件坐标系用于定义工件相对于大地坐标系或者其他坐标系的位置，具有两个作用：一是方便用户以工件平面方向为参考手动操纵调试；二是当工件位置更改后，通过重新定义该坐标系，机器人即可正常作业，不需要对机器人程序进行修改。工件坐标系示意图如图4-52所示。

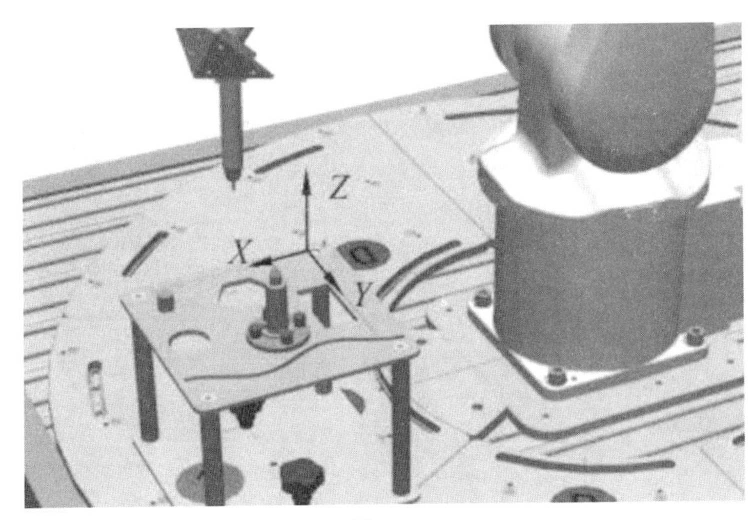

工业机器人工件坐标数据

图 4-52

ABB工业机器人工件坐标系定义采用3点法，分别为*X*轴上的第一点*X*1，*X*轴上的第二点*X*2，*Y*轴上的第三点*Y*1。所定义的工件坐标系原点为*Y*1与*X*1。*X*2为所在直线的垂足处，*X*正方向为*X*1至*X*2的射线方向，*Y*正方向为垂足至*Y*1的射线方向，其基本步骤如下：

①打开示教器，将机器人调为手动模式，单击“手动操纵”，如图4-53所示。

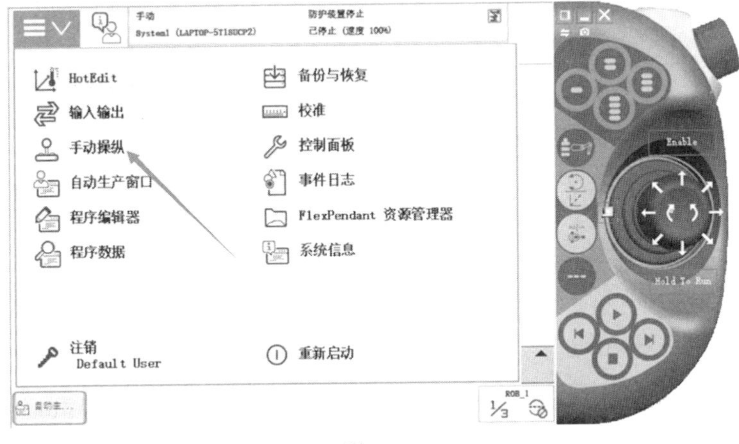

图 4-53

②单击“工件坐标”，如图4-54所示。

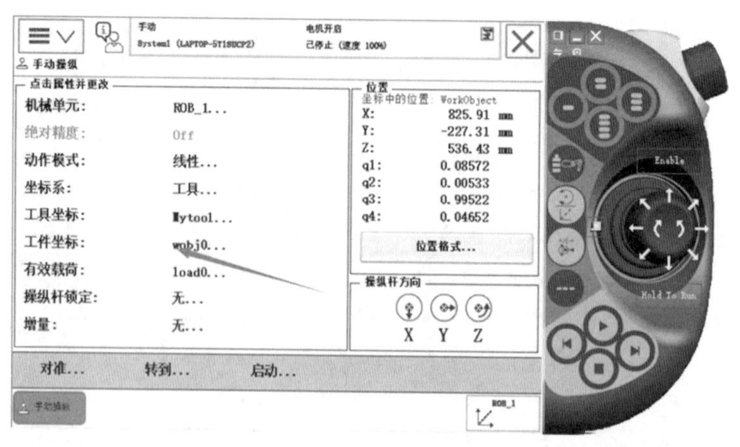

图 4-54

③单击“新建”，如图4-55所示。

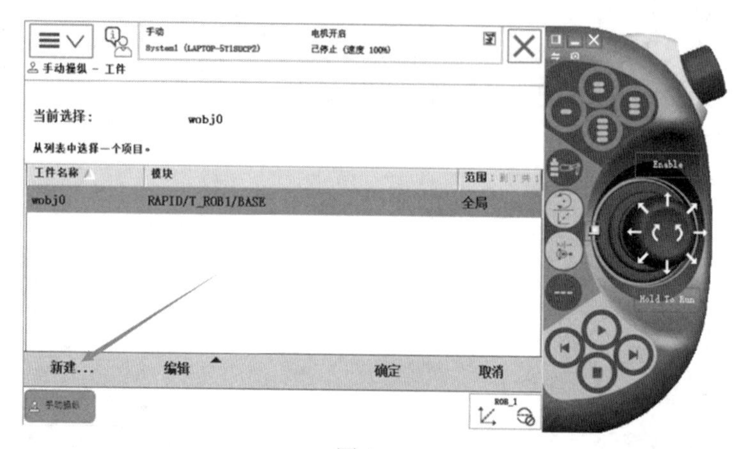

图 4-55

④设定工件坐标系的名字和应用模块，因本小节没有涉及程序的编写，故应用模块使用默认的user，如图4-56所示。

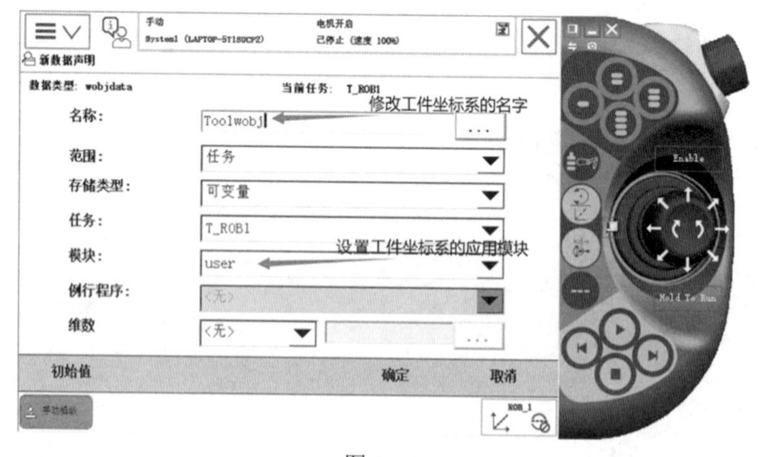

图 4-56

⑤选择新建的工件数据，单击“编辑”，再选择“定义”，如图4-57所示。

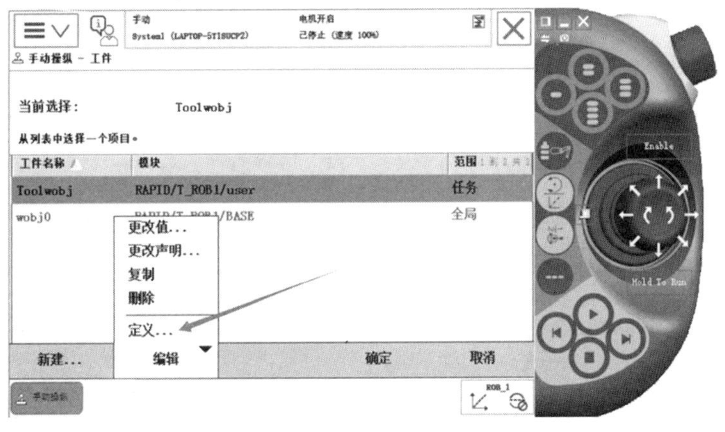

图 4-57

⑥用户方法设置为“3点”，如图4-58所示。

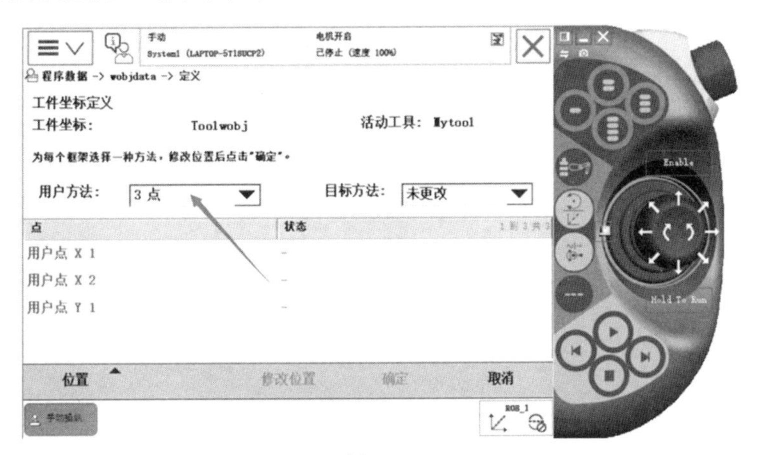

图 4-58

⑦修改用户点$X1$的姿态，如图4-59所示，其中图4-59的左图为左视图。

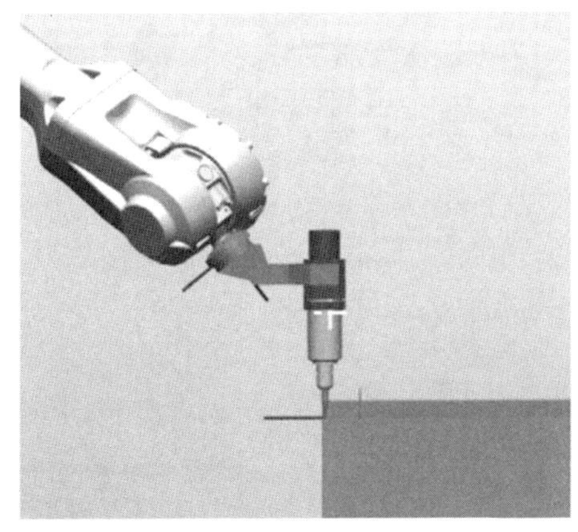
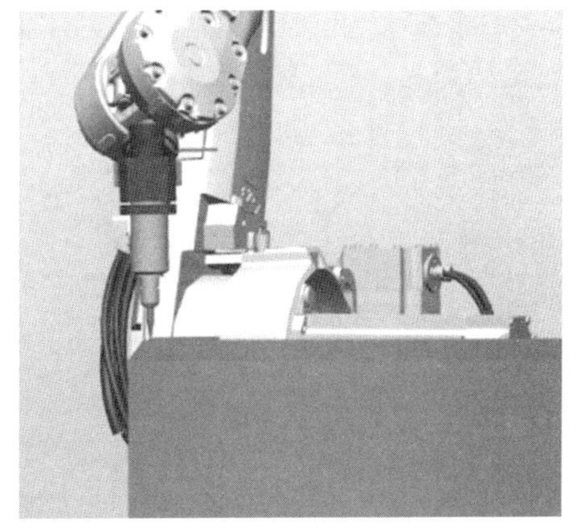

图 4-59

⑧修改用户点X2的姿态，如图4-60所示。其中图4-60的左图为左视图。

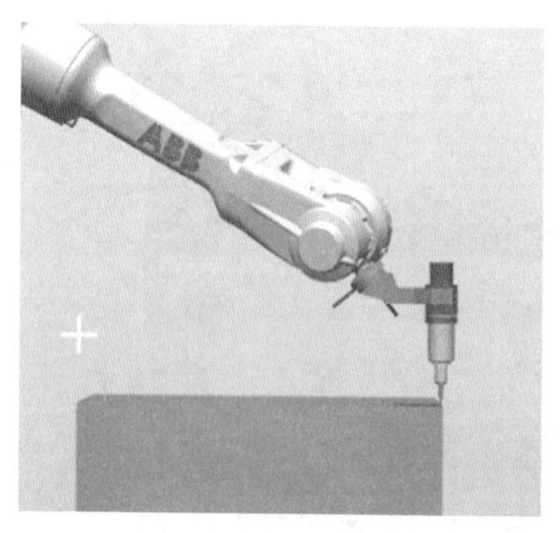

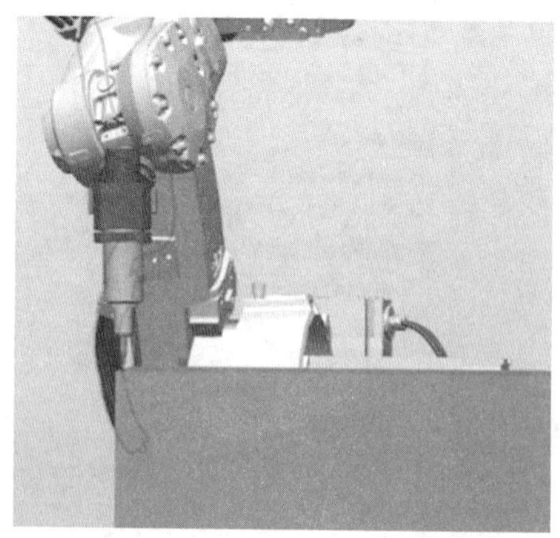

图 4-60

⑨修改用户点Y1的姿态，如图4-61所示。其中图4-61的左图为左视图。

图 4-61

⑩单击“确定”，如图4-62和图4-63所示。

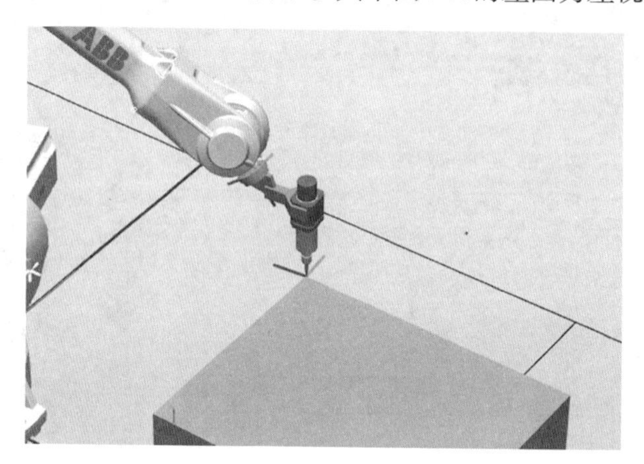

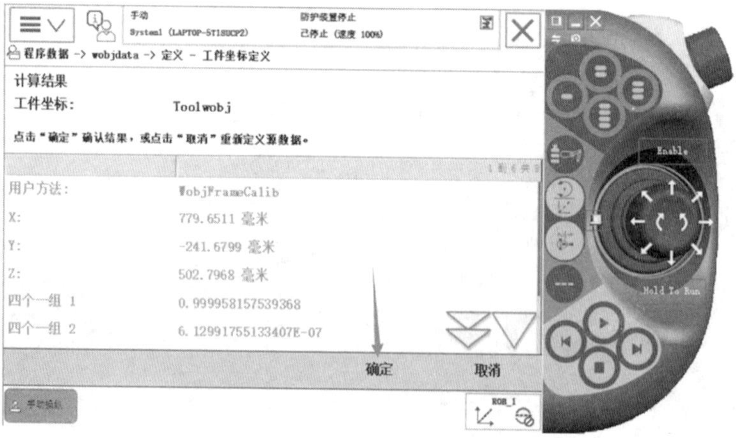

图 4-62

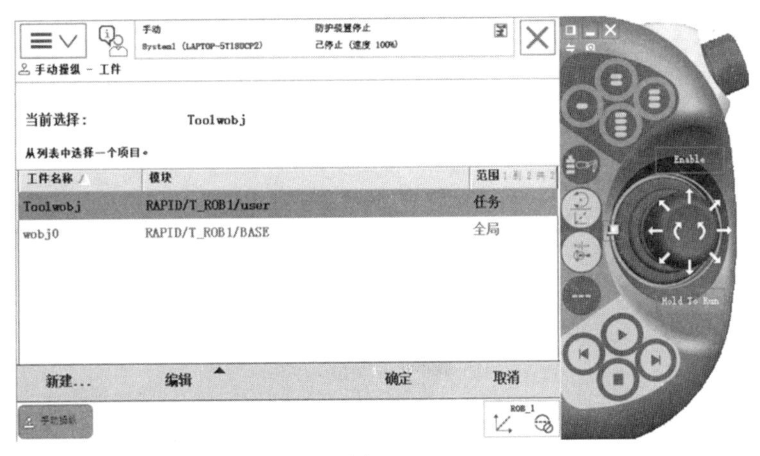

图 4-63

⑪创建完成的结果如图4-64所示。

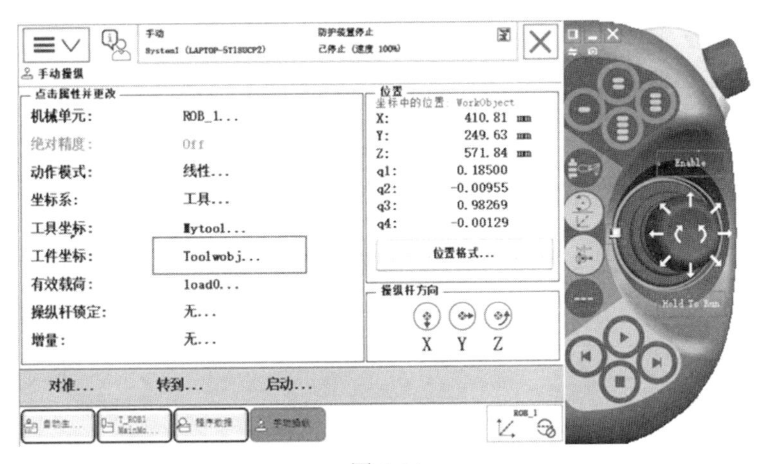

图 4-64

4.1.4　工业机器人有效载荷数据

工业机器人有效载荷数据

对于搬运应用的工业机器人，应该正确设定夹具的质量、重心以及搬运对象的质量和重心数据。在实际操作中，手动输入机器人有效载荷数据。该操作也可通过运行服务例行程序LoadIdentify自动完成。本小节将讲解手动设置有效载荷数据。

1. 手动设置有效载荷数据

①打开示教器，将机器人调为手动模式，单击“手动操纵”，如图4-65所示。

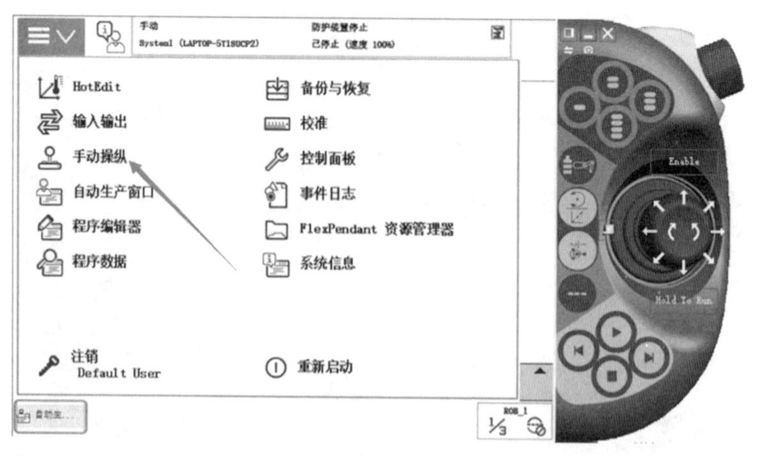

图 4-65

②单击“有效载荷”，如图4-66所示。

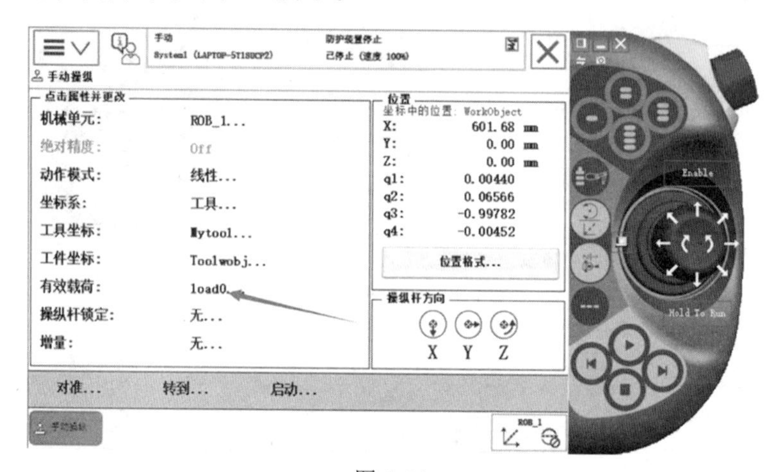

图 4-66

③单击“新建”，如图4-67所示。

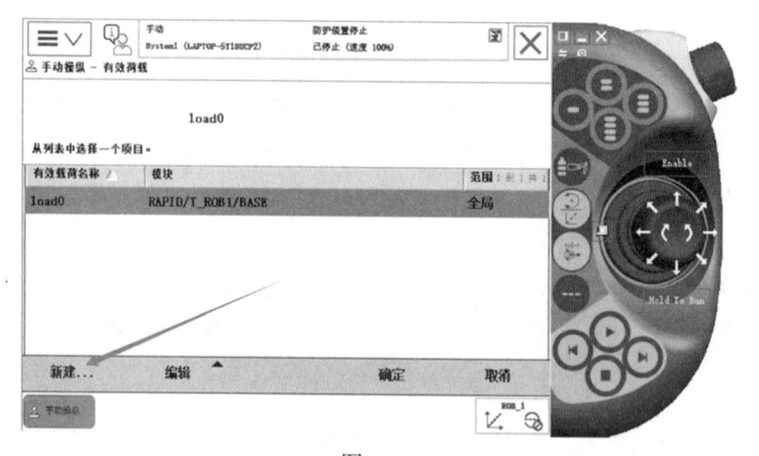

图 4-67

④设定有效载荷数据的名称和应用模块，因本小节没有涉及程序的编写，故应用模块使用默认的user，如图4-68所示。

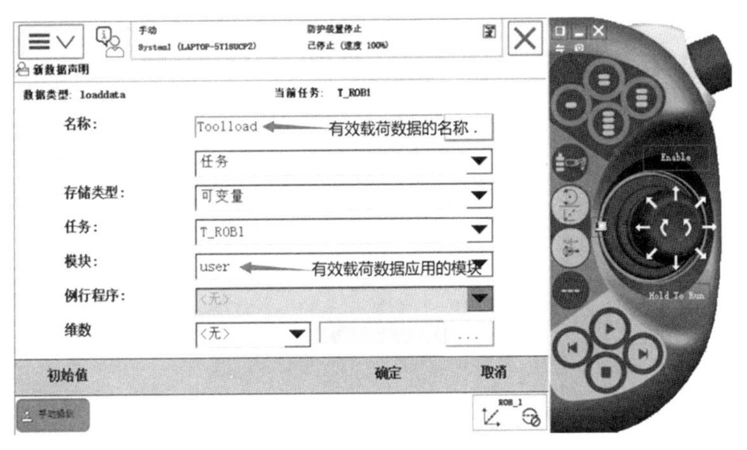

图 4-68

⑤选择新建的有效载荷数据，单击“编辑”，再选择“更改值”，如图4-69所示。

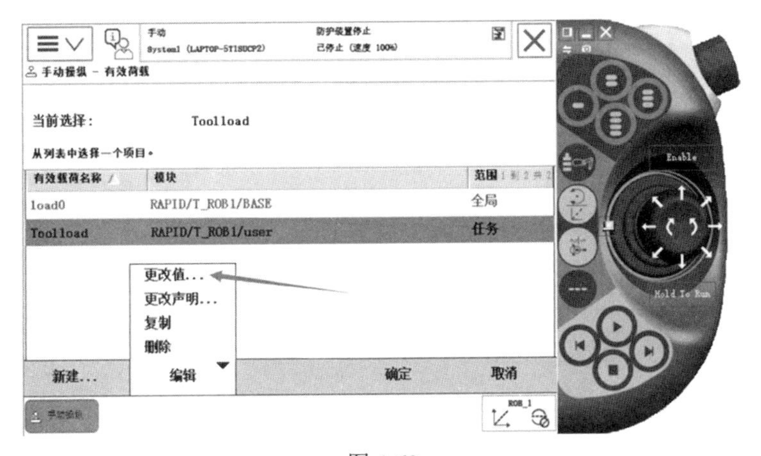

图 4-69

⑥根据实际情况进行设定，如图4-70所示。

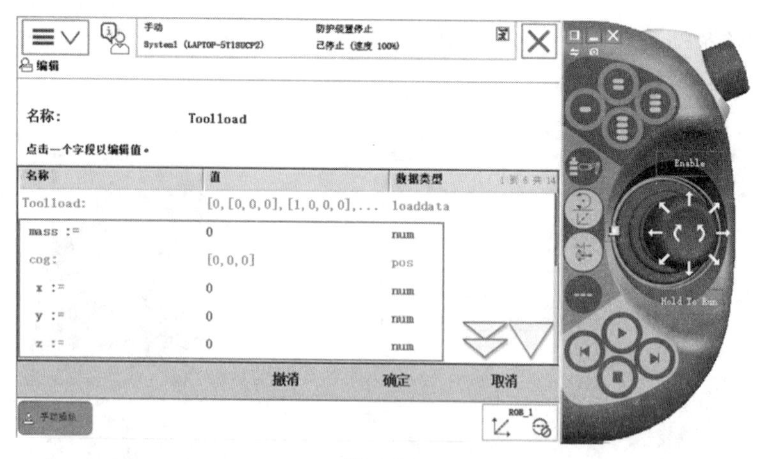

图 4-70

⑦单击“确定”，设定完成，如图4-71所示。

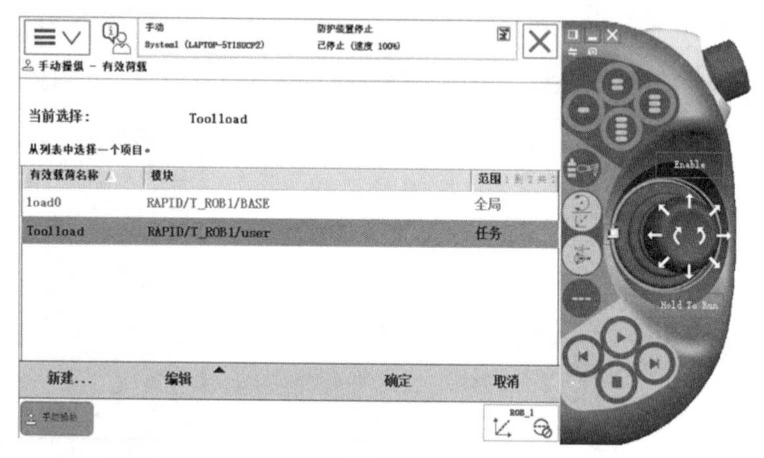

图 4-71

4.2 常用的 RAPID 编程指令

ABB工业机器人的RAPID编程提供了丰富的指令来完成各种简单和复杂的应用。那么本小节将带领大家学习一些常用的RAPID编程指令，以及在示教器中添加指令的方法。

赋值指令

1. 赋值指令

:=：对程序数据进行赋值，对应的变量会保持设定的值，直到下一次被赋值。示例如下。

①打开示教器，单击“程序编辑器”，新建例行程序，如图4-72所示。

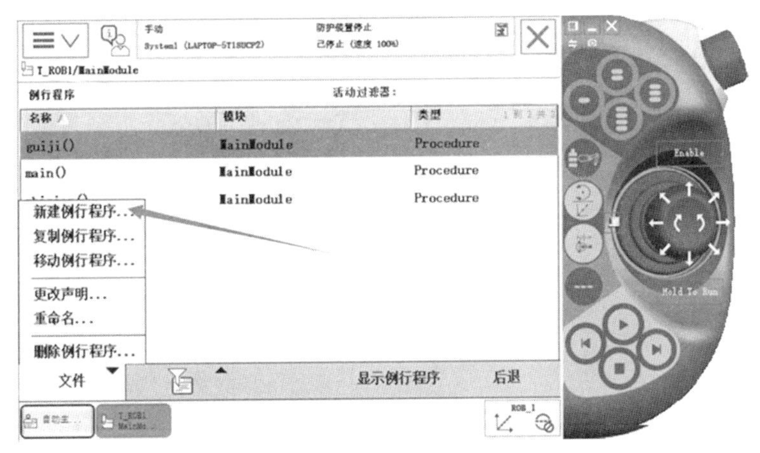

图 4-72

②更改例行程序的名称，然后单击“确定”，如图4-73所示。

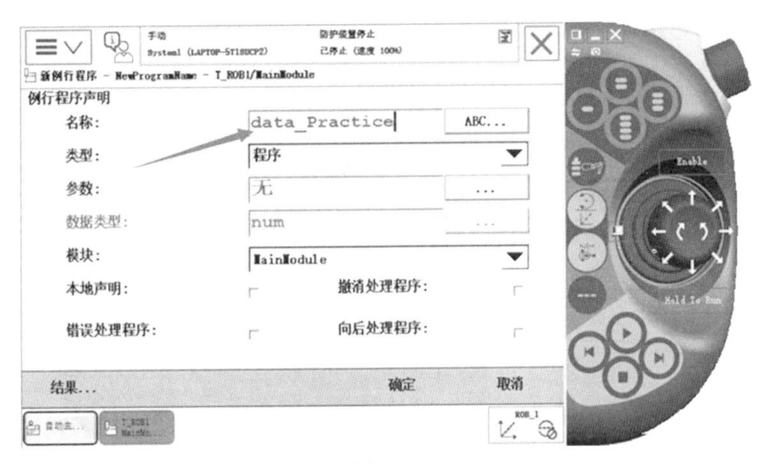

图 4-73

③选择刚刚建好的例行程序，然后单击“显示例行程序”，如图4-74所示。

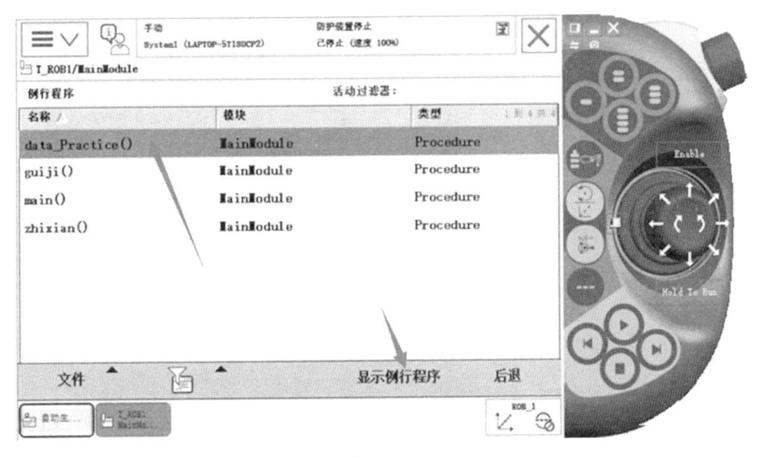

图 4-74

④单击“添加指令”，如图4-75所示。

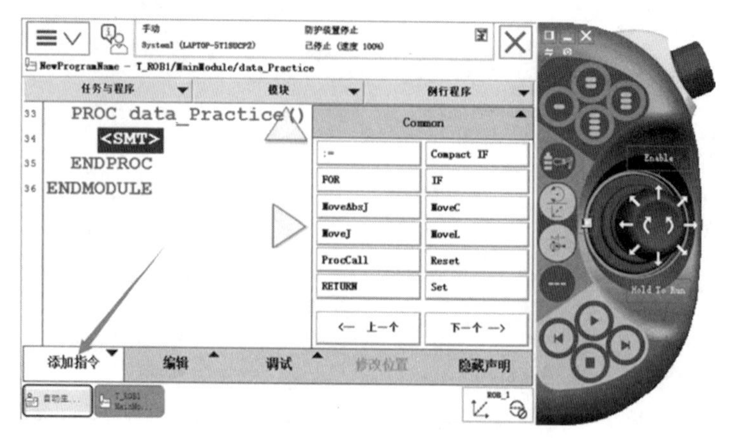

图 4-75

⑤单击赋值指令，如图4-76所示。

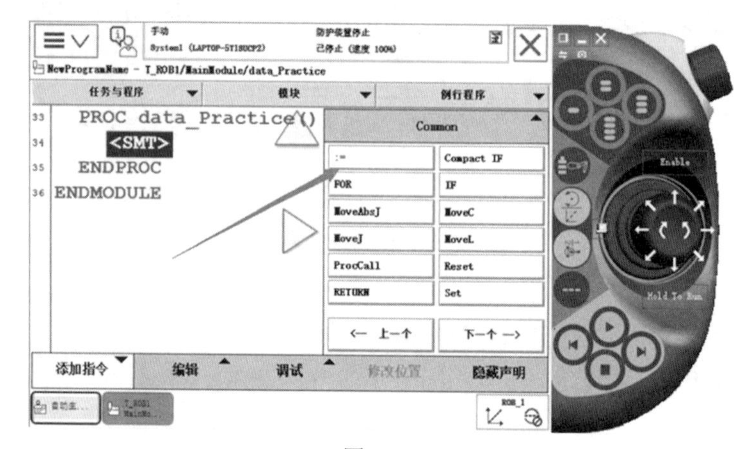

图 4-76

⑥单击“新建”，如图4-77所示。

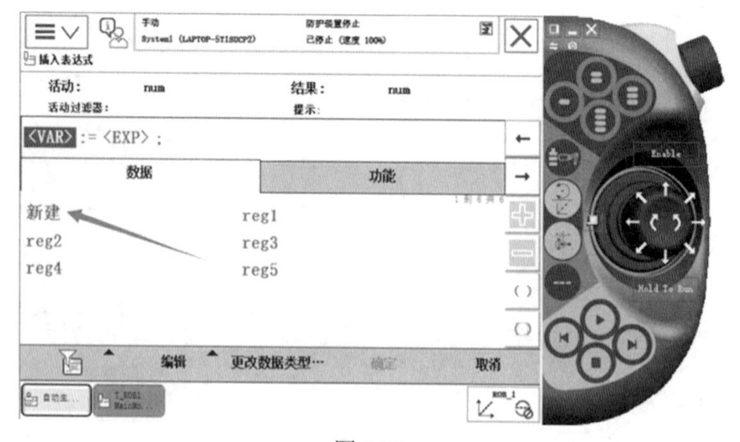

图 4-77

⑦更改参数的名称，并单击“确定”，如图4-78所示。

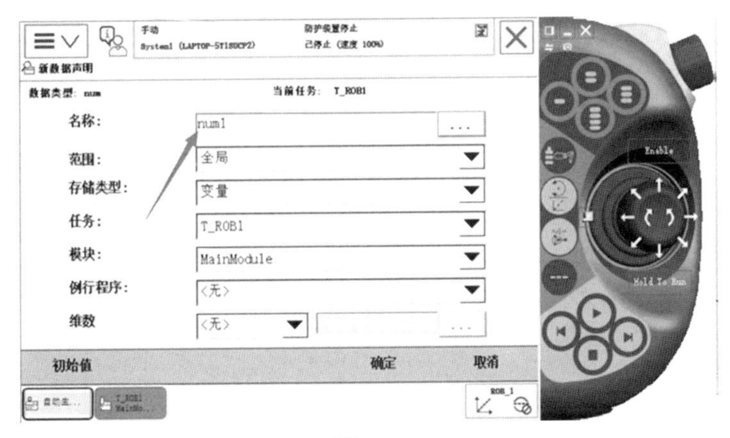

图 4-78

⑧单击赋值指令后的参数，选中该参数，如图4-79所示。

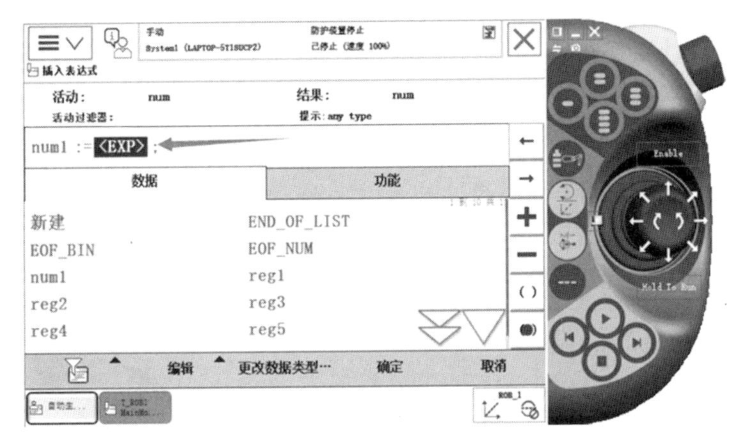

图 4-79

⑨单击“编辑”，再选择“仅限选定内容”，如图4-80所示。

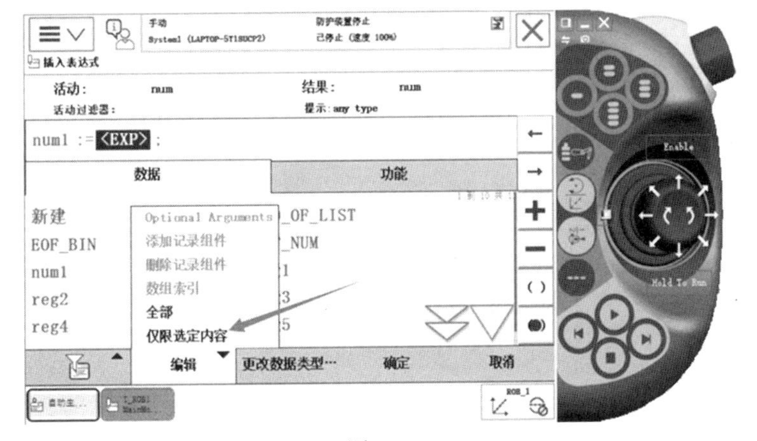

图 4-80

⑩给变量赋值为2，并单击“确定”，如图4-81所示。

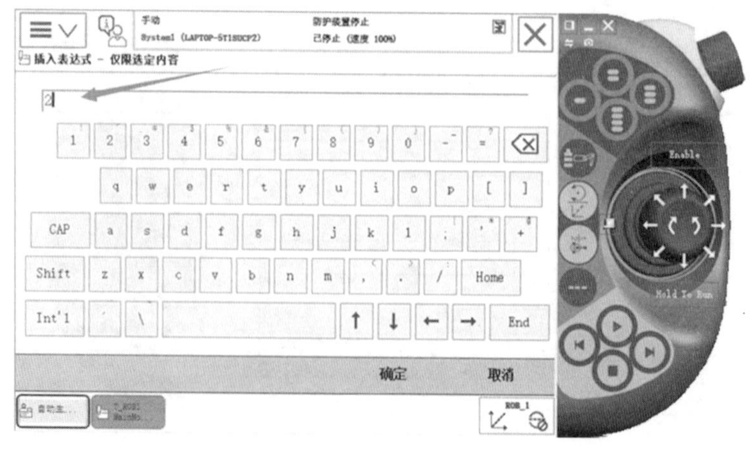

图 4-81

⑪赋值指令创建完毕，如图4-82所示。

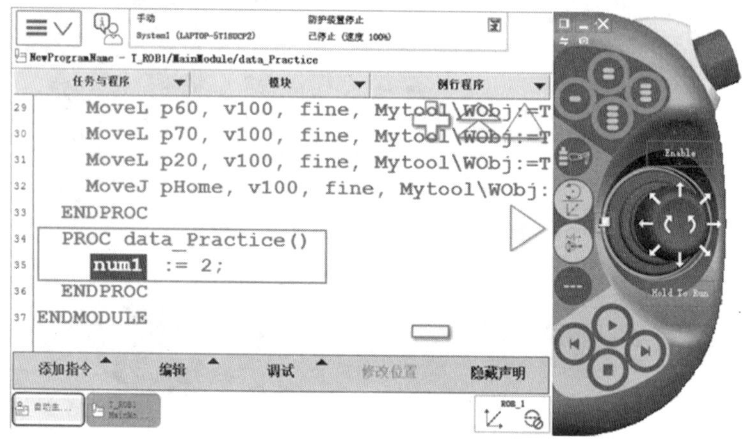

图 4-82

2. 简单运算指令

简单运算指令 Incr 加 1 操作

（1）Incr 加1操作。在一个数字数据值上增加1，可以用赋值指令替代，一般用于产量计数。

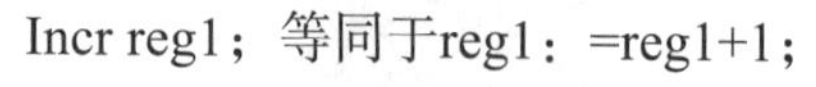

Incr reg1；等同于reg1：=reg1+1；

①单击“添加指令”，如图4-83所示。

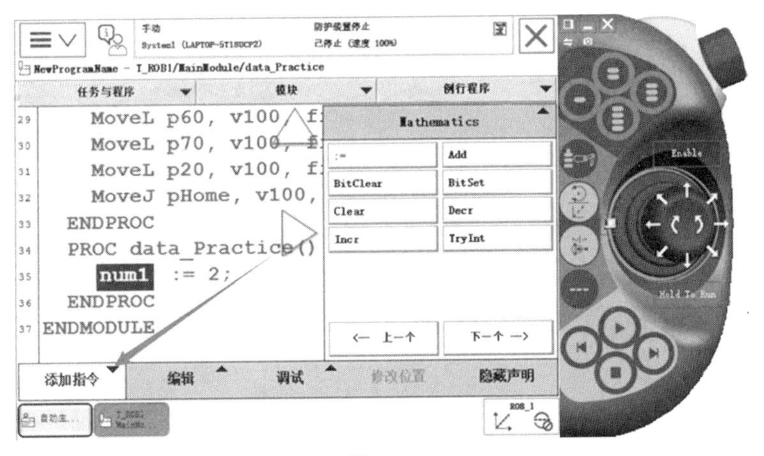

图 4-83

②单击“Common”，如图4-84所示。

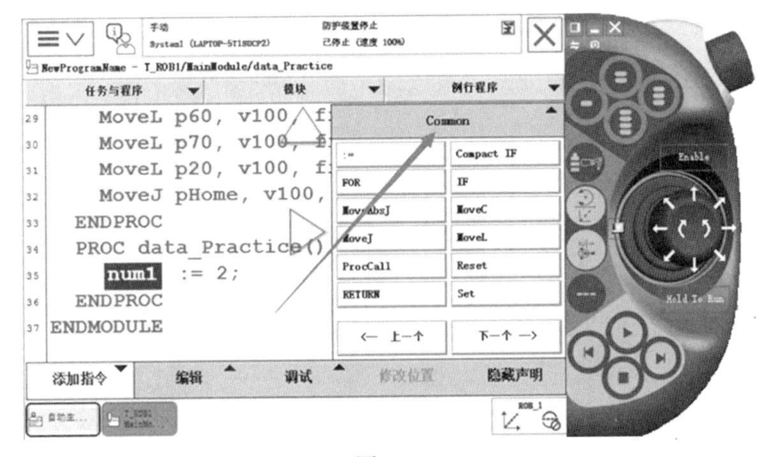

图 4-84

③选择“Mathematics”，如图4-85所示。

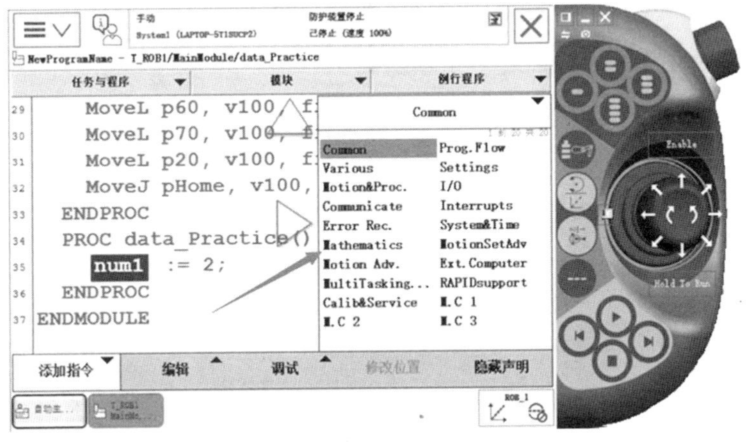

图 4-85

④单击“Incr”，如图4-86所示。

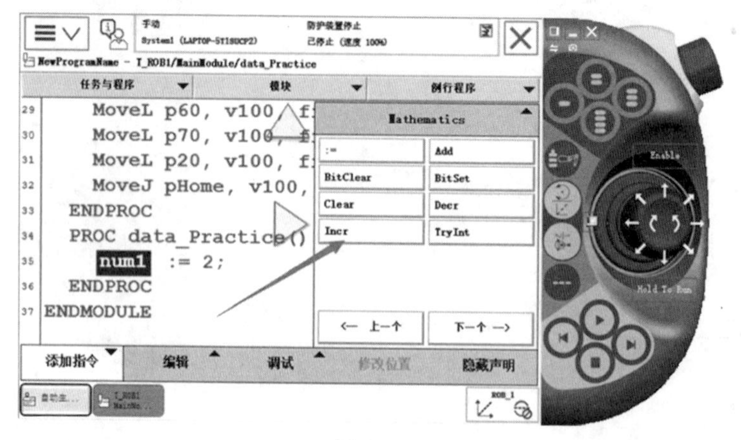

图 4-86

⑤将自动加1的变量更改为上面所建的num1，并单击“确定”，如图4-87所示。

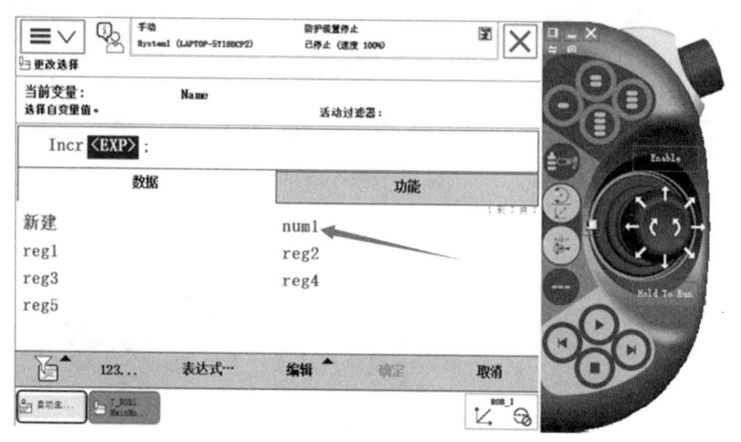

图 4-87

⑥在弹出的画面上，单击“下方”，如图4-88所示。

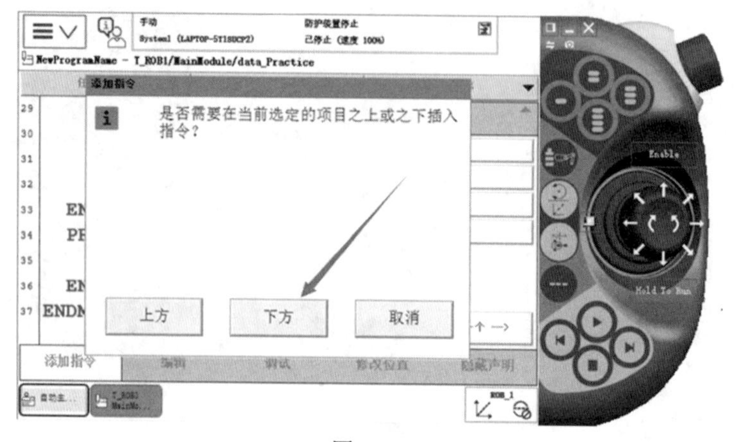

图 4-88

⑦指令创建完成，如图4-89所示。

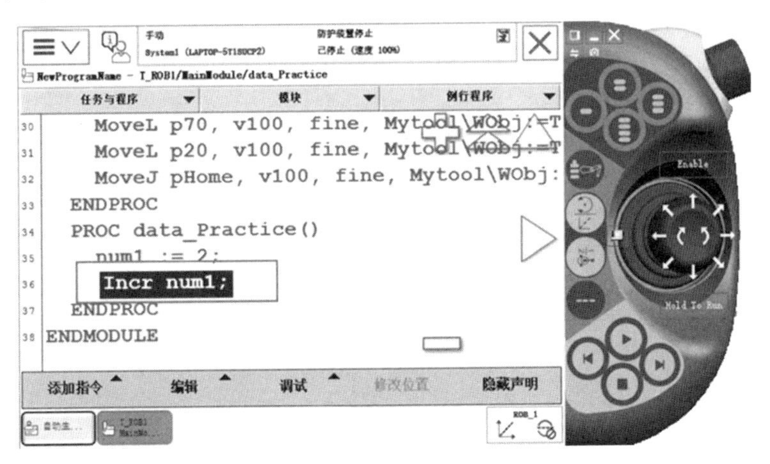

图 4-89

（2）Decr减1操作。在一个数字数据值上减小1，可以用赋值指令替代，一般用于产量计数。

Decr reg1；等同于reg1：=reg1-1；

①单击“添加指令”，如图4-90所示。

简单运算指令
Decr 减 1 操作

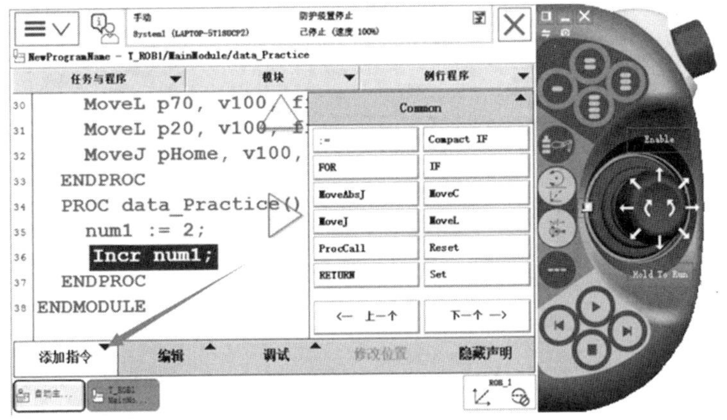

图 4-90

②单击“Common”，如图4-91所示。

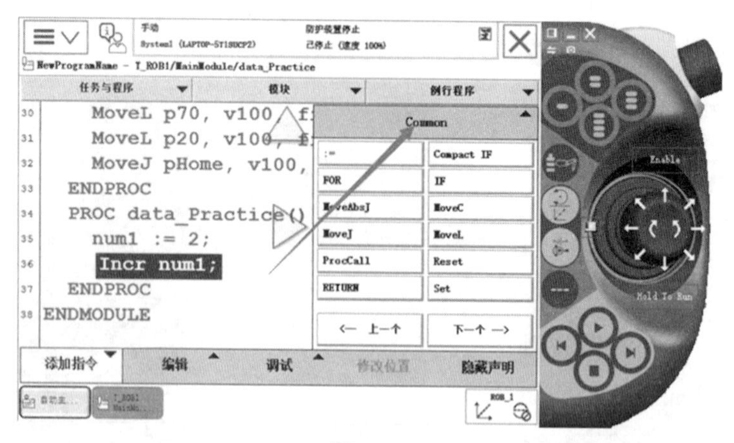

图 4-91

③选择“Mathematics”，如图4-92所示。

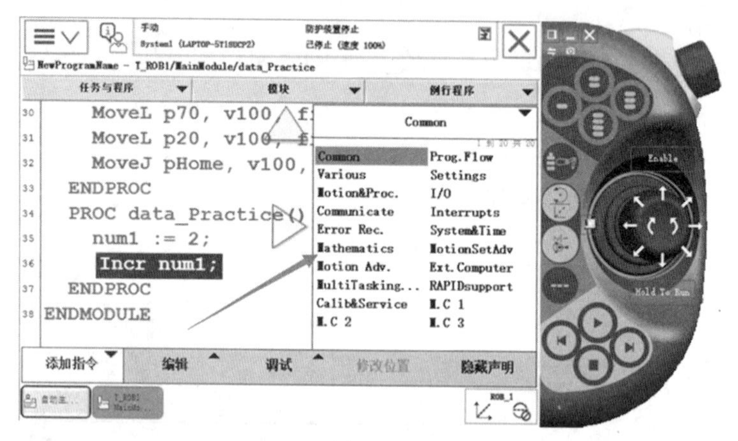

图 4-92

④单击“Decr”，如图4-93所示。

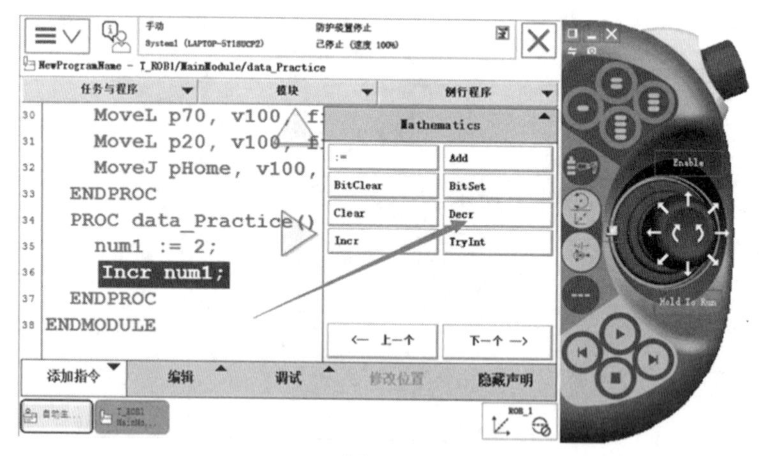

图 4-93

⑤将自动减1的变量更改为上面所建的num1，并单击“确定”，如图4-94所示。

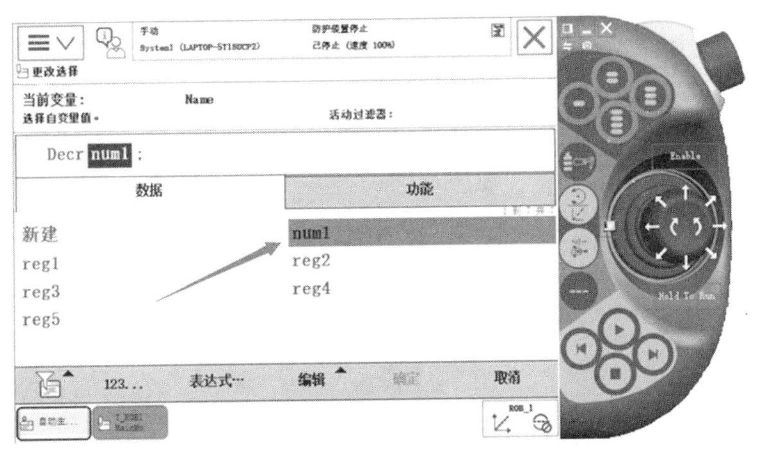

图 4-94

⑥在弹出的画面上，单击“下方”，如图4-95所示。

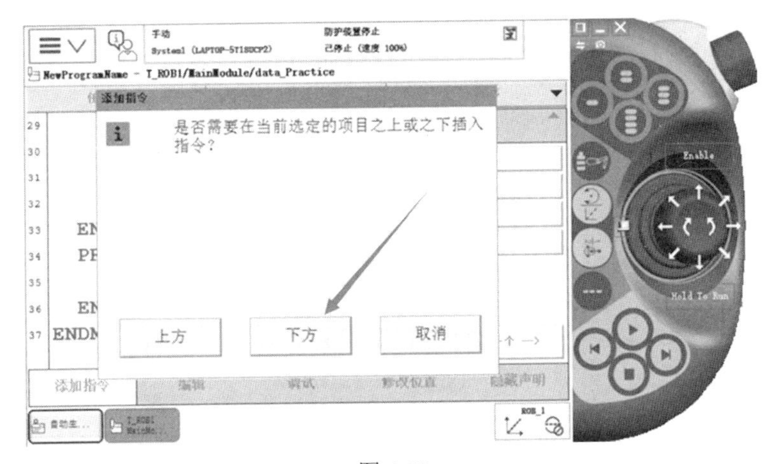

图 4-95

⑦指令创建完成，如图4-96所示。

图 4-96

3. 机器人运动控制

（1）MoveL（TCP线性运动）。机器人以线性移动方式运动至目标点，当前点与目标点这两个点决定一条直线，机器人运动状态可控制，运动路径唯一。利用MoveL指令可以实现机器人从*p*10点运动到*p*20点，如图4-97所示。

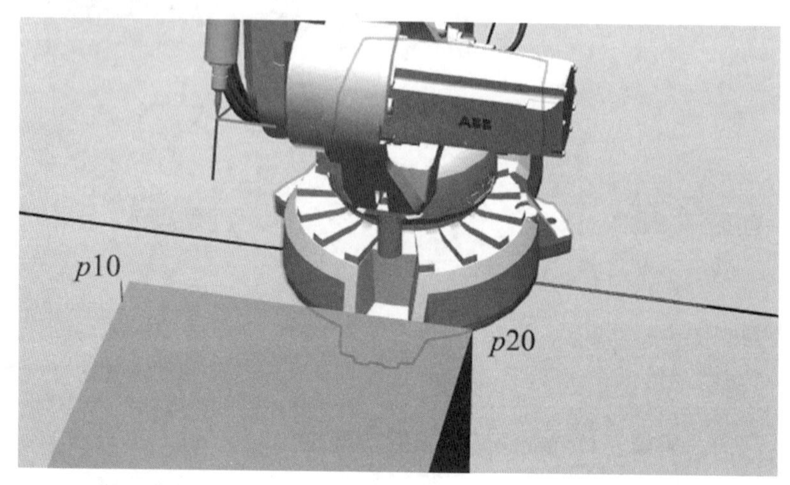

图 4-97

①MoveL指令示例如下：

MoveL p20, v100, fine, Mytool\WObj:=Toolwobj;

参数及其说明如表4-2所示。

MoveL 指令示例

表 4-2

序号	参数	说明
1	MoveL	指令名称：直线运动指令
2	p20	位置点：数据类型为 robtarget，机器人和外部轴的目标点
3	v100	速度：数据类型为 speeddata，适用于运动的速度数据。速度数据规定了关于工具中心点、工具方位调整和外轴的速率
4	Fine	转弯半径：数据类型为 zonedata，相关移动的转弯半径。转弯半径描述了所生成拐角路径的大小
5	Mytool	工具坐标系：数据类型为 tooldata，移动机械臂时正在使用的工具坐标。工具中心点是指移动至指定目标点的点
6	Toolwobj	工件坐标系：数据类型为 wobjdata，在指令中与机器人位置关联的工件坐标系。省略该参数，则位置坐标以机器人基坐标为准

②打开示教器，单击“程序编辑器”，打开上面创建的data_Pratice例行程序，如图4-98所示。

图 4-98

③选中Decr num1指令，单击“添加指令”，如图4-99所示。

图 4-99

④单击“MoveL”指令，如图4-100所示。

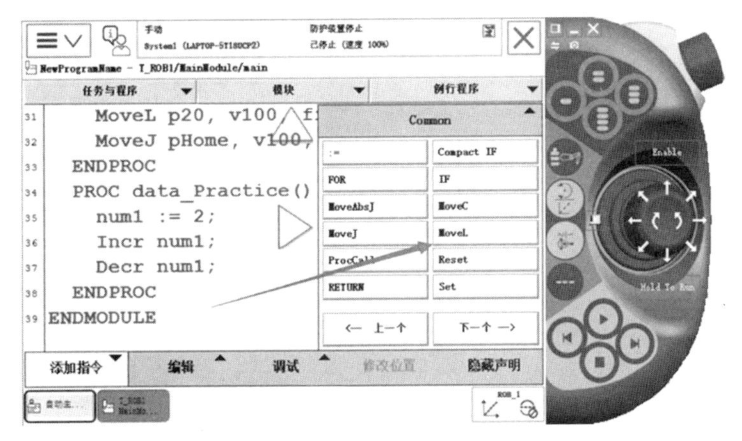

图 4-100

⑤添加完成之后，双击“*”字符，如图4-101所示。

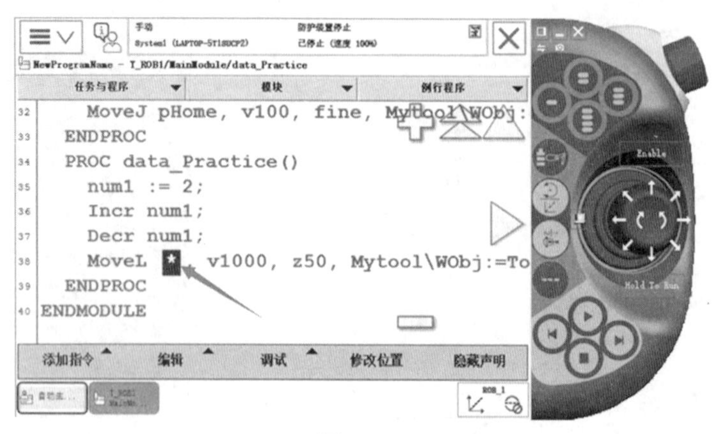

图 4-101

⑥单击“新建”，如图4-102所示。

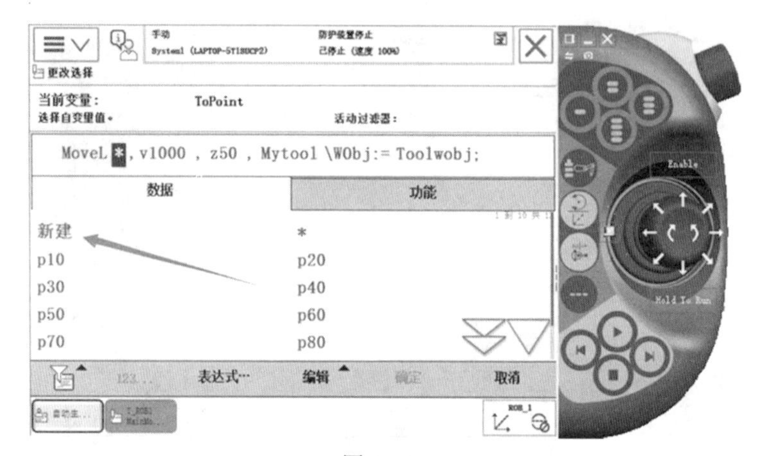

图 4-102

⑦修改点的名称，并单击“确定”，如图4-103所示。

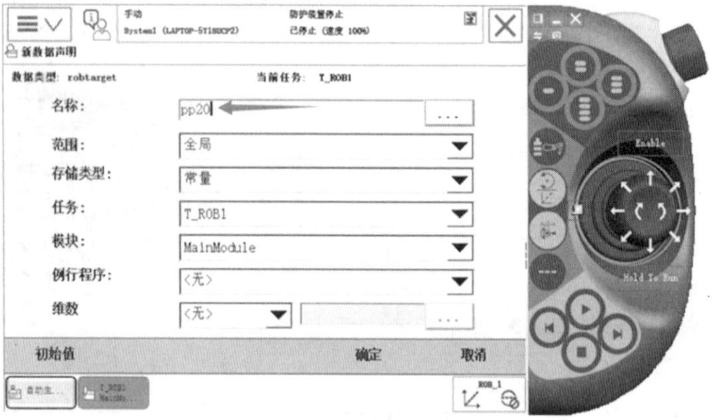

图 4-103

⑧单击“v1000”，将速度修改为v100，并单击“确定”，如图4-104所示。

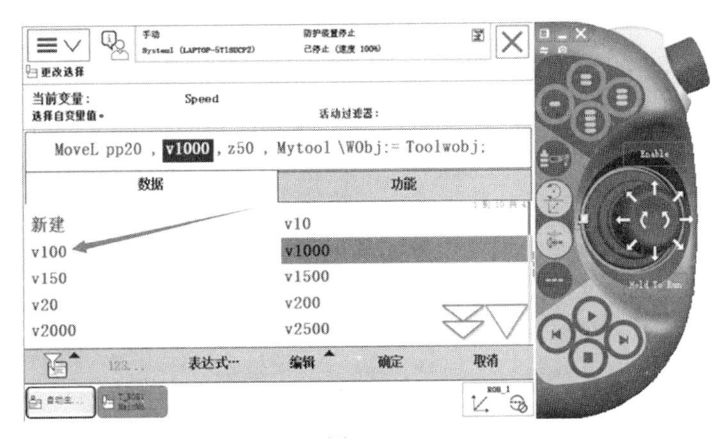

图 4-104

⑨单击z50，将转角数据修改为“fine”，并单击“确定”，如图4-105所示。

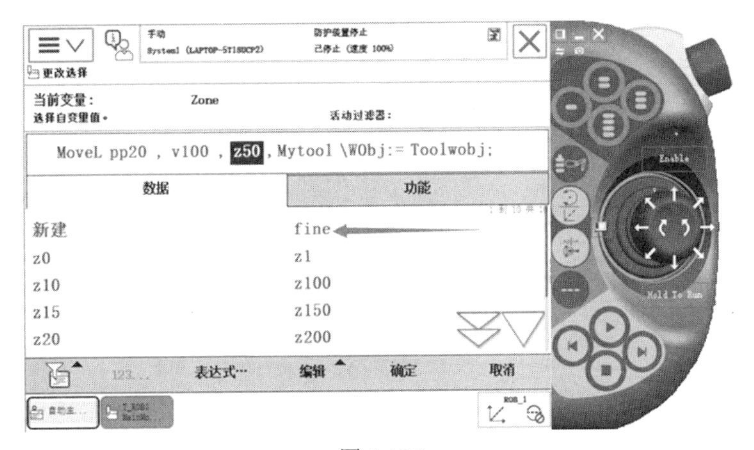

图 4-105

⑩单击“确定”，MoveL指令创建成功，如图4-106和图4-107所示。

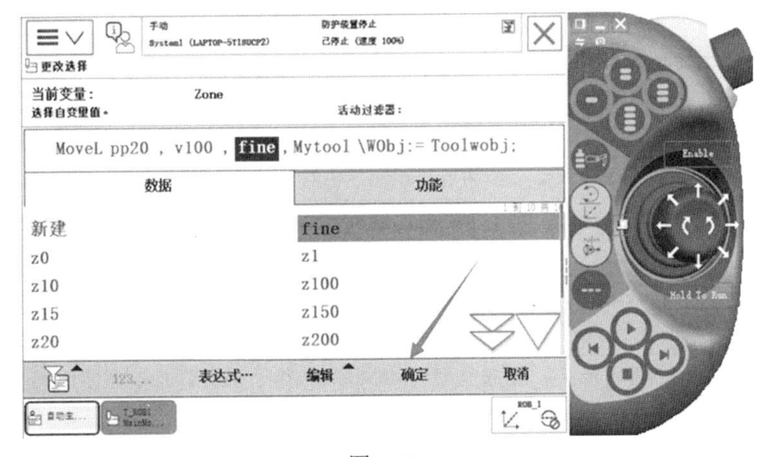

图 4-106

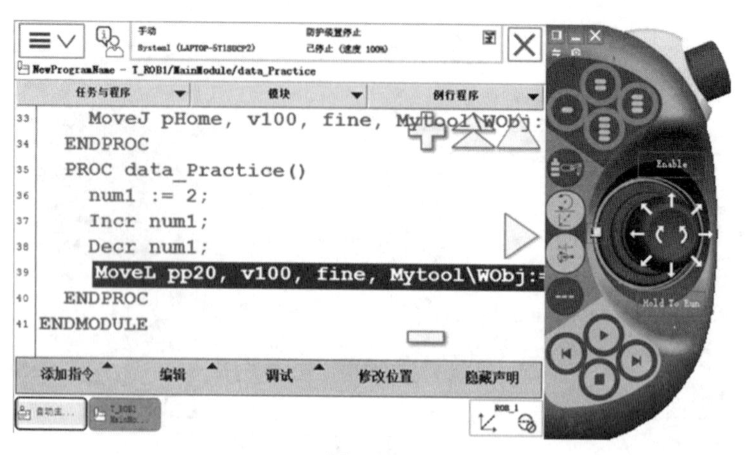

图 4-107

（2）MoveJ（关节运动）。机器人以最快捷的方式运动至目标点，其运动状态不完全可控，但运动路径保持唯一。MoveJ 指令常用于机器人在空间中做大范围移动，如 图4-108所示。

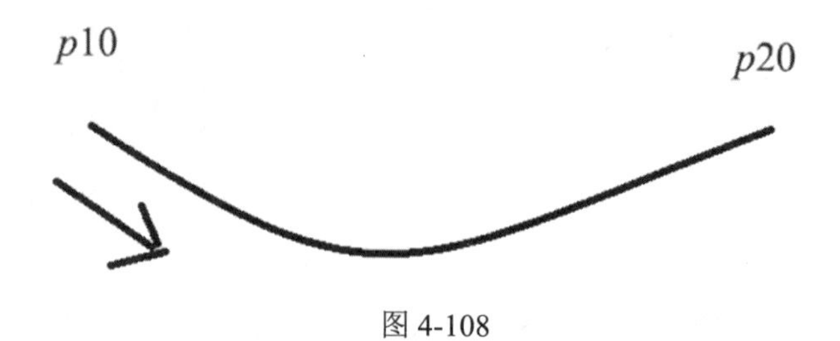

图 4-108

①MoveJ指令示例如下：

MoveJ 指令示例

MoveJ p30, v100, fine, Mytool\WObj:=Toolwobj;

参数及其说明如表4-3所示。

表 4-3

序号	参数	说明
1	MoveJ	指令名称：关节运动指令
2	p20	位置点：数据类型为 robtarget，机器人和外部轴的目标点
3	v100	速度：数据类型为 speeddata，适用于运动的速度数据。速度数据规定了关于工具中心点、工具方位调整和外轴的速率
4	fine	转弯半径：数据类型为 zonedata，相关移动的转弯半径。转弯半径描述了所生成拐角路径的大小
5	Mytool	工具坐标系：数据类型为 tooldata，移动机械臂时正在使用的工具坐标。工具中心点是指移动至指定目标点的点
6	Toolwobj	工件坐标系：数据类型为 wobjdata，在指令中与机器人位置关联的工件坐标系。省略该参数，则位置坐标以机器人基坐标为准

②打开示教器，单击“程序编辑器”，打开上面创建的data_Pratice例行程序，如图4-109所示。

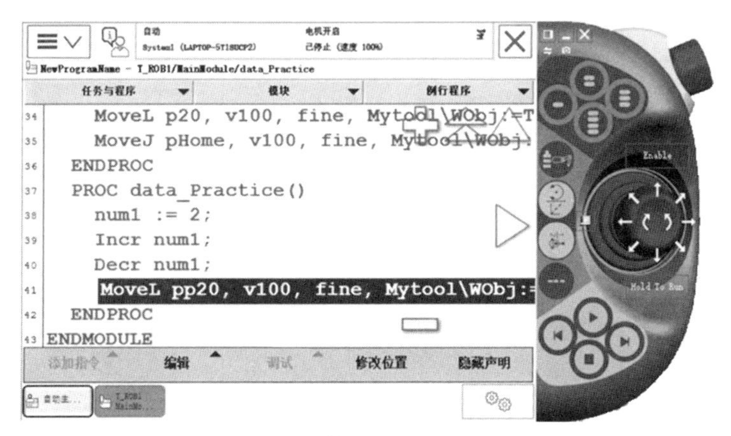

图 4-109

③选中MoveL pp20指令，单击“添加指令”，如图4-110所示。

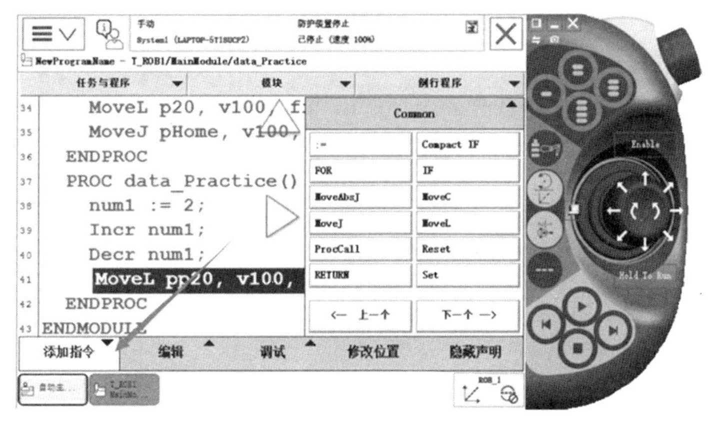

图 4-110

④单击“MoveJ”，如图4-111所示。

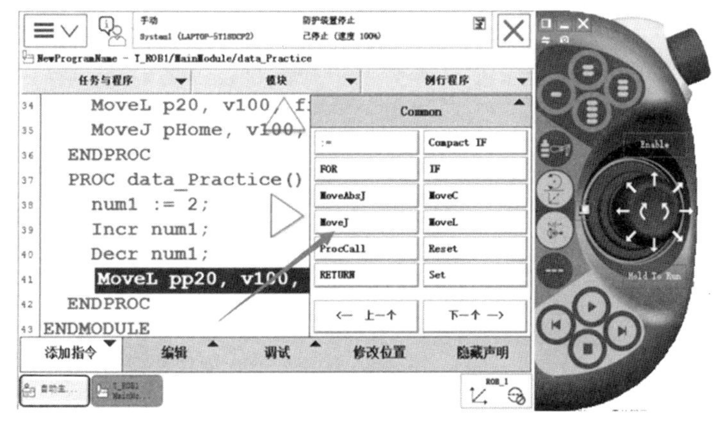

图 4-111

⑤添加完成之后，双击自动产生的“pp30”，如图4-112所示。

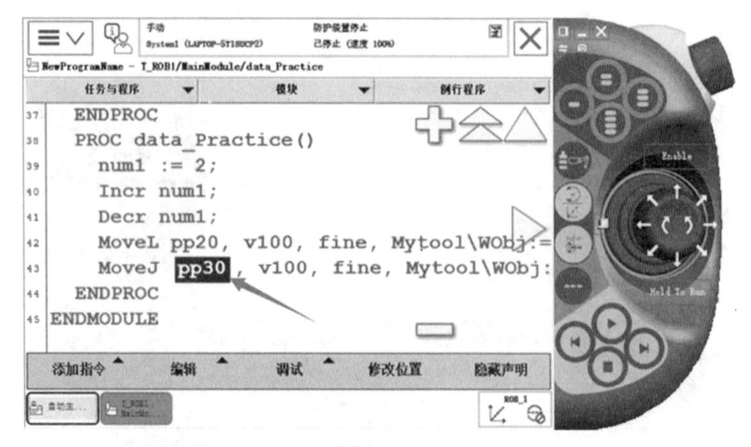

图 4-112

⑥单击“新建”，如图4-113所示。

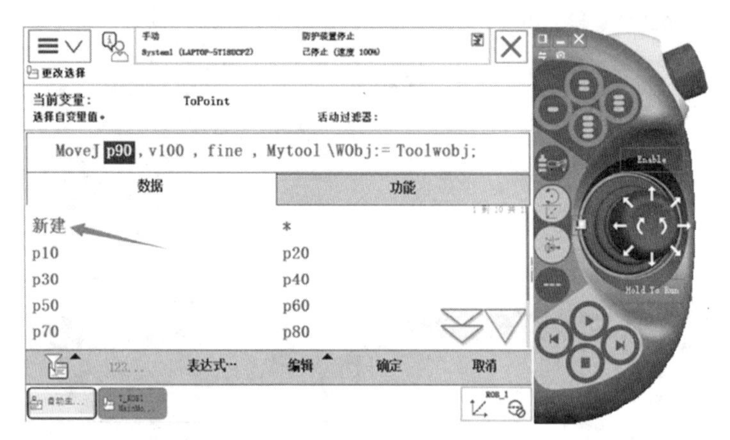

图 4-113

⑦修改点的名称，并单击“确定”，如图4-114所示。

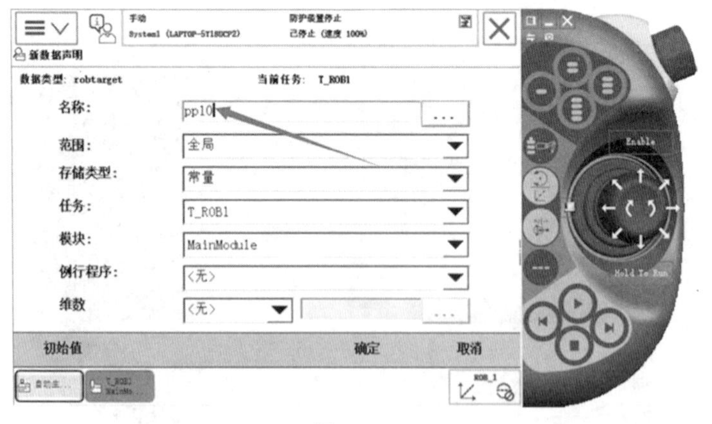

图 4-114

⑧速度为v100不用修改，如图4-115所示。

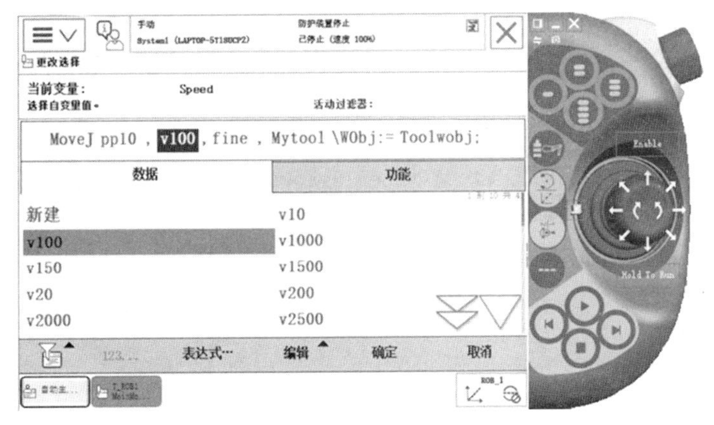

图 4-115

⑨转角数据为“fine”，不用修改，如图4-116所示。

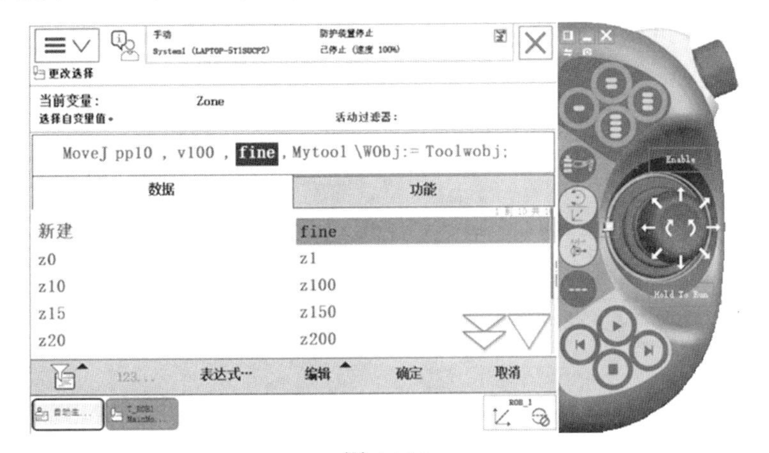

图 4-116

⑩单击“确定”，MoveJ指令创建成功，如图4-117和图4-118所示。

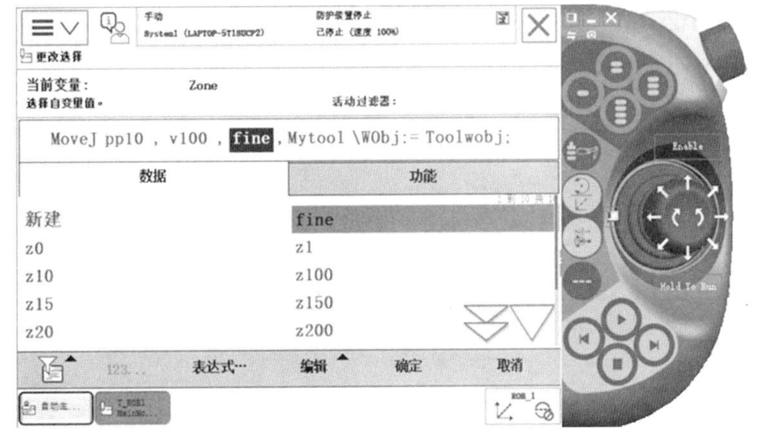

图 4-117

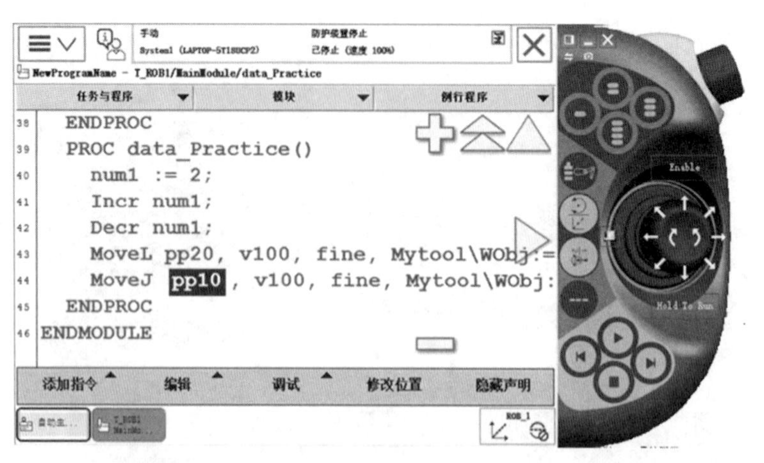

图 4-118

（3）MoveC（TCP圆弧运动）。机器人通过中间点以圆弧移动方式运动至目标点，当前点、中间点与目标点3点决定一段圆弧，机器人运动状态可控制，运动路径保持唯一。使用MoveC指令转动的角度不能大于240°。MoveC指令常用于机器人在工作状态中的移动，如图4-119所示。

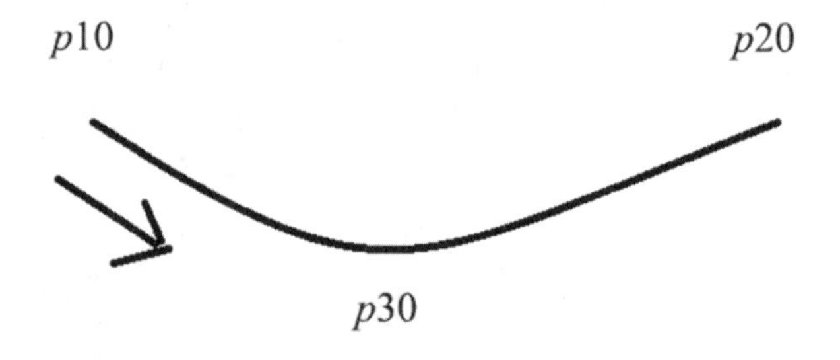

图 4-119

①MoveC指令示例如下：

MoveC p40, v100, fine, Mytool\WObj:=Toolwobj;

参数及其说明如表4-4所示。

MoveC 指令示例

表 4-4

序号	参数	说明
1	MoveC	指令名称：圆弧运动指令
2	p40	位置点：数据类型为 robtarget，机器人和外部轴的目标点
3	v100	速度：数据类型为 speeddata，适用于运动的速度数据。速度数据规定了关于工具中心点、工具方位调整和外轴的速率
4	fine	转弯半径：数据类型为 zonedata，相关移动的转弯半径。转弯半径描述了所生成拐角路径的大小
5	Mytool	工具坐标系：数据类型为 tooldata，移动机械臂时正在使用的工具坐标。工具中心点是指移动至指定目标点的点
6	Toolwobj	工件坐标系：数据类型为 wobjdata，在指令中与机器人位置关联的工件坐标系。省略该参数，则位置坐标以机器人基坐标为准

②打开示教器，单击“程序编辑器”，打开上面创建的data_Pratice例行程序，如图4-120所示。

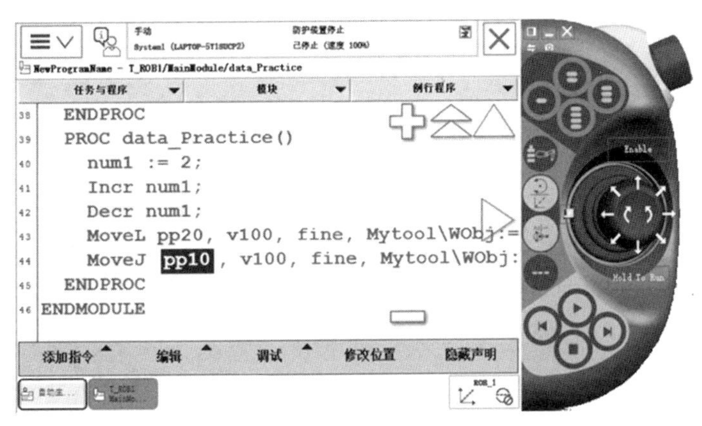

图 4-120

③选中MoveJ pp10指令，单击“添加指令”，如图4-121所示。

图 4-121

④单击“MoveC”，如图4-122所示。

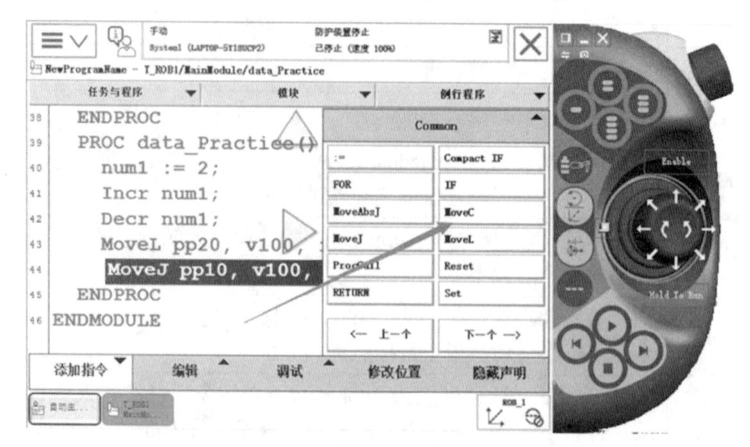

图 4-122

⑤添加完成之后，双击自动产生的“pp40”，如图4-123所示。

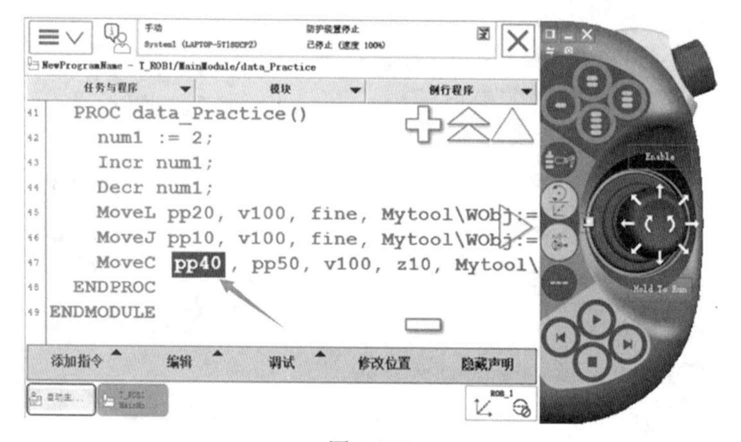

图 4-123

⑥单击“新建”，如图4-124所示。

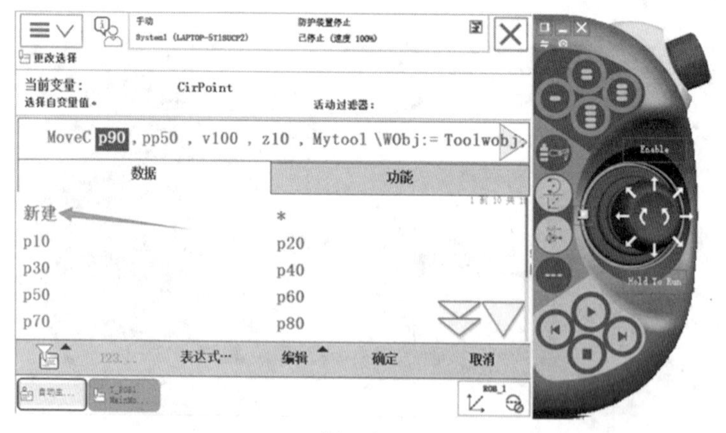

图 4-124

⑦修改点的名称，并单击“确定”，如图4-125所示。

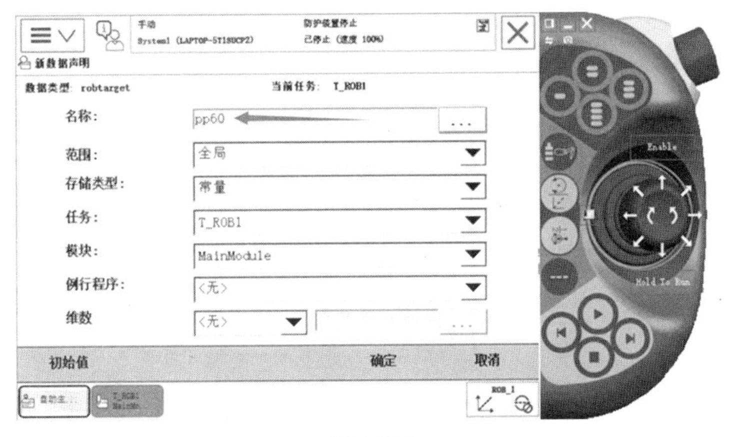

图 4-125

⑧双击“pp50”，单击“新建”，如图4-126所示。

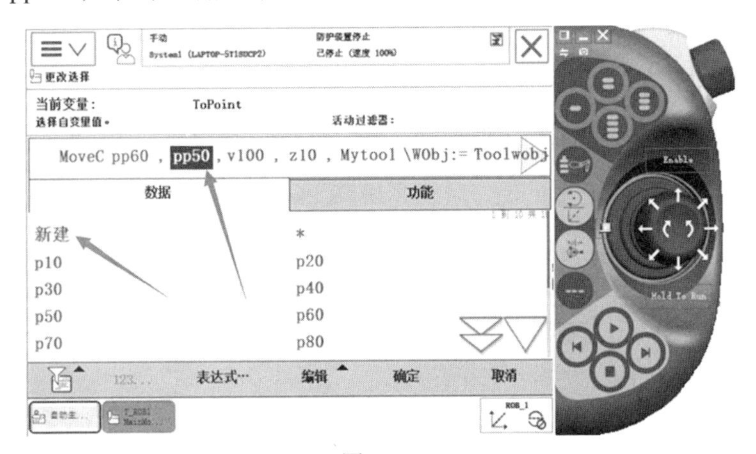

图 4-126

⑨修改点的名称，并单击“确定”，如图4-127所示。

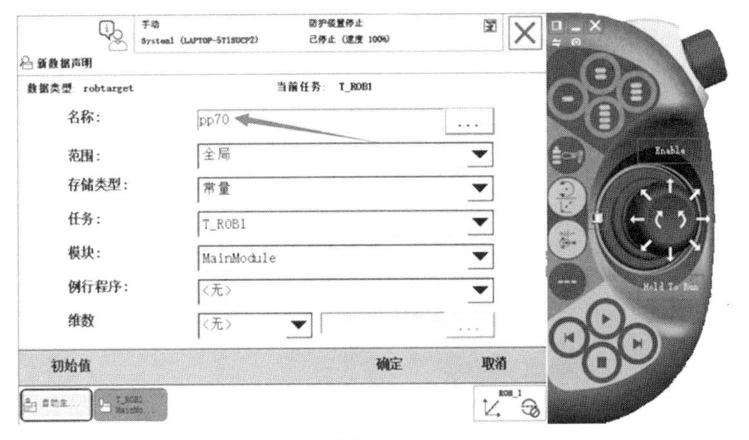

图 4-127

⑩速度为v100不需要修改，选择转角数据z10，更改为fine，并单击“确定”，如图4-128所示。

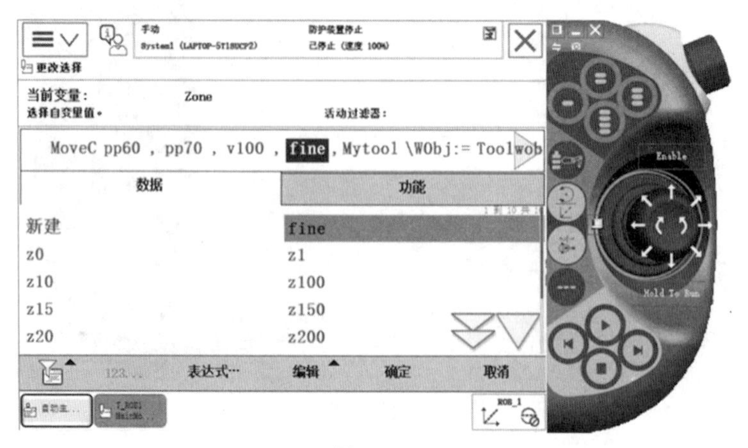

图 4-128

⑪指令创建完成，如图4-129所示。

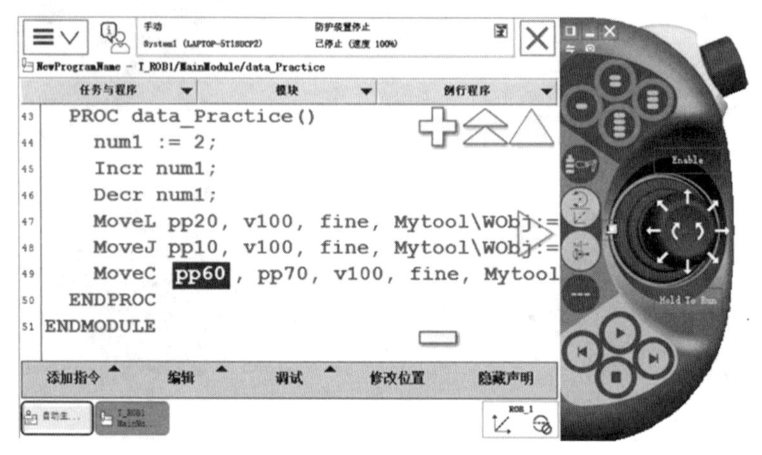

图 4-129

（4）MoveAbsJ（轴绝对角度位置运动）。MoveAbsJ 指令：移动机械臂至绝对位置。机器人以单轴运动的方式运动至目标点，不存在死点，运动状态完全不可控制，避免在正常生产中使用此命令。指令中的TCP与Wobj只与运动速度有关，与运动位置无关。MoveAbsJ 指令常用于检查机器人的零点位置。

参数及其说明如表4-5所示。

表 4-5

<table>
<tr><td>格式</td><td colspan="2">MoveAbsJ [\Conc] ToJointPos [\ID][\NoEOffs]
Speed [\V][\T]Zone [\Z][\Inpos] Tool [\Wobj][\TLoad]</td></tr>
<tr><td rowspan="14">参数</td><td>[\Conc]</td><td>当机器人正在运动时，执行后续指令</td></tr>
<tr><td>ToJointPos</td><td>Jointtarget 型目标点位置</td></tr>
<tr><td>[\ID]</td><td>在 MultiMove 系统中用于运动同步或协调同步，在其他情况下禁止使用</td></tr>
<tr><td>[\NoEOffs]</td><td>设置该运动不受外轴有效偏移值的影响</td></tr>
<tr><td>Speed</td><td>Speeddata 型运动速度</td></tr>
<tr><td>[\V]</td><td>num 型数据，指定指令中的 TCP 速度，以 mm/s 为单位</td></tr>
<tr><td>[\T]</td><td>num 型数据，指定机器人运动的总时间，以 s 为点位</td></tr>
<tr><td>Zone</td><td>zonedata 型转弯半径</td></tr>
<tr><td>[\Z]</td><td>num 型数据，指定机器人 TCP 的位置精度</td></tr>
<tr><td>[\Inpos]</td><td>Stoppointdata 型数据，指定停止点中机器人 TCP 位置对的收敛准则，则停止点数据取代 Zone 参数的指定区域</td></tr>
<tr><td>Tool</td><td>tooldata 型数据，指定运行时的工具</td></tr>
<tr><td>[\Wobj]</td><td>wobjdata 型数据，指定运行时的工件</td></tr>
<tr><td>[\TLoad]</td><td>loaddata 型数据，指定运行时的负载</td></tr>
<tr><td colspan="2" style="display:none"></td></tr>
<tr><td>示例</td><td colspan="2">MoveAbsj jpos10\NoEOffs，v200，z50，tool0;</td></tr>
<tr><td>说明</td><td colspan="2">运动值 jpos10 点</td></tr>
</table>

robtarget 和 jointtarget 数据的区别：robtarget以机器人TCP点的位置和姿态记录机器人位置，用于 MoveJ、MoveL、MoveC 指令中。jointtarget以机器人各个关节值来记录机器人位置，常用于机器人运动至特定的关节角，用于MoveAbsJ指令中。

MoveAbsJ 指令示例

MoveJ 和 MoveAbsJ 的区别：MoveJ 和 MoveAbsJ 的运动轨迹相同，都是以关节方式运动的，不同的是所采用的数据点类型不同。

①MoveAbsJ 指令示例如下：

```
MoveAbsJ
[[0,0,0,0,30,0],[9E+09,9E+09,9E+09,9E+09,9E+09,9E+09]]\NoEOffs,v100,  fine,
Mytool\WObj:=Toolwobj;
```

②选中刚刚创建好的“MoveC pp60 pp70”指令，单击“添加指令”，如图4-130所示。

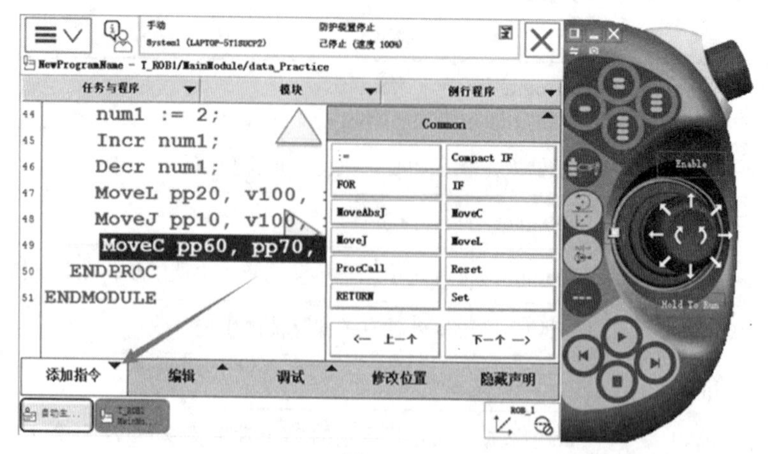

图 4-130

③单击“MoveAbsJ”，如图4-131所示。

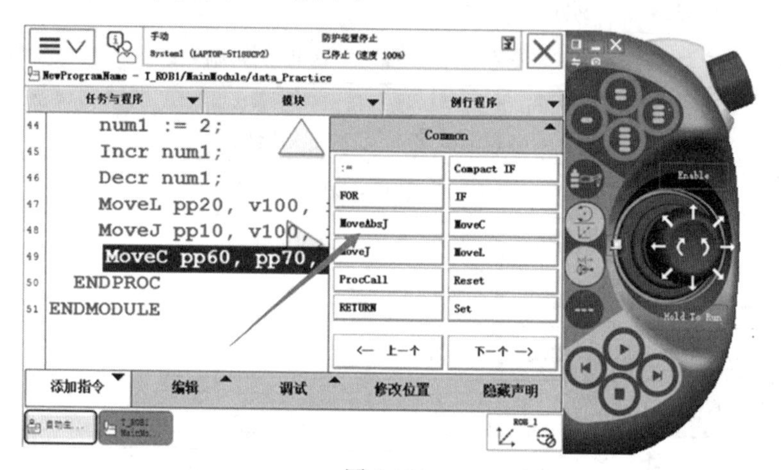

图 4-131

④指令创建成功，如图4-132所示。

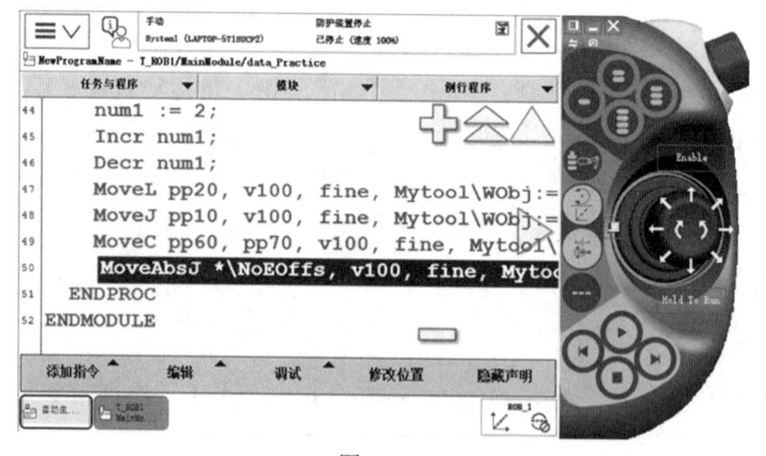

图 4-132

4. 例行程序内的逻辑控制

（1）IF...ENDIF 当满足不同的条件时，执行对应的程序。如果IF后面的条件成立，则执行IF和ELSE之间的语句；如果条件不成立，则程序指针不执行IF和ELSE之间的语句，而直接跳转至ELSE后面的语句并继续往下执行，如图4-133所示。

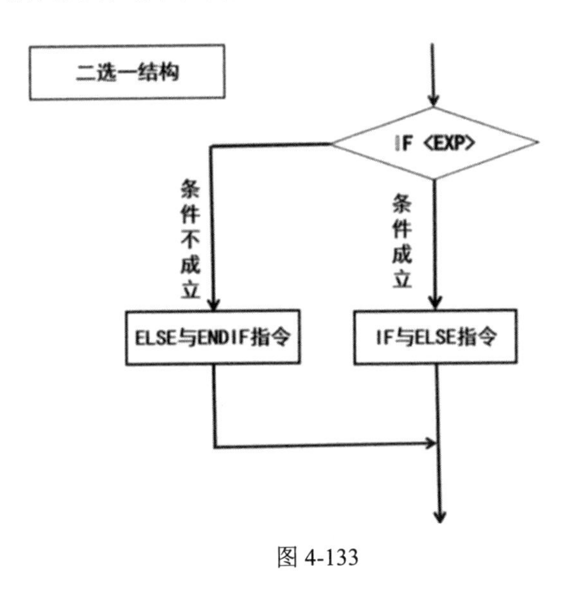

图 4-133

①举例如下。

```
IF flag=true THEN
     reg1 := reg1 + 1;
ENDIF
```

②单击软件中的“RAPID”选项卡，如图4-134所示。

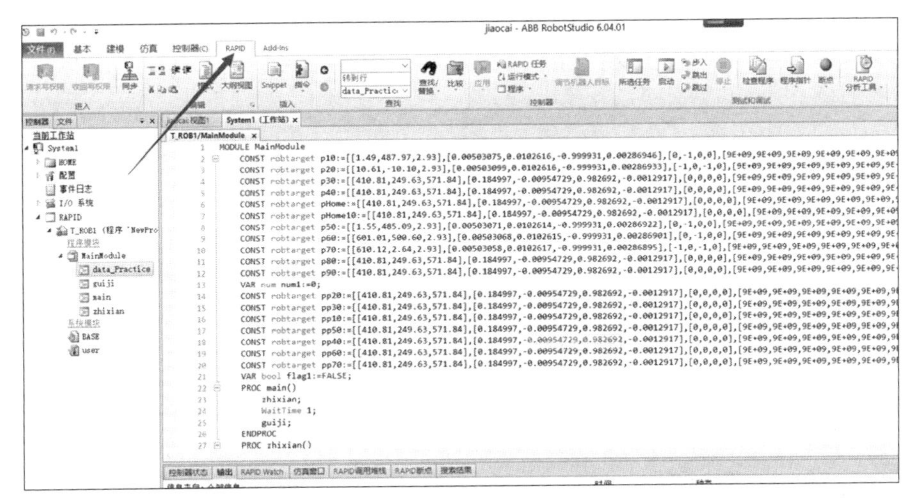

图 4-134

③程序编写如图4-135和图4-136所示。

```
VAR bool flag1:=true;
VAR num num1:=0;
VAR num reg1:=0;
```

图 4-135

```
IF flag1=true THEN
    reg1 := reg1 + 1;
ENDIF
```

图 4-136

（2）FOR 根据指定的次数，重复执行对应的程序。

①指令举例如下。

```
FOR reg2 FROM 0 TO 5 DO
    MoveJ Offs(p10,0,0,200), v1000, fine, tool0\WObj:=wobj0;
    MoveJ Offs(p10,0,0,0), v1000, fine, tool0\WObj:=wobj0;
ENDFOR
```

②单击软件中的“RAPID”选项卡，如图4-137所示。

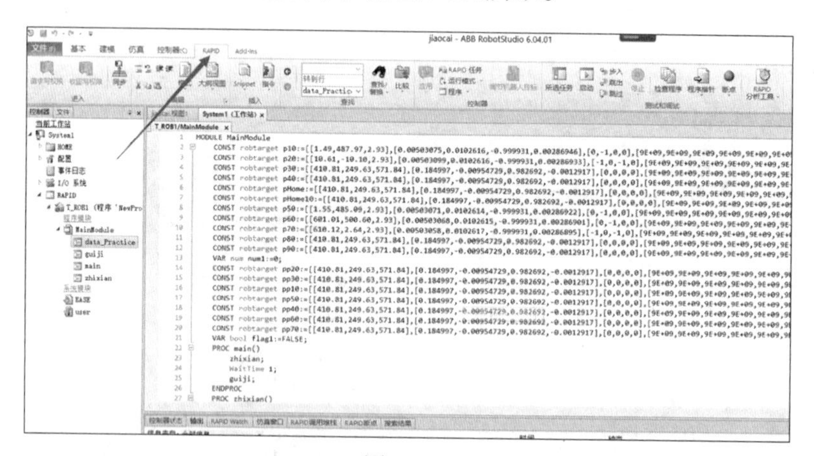

图 4-137

③程序编写如图4-138所示。

```
FOR reg2 FROM 0 TO 5 DO
    MoveJ Offs(p10,0,0,200),v1000,fine,tool0\WObj:=wobj0;
    MoveL Offs(p10,0,0,0),v1000,fine,tool0\WObj:=wobj0;
ENDFOR
```

图 4-138

（3）WHILE 如果条件满足，重复执行对应的程序。

WHILE和FOR的区别：确认重复次数用FOR，不知道重复次数用WHILE。

①指令举例如下。

```
WHILE flag1=true DO
    reg1 := reg1 + 1;
ENDWHILE
```

②单击软件中的“RAPID”选项卡，如图4-139所示。

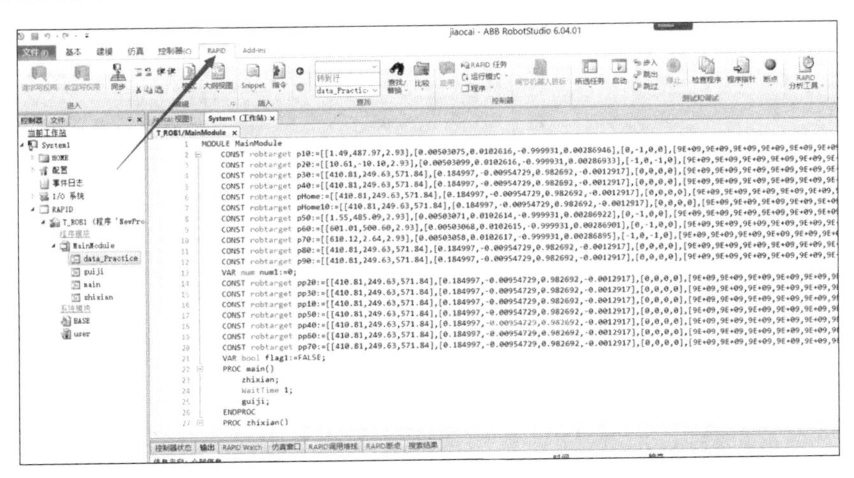

图 4-139

③程序编写如图4-140所示。

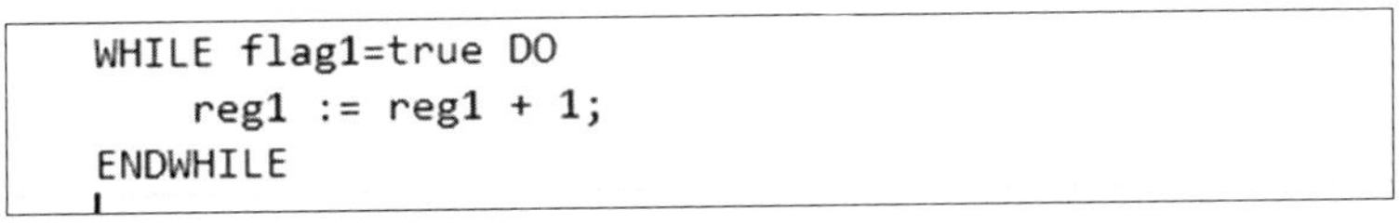

```
WHILE flag1=true DO
    reg1 := reg1 + 1;
ENDWHILE
```

图 4-140

（4）TEST指令能对一个变量进行判断，根据变量的不同值从而执行不同的程序。变量可以是数值，也可以是表达式，根据不同值执行相应的CASE分支语句。TEST指令用于在选择分支多时使用，如果选择分支不多，则可以使用IF...ELSE指令代替。

①指令举例如下。

```
TEST reg1
CASE 1:reg1 := reg1 + 1;
CASE 2:reg1 := reg1 + 1;
DEFAULT:reg1 :=0;
ENDTEST
```

②单击软件中的“RAPID”选项卡，如图4-141所示。

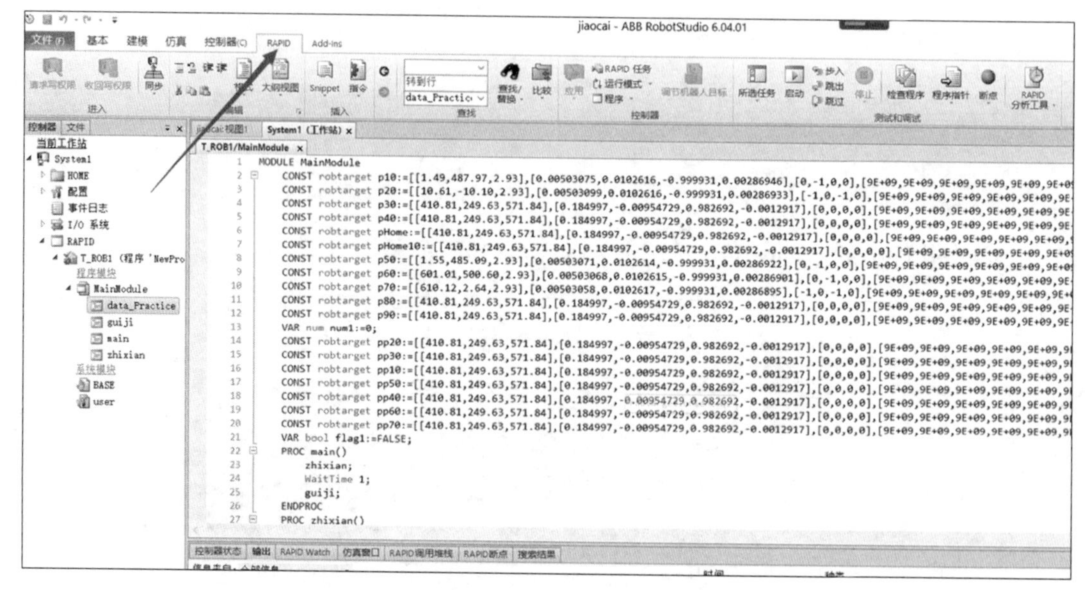

图 4-141

③程序编写如图4-142所示。

```
TEST reg1
CASE 1:reg1 := reg1 + 1;
CASE 2:reg1 := reg1 + 1;
DEFAULT:reg1 :=0;
ENDTEST
```

图 4-142

5. 等待指令

（1）WaitTime 等待一个指定的时间，程序再往下执行，WaitTime后面的数字就是要等待的时间长度，单位为s。

①指令举例如下。

```
WaitTime 1;
```

②单击软件中的“RAPID”选项卡，如图4-143所示。

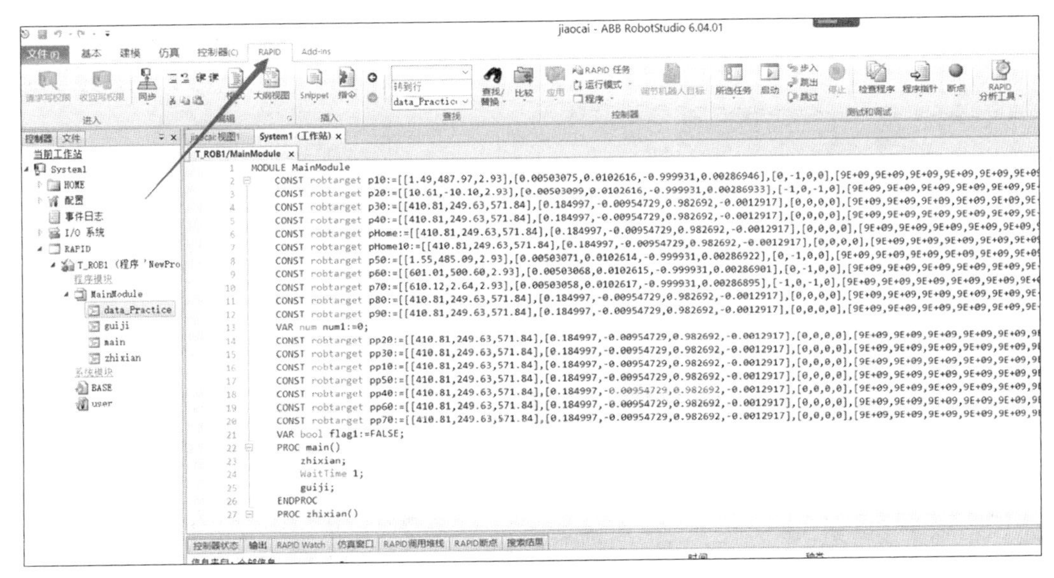

图 4-143

③程序编写如图4-144所示。

```
WaitTime 1;
```

图 4-144

（2）WaitUntil 等待一个条件满足后，程序继续往下执行。

①指令举例如下。

```
WaitUntil di1 =1;
```

②单击软件中的“RAPID”选项卡，如图4-145所示。

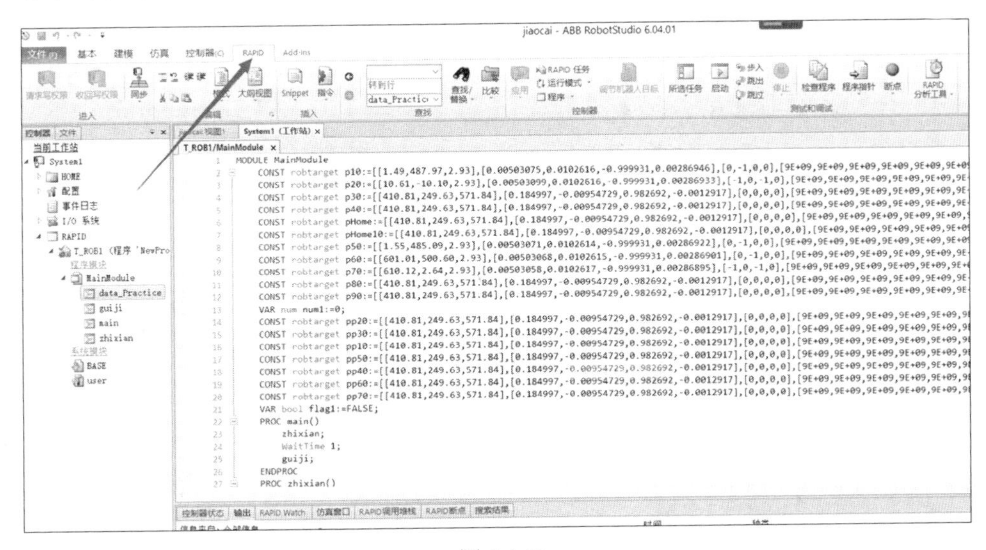

图 4-145

③程序编写如图4-146所示。

```
WaitUntil di1 =1;
```

图 4-146

（3）WaitDI 等待一个输入信号状态为设定值。

①指令举例如下。

```
WaitDI di1,1;
```

②单击软件中的“RAPID”选项卡，如图4-147所示。

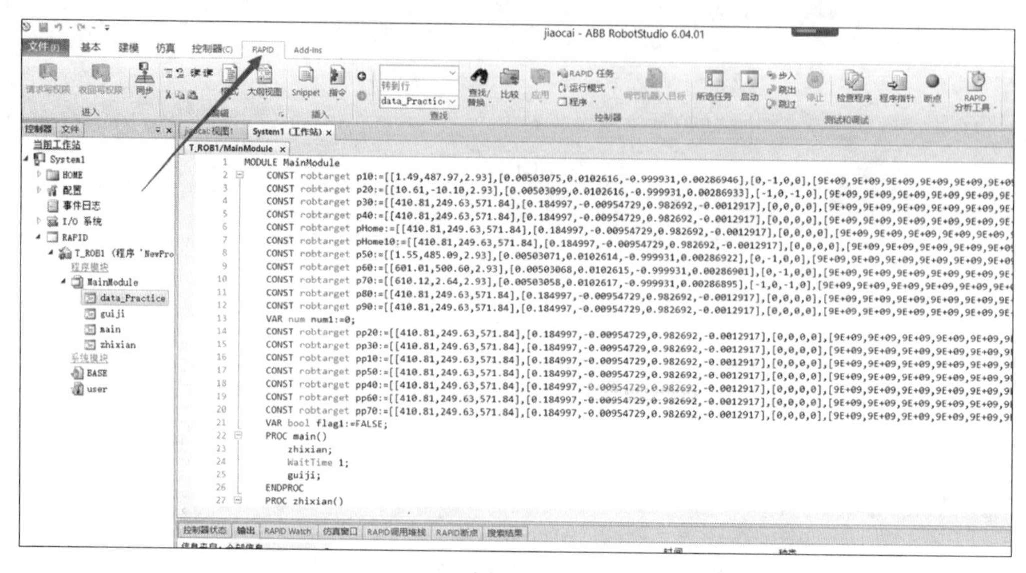

图 4-147

③程序编写如图4-148所示。

```
WaitDI di1,1;
```

图 4-148

（4）WaitDO 等待一个输出信号状态为设定值。

①指令举例如下。

```
WaitDO do1,1;
```

②单击软件中的“RAPID”选项卡，如图4-149所示。

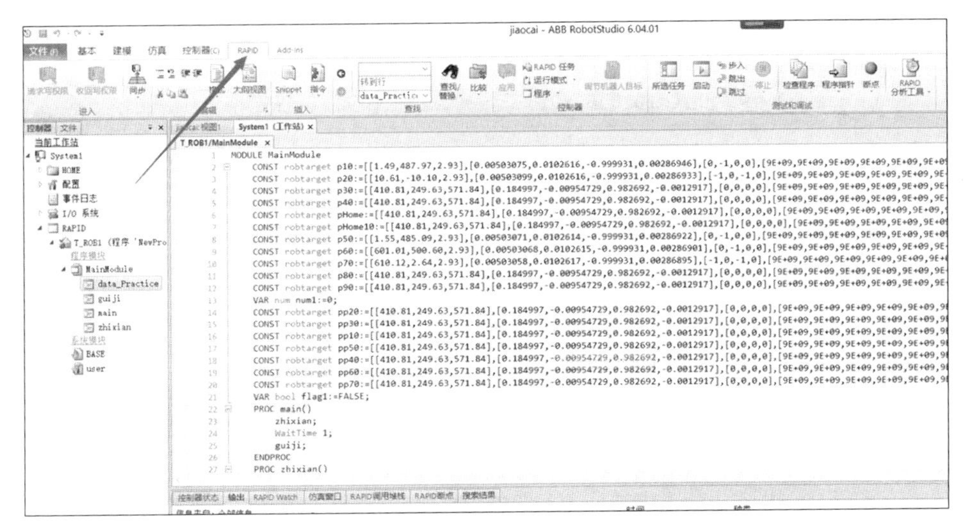

图 4-149

③程序编写如图4-150所示。

```
WaitDO di1,1;
```

图 4-150

6. 关于位置的功能

（1）Offs 对机器人位置进行偏移。以选定目标点为基准，沿着选定工件坐标系的X、Y、Z轴方向偏移一定的距离。

①指令举例如下。

```
MoveJ Offs(p10,0,0,200),v1000,fine,tool0\WObj:=wobj0;
```

②单击软件中的“RAPID”选项卡，如图4-151所示。

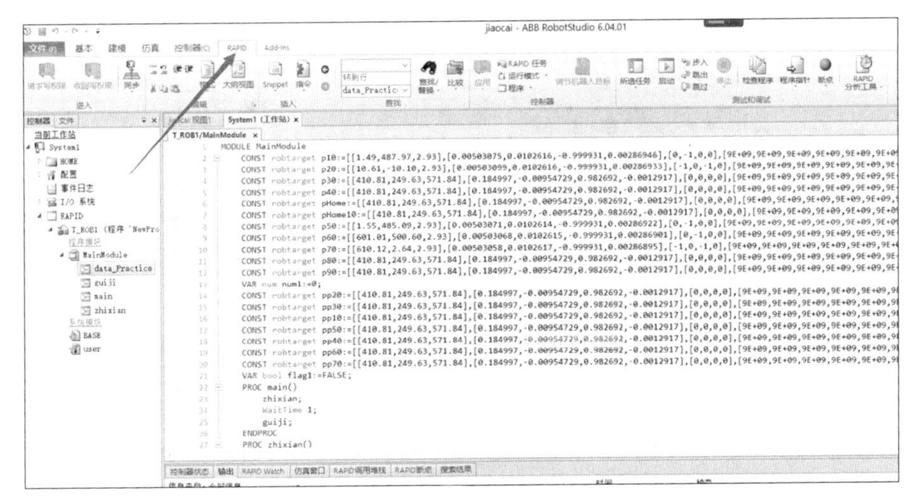

图 4-151

③程序编写如图4-152所示。

```
MoveJ Offs(p10,0,0,200),v1000,fine,tool0\WObj:=wobj0;
```

图 4-152

7. 程序的调用

ProcCall 调用程序

（1）ProcCall 调用程序。

①单击“添加指令”，如图4-153所示。

图 4-153

②选择“ProcCall”指令，如图4-154所示。

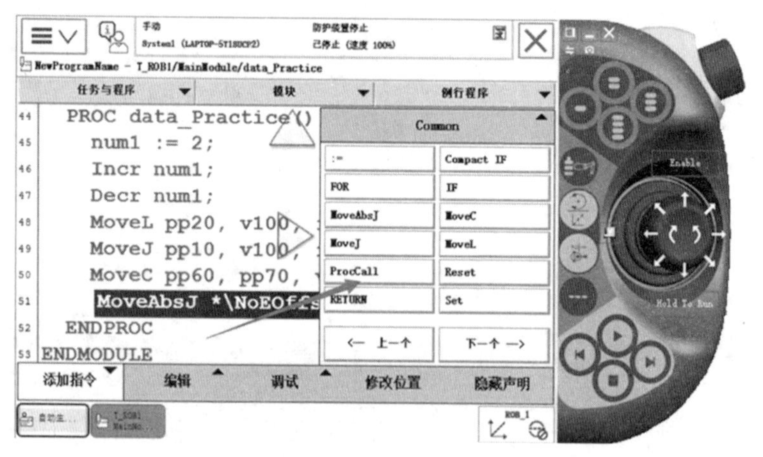

图 4-154

③选择一个例行程序，并单击“确定”，如图4-155所示。

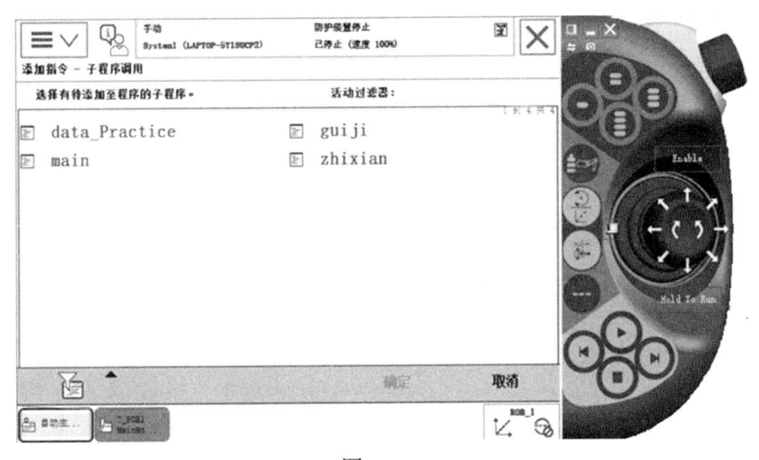

图 4-155

④指令编写完成，如图4-156所示。

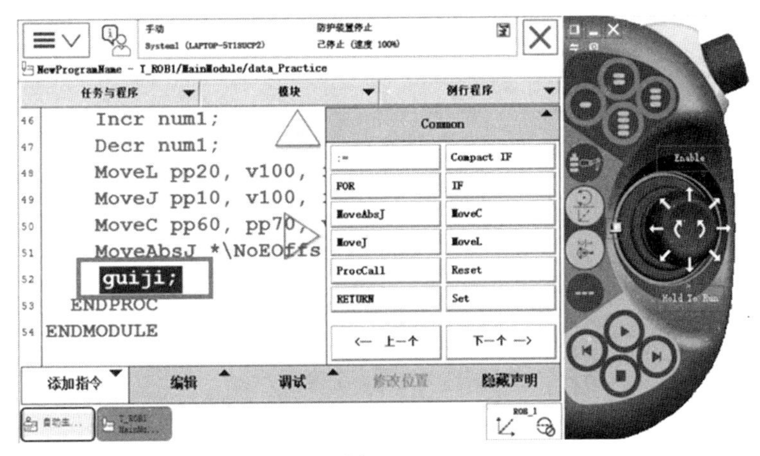

图 4-156

8. 对输入/输出信号的值进行设定

（1）Reset 将数字输出信号置为0。

①指令举例如下。

```
Reset DO1;
```

②单击软件中的“RAPID”选项卡，如图4-157所示。

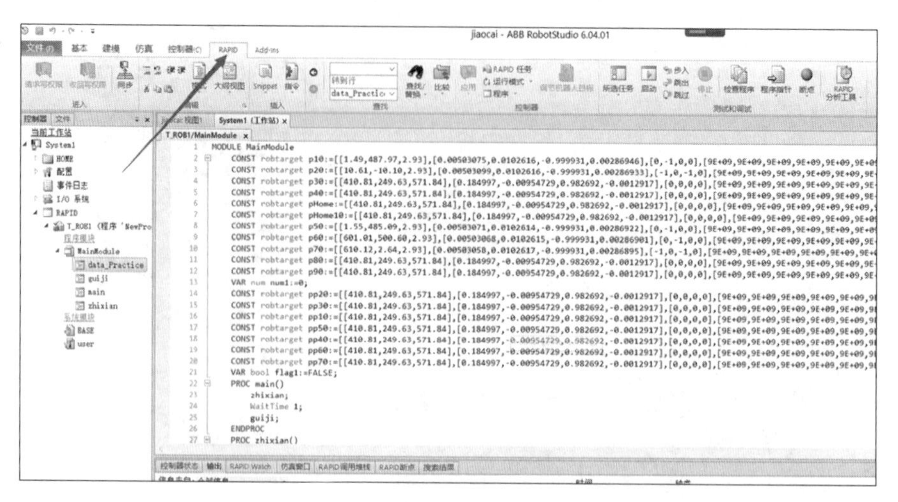

图 4-157

③程序编写如图4-158所示。

```
Reset DO1;
```

图 4-158

（2）SetDO 设定数字输出信号的值。

①指令举例如下。

```
Set DO1;
```

②单击软件中的“RAPID”选项卡，如图4-159所示。

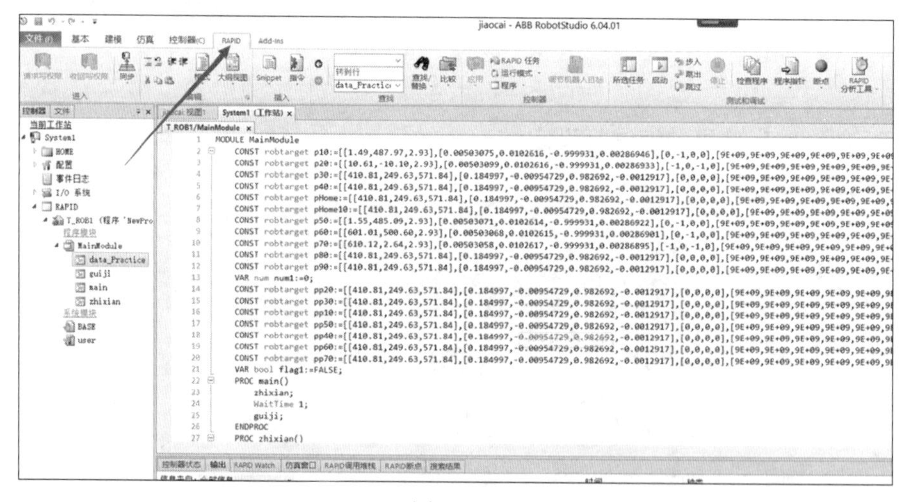

图 4-159

③程序编写如图4-160所示。

```
Set DO1;
```

图 4-160

4.3　建立一个可以运行的 RAPID 程序

通过本小节的学习，大家可以了解ABB工业机器人配件编程语言RAPID的基本概念及其中任务、模块、例行程序之间的关系，掌握常用RAPID指令的用法。RAPID是一种基于计算机的高级编程语言，易学易用，灵活性强。RAPID支持二次开发，支持中断、错误处理、多任务处理等高级功能。在RAPID程序中包含了一连串控制机器人的指令，执行这些指令可以实现对机器人的控制操作。

应用程序是使用称为 RAPID 编程语言的特定词汇和语法编写而成的。所包含的指令可以移动机器人、设置输出、读取输入，还能实现决策、重复其他指令、构造程序、与系统操作员交流等功能。

一个RAPID程序称为一个任务，一个任务是由一系列的模块组成的，模块分为程序模块与系统模块。一般地，我们只通过新建程序模块来构建机器人的程序，而系统模块多用于系统方面的控制之用。我们可以根据不同的用途创建多个程序模块，如专门用于主控制的程序模块，用于位置计算的程序模块，用于存放数据的ABB工业机器人配件程序模块，这样做的目的在于方便归类管理不同用途的例行程序与数据。每一个程序模块包含了程序数据、例行程序即子程序、中断程序和功能四种对象，但不一定在每一个模块中都有这四种对象的存在，程序模块之间的数据、例行程序、中断程序和功能是可以互相调用的。

在RAPID程序中，只有一个主程序main，并且存在于任意一个程序模块中，且作为整个RAPID程序执行的起点。

下面我们来学习一下如何创建一个RAPID程序。程序中涉及的点定义如下，如图4-161和图4-162所示。

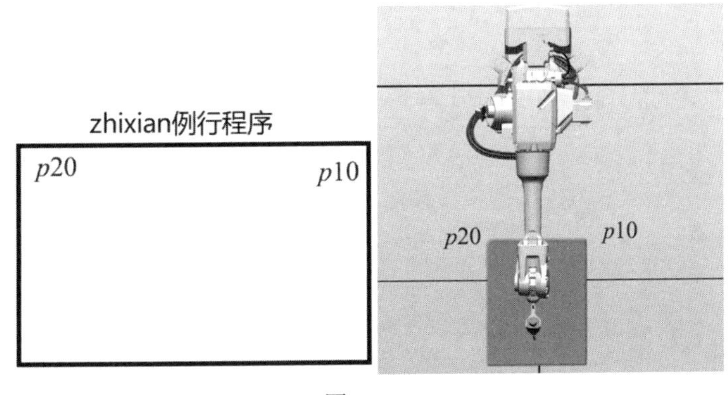

图 4-161

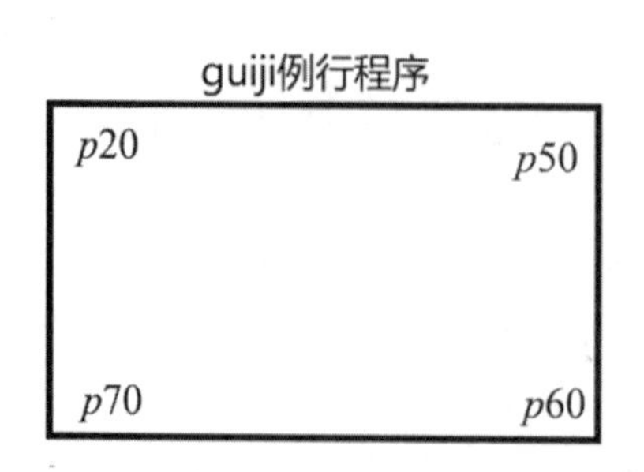

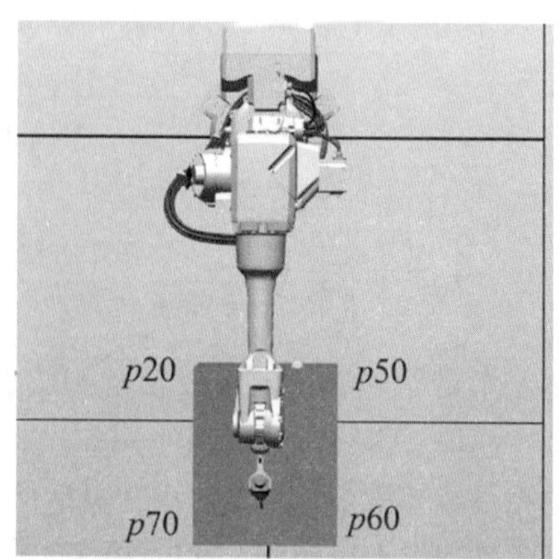

图 4-162

将机器人的机械原点位置作为pHome点。

4.3.1 建立一个 RAPID 程序

RAPID 程序框架

在建立RAPID程序之前，首先选定好工具坐标系、工件坐标系和载荷数据。

1. 创建程序框架

①将机器人设置为手动模式，并单击“程序编辑器”，如图4-163所示。

②单击“新建”，新建表示新建程序模块，加载表示从本地文件夹加载自己需要的程序，如图4-164所示。

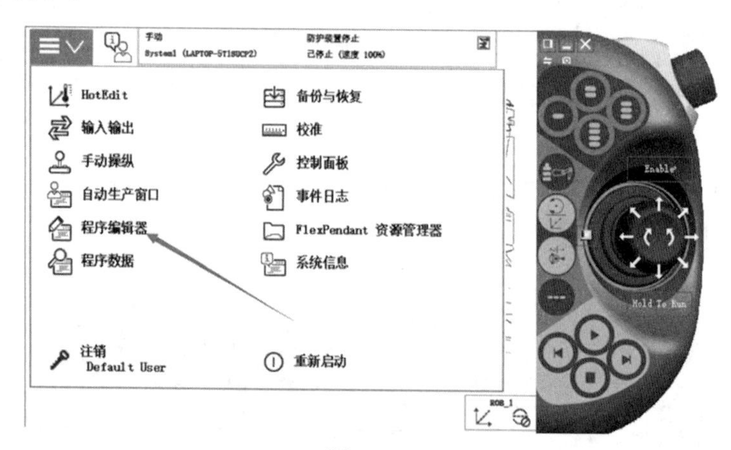

图 4-163

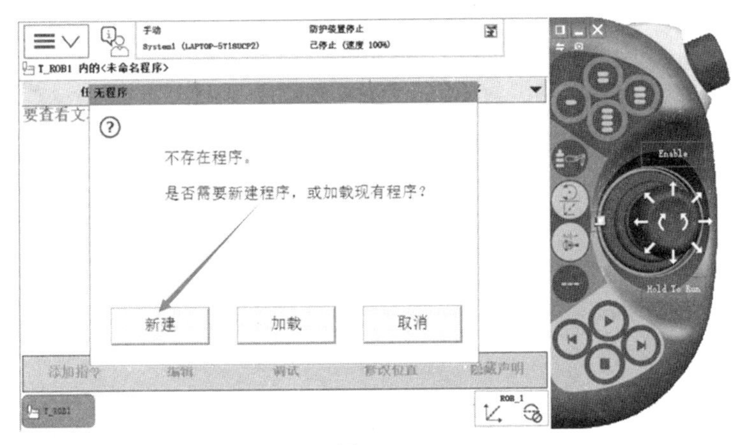

图 4-164

③单击“例行程序”下拉按钮，如图4-165所示。

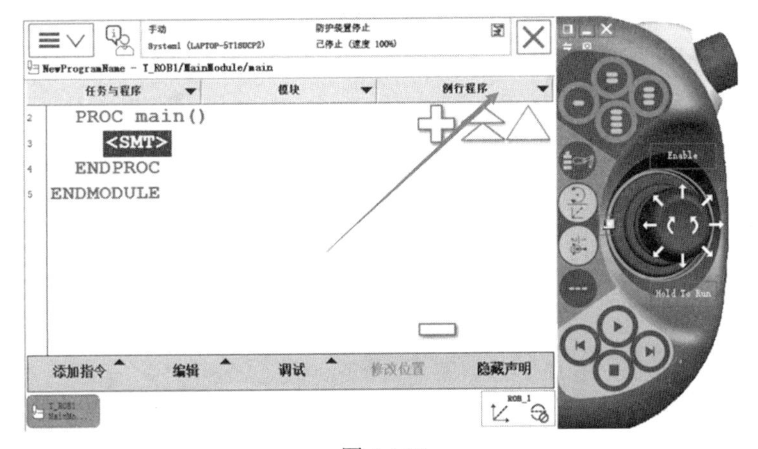

图 4-165

④单击“文件”上拉按钮，然后选择“新建例行程序”，如图4-166所示。

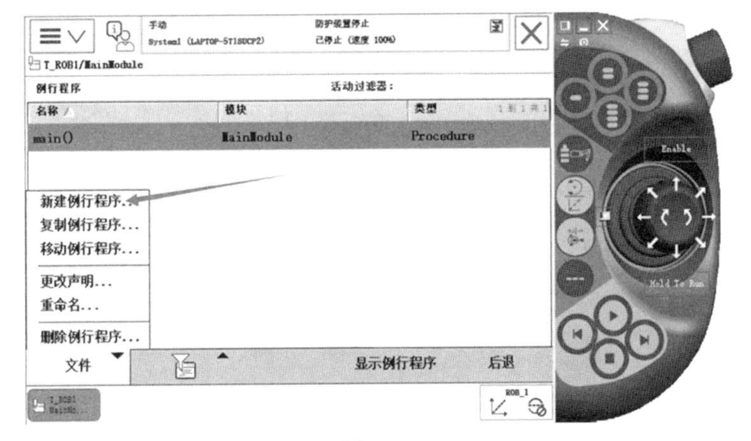

图 4-166

⑤更改例行程序的名称为zhixian和例行程序的类型为程序，如图4-167所示。

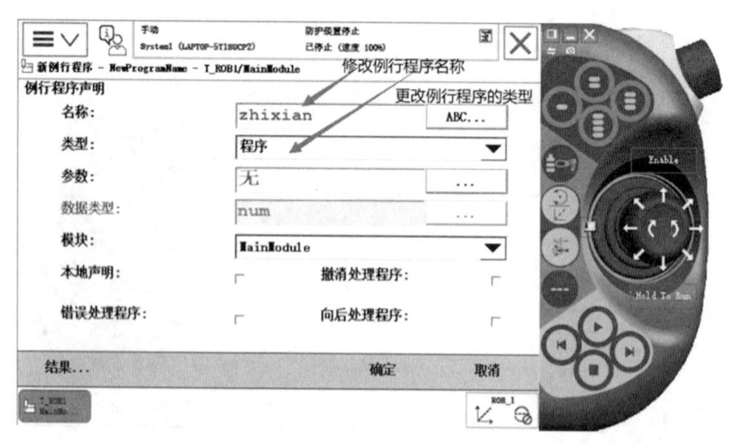

图 4-167

⑥以同样的方法创建名称为guiji的例行程序，如图4-168所示。

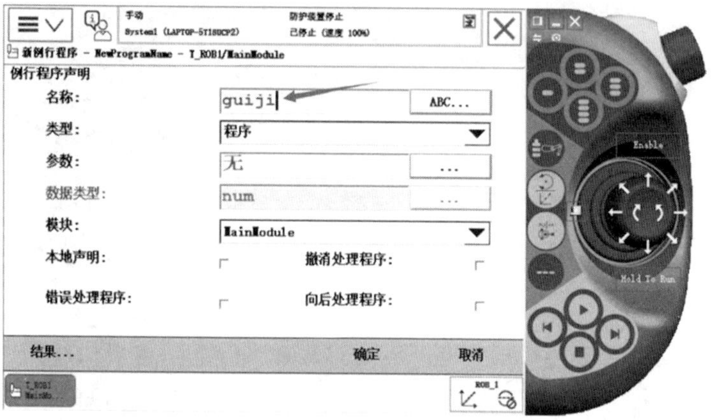

图 4-168

⑦创建完成如图4-169所示。

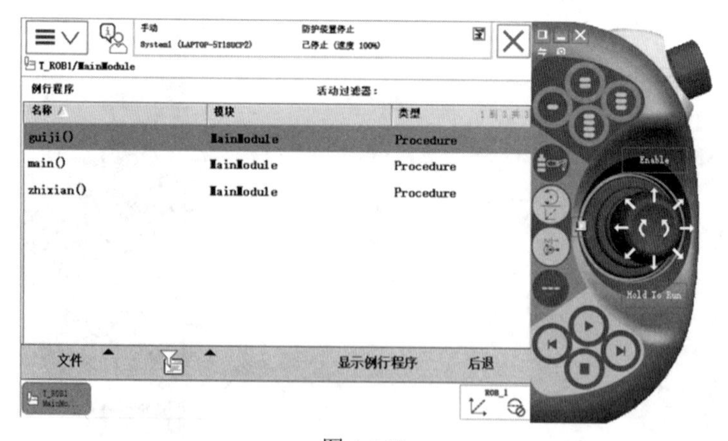

图 4-169

RAPID 子程序

2. 编写子程序

①将机器人调为手动模式，单击“程序编辑器”，如图4-170所示。

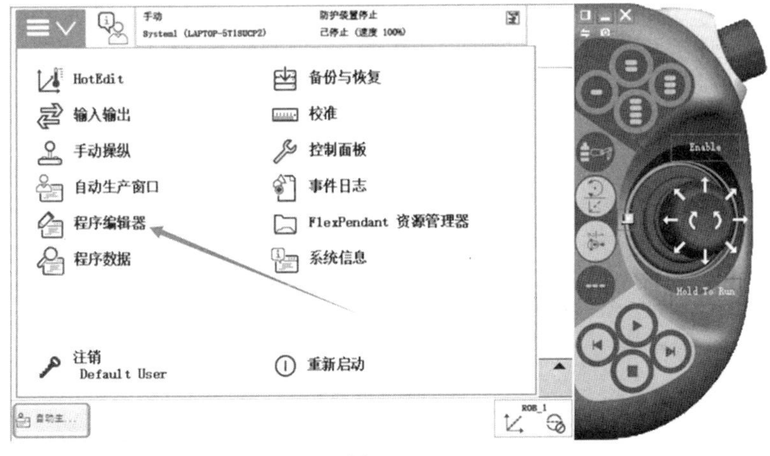

图 4-170

②单击“例行程序”下拉按钮，如图4-171所示。

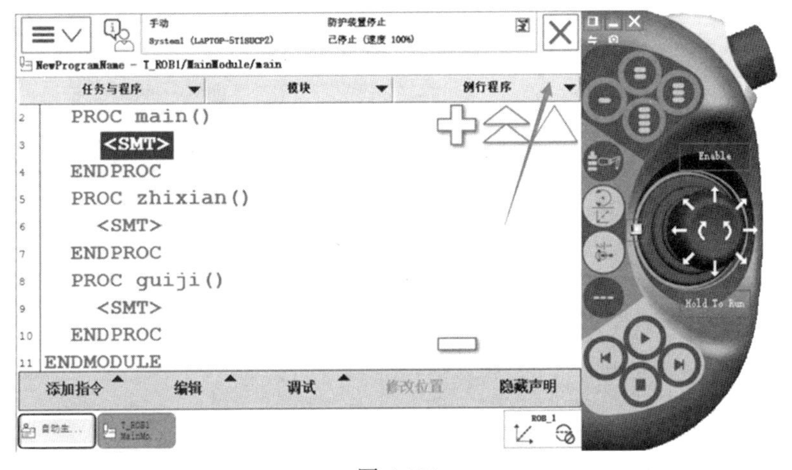

图 4-171

③单击“zhixian”例行程序，再单击“显示例行程序”，下面开始编写“zhixian”子程序，如图4-172所示。

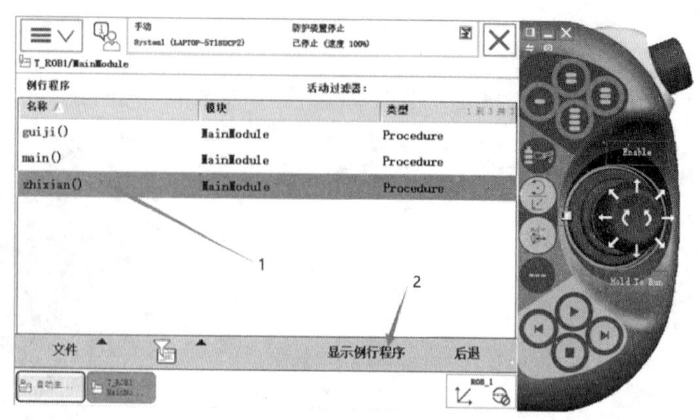

图 4-172

④单击“添加指令”，如图4-173所示。

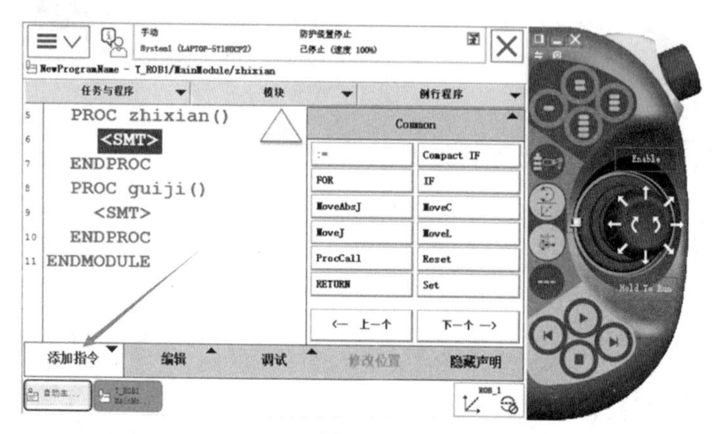

图 4-173

⑤单击“MoveL”指令，如图4-174所示。

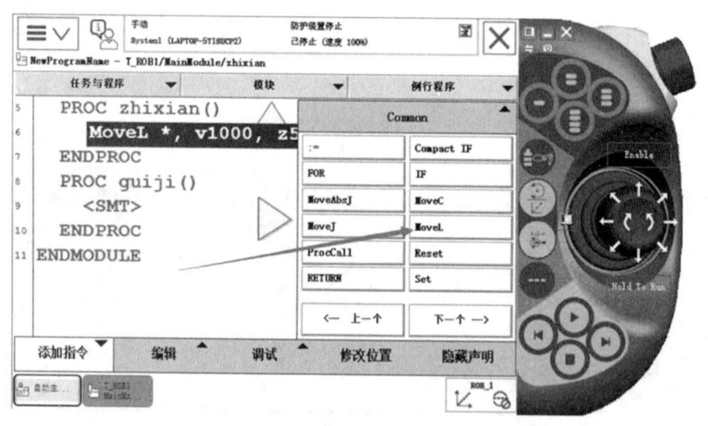

图 4-174

⑥双击“*”符号，进行定义点操作，如图4-175所示。

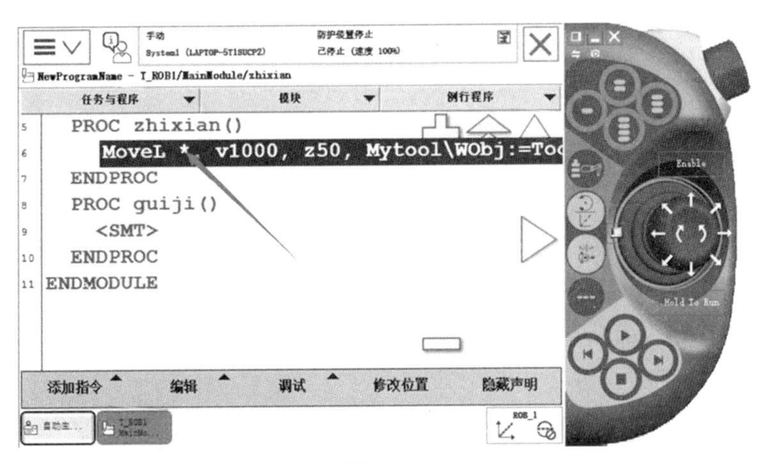

图 4-175

⑦单击“新建”，并单击“确定”，如图4-176和图4-177所示。

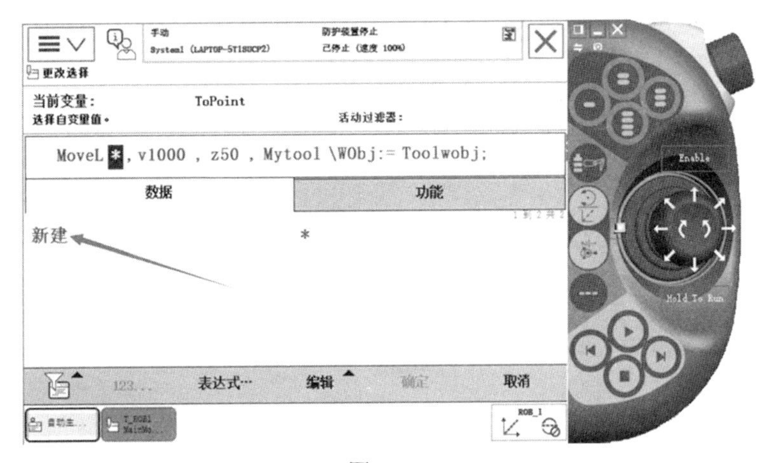

图 4-176

图 4-177

⑧设置机器人速度为v100，区域数据为fine。注意机器人的运动速度在实际情况中不

能设置太高，避免发生危险情况，如图4-178所示。

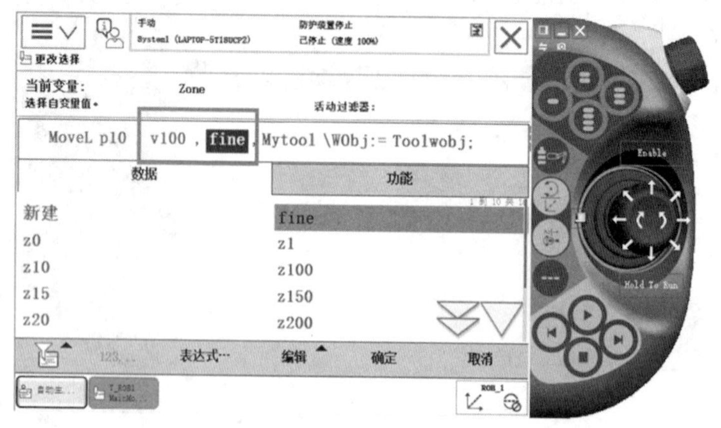

图 4-178

⑨选中刚刚编写的MoveL指令，添加指令“MoveJ”，在弹出的界面上单击“上方”，如图4-179和图4-180所示。

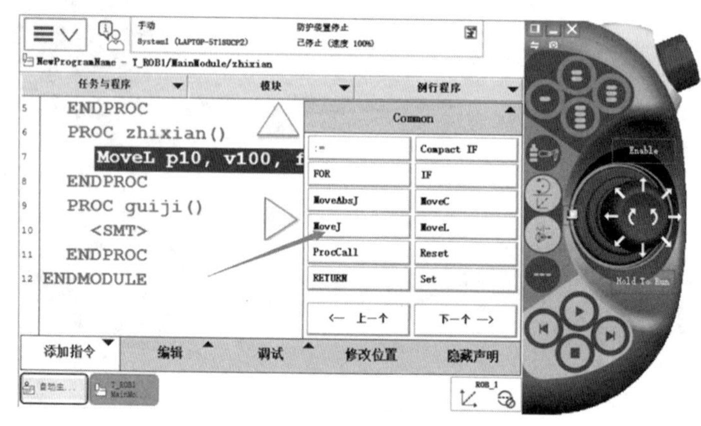

图 4-179

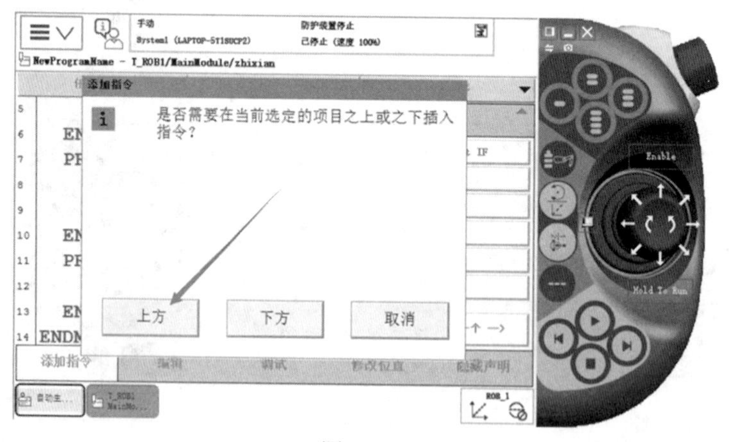

图 4-180

⑩双击“p20”，并单击“功能”，如图4-181所示。

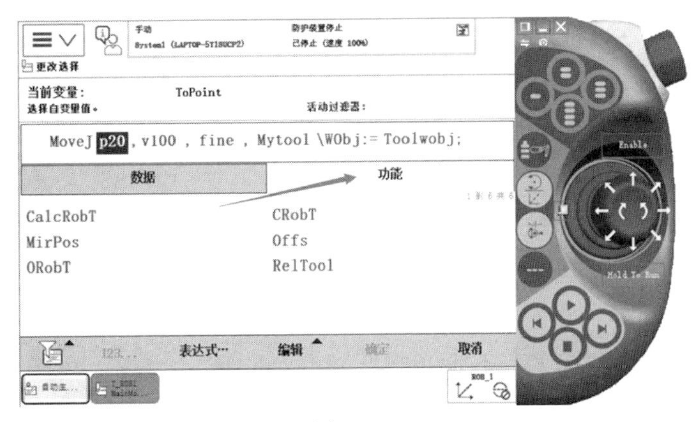

图 4-181

⑪单击“Offs”，如图4-182所示。

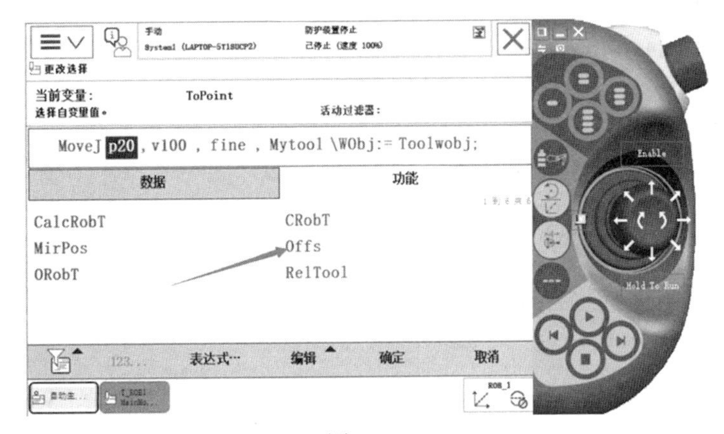

图 4-182

⑫按图中的方式进行设置，因在之前的小节中已详细讲解过指令的使用方法，在此不再赘述，如图4-183所示。

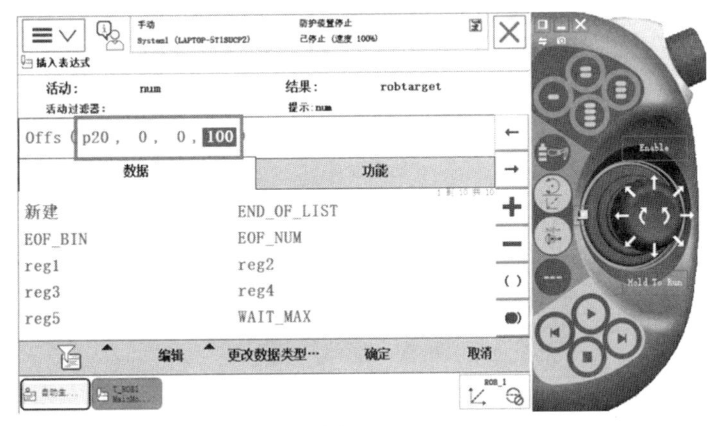

图 4-183

⑬单击“确定”，如图4-184所示。

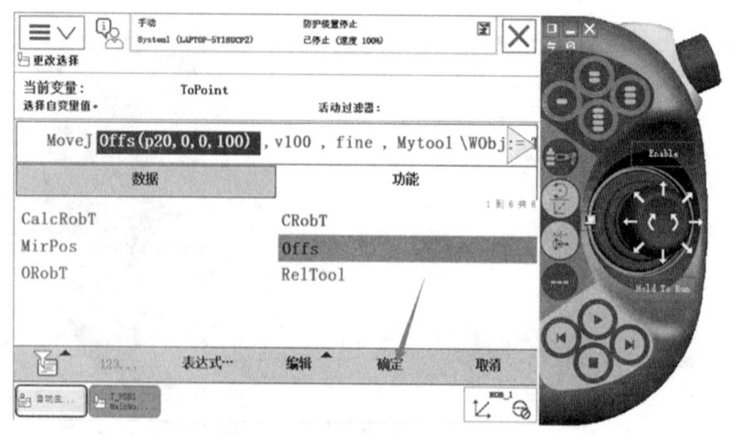

图 4-184

⑭选中刚刚编写的MoveJ指令，插入“MoveL”指令，在弹出的界面上单击“下方”，如图4-185和图4-186所示。

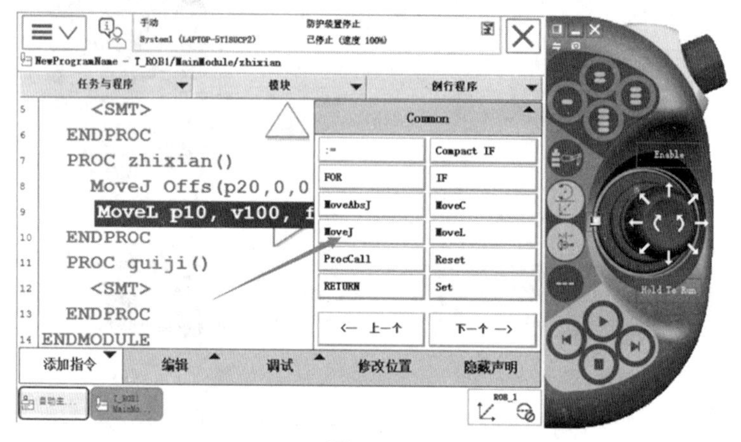

图 4-185

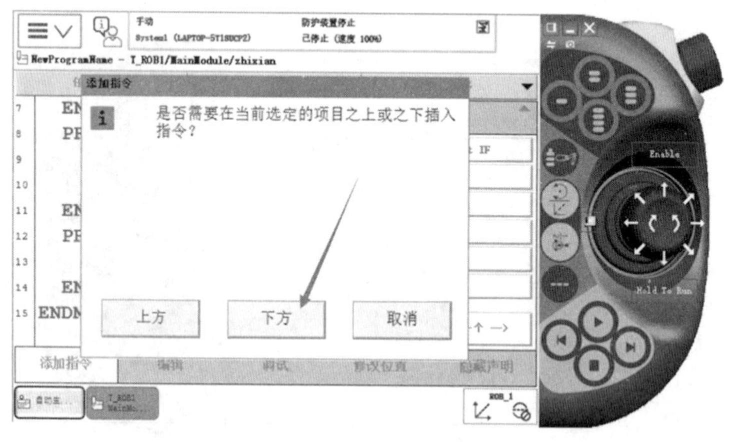

图 4-186

⑮双击“*”符号，如图4-187所示。

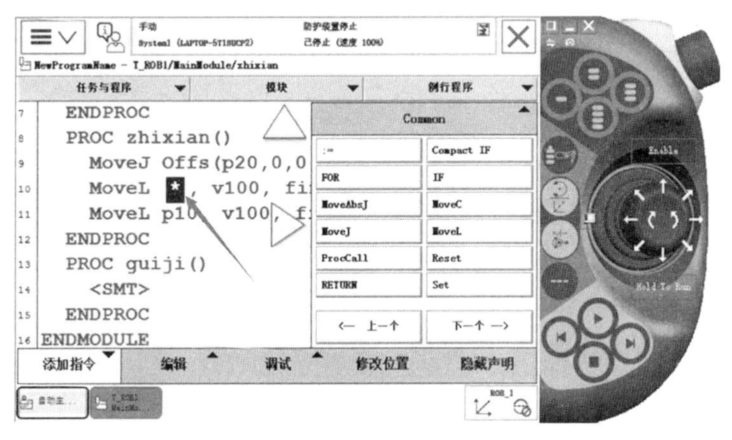

图 4-187

⑯将该点位置修改为“p20”，单击“确定”，如图4-188所示。

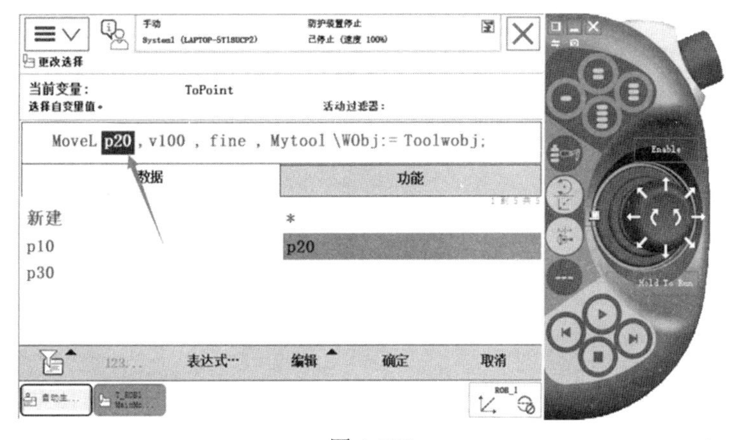

图 4-188

⑰选中“Move p10”那条指令，插入“MoveJ”指令，如图4-189所示。

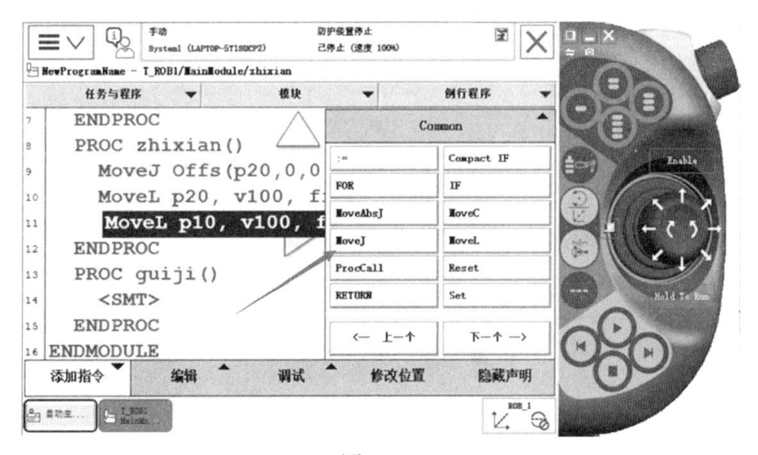

图 4-189

⑱双击“p40”，如图4-190所示。

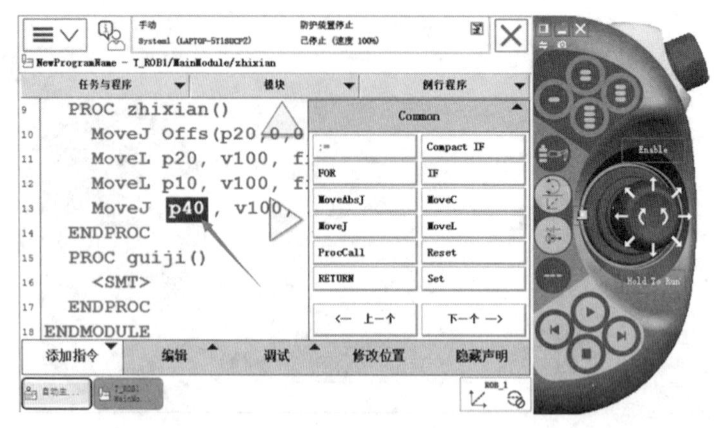

图 4-190

⑲单击“新建”，如图4-191所示。

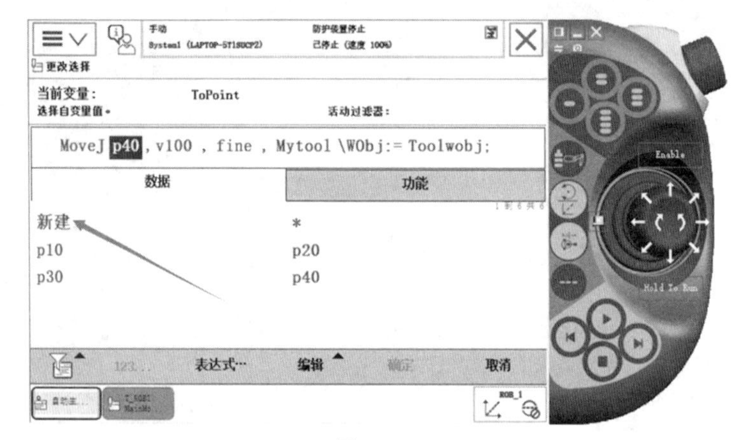

图 4-191

⑳修改点的名称为“pHome”，并单击“确定”，如图4-192所示。

图 4-192

㉑选中刚刚编写的“MoveJ pHome”指令，单击“编辑”，再单击“复制”，如图4-193所示。

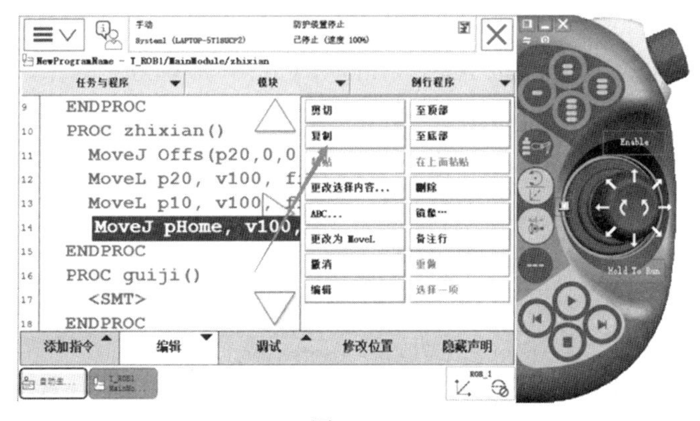

图 4-193

㉒选中“MoveJ Offs”指令，单击“在上面粘贴”，如图4-194所示。

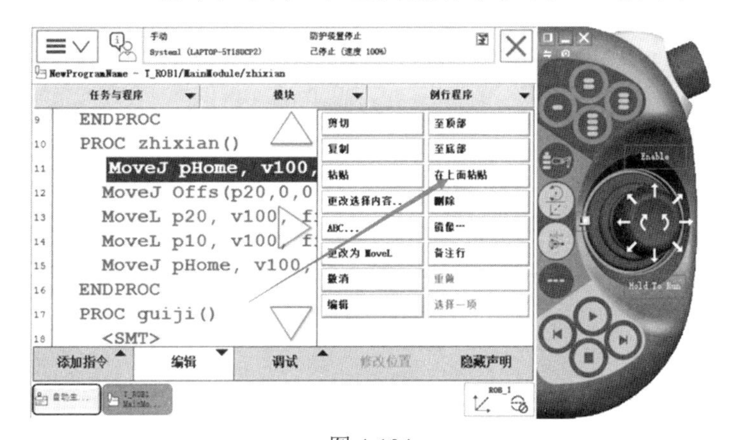

图 4-194

㉓例行程序“zhixian”写完如图4-195所示。

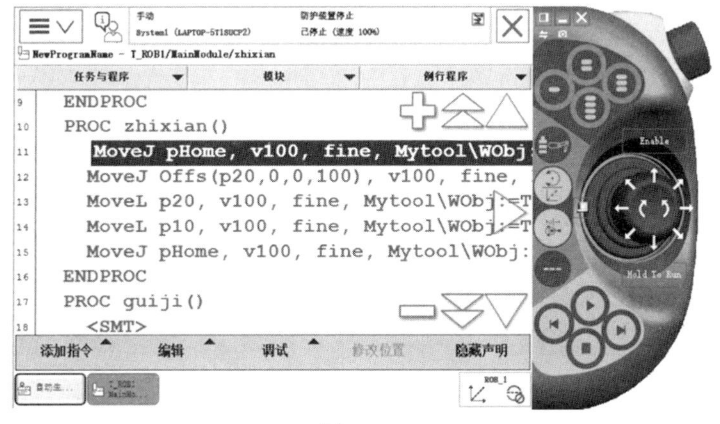

图 4-195

㉔例行程序“guiji”代码如下，也是一些基础指令，大家可以按照上面的编写方式进行书写。

MoveJ pHome, v100, fine, Mytool\WObj:=Toolwobj;

MoveJ Offs(p20,0,0,100), v100, fine, Mytool\WObj:=Toolwobj;

MoveL p20, v100, fine, Mytool\WObj:=Toolwobj;

MoveL p50, v100, fine, Mytool\WObj:=Toolwobj;

MoveL p60, v100, fine, Mytool\WObj:=Toolwobj;

MoveL p70, v100, fine, Mytool\WObj:=Toolwobj;

MoveL p20, v100, fine, Mytool\WObj:=Toolwobj;

MoveJ pHome, v100, fine, Mytool\WObj:=Toolwobj;

㉕例行程序“guiji”编写完成之后，打开main主程序，如图4-196所示。

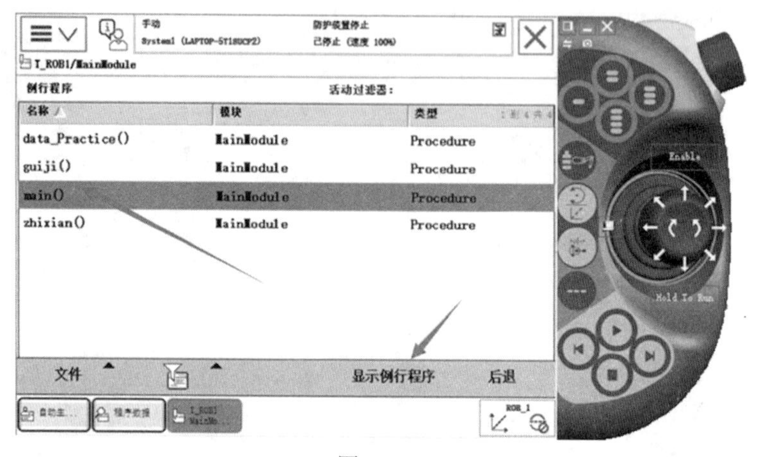

图 4-196

㉖单击“添加指令”，如图4–197所示。

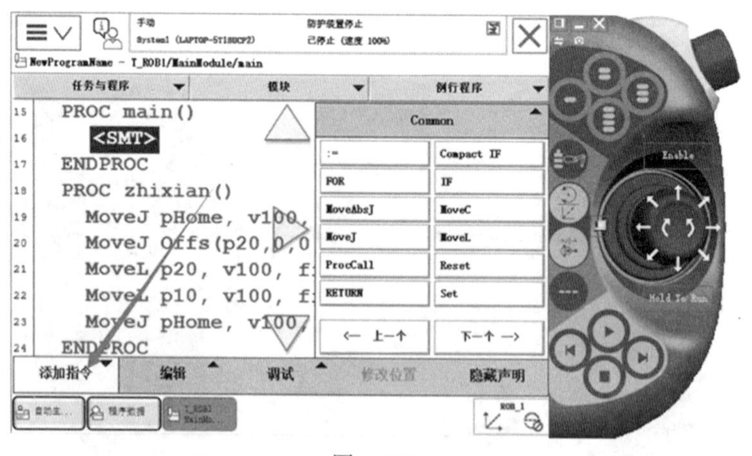

图 4-197

㉗单击“ProcCall”，如图4-198所示。

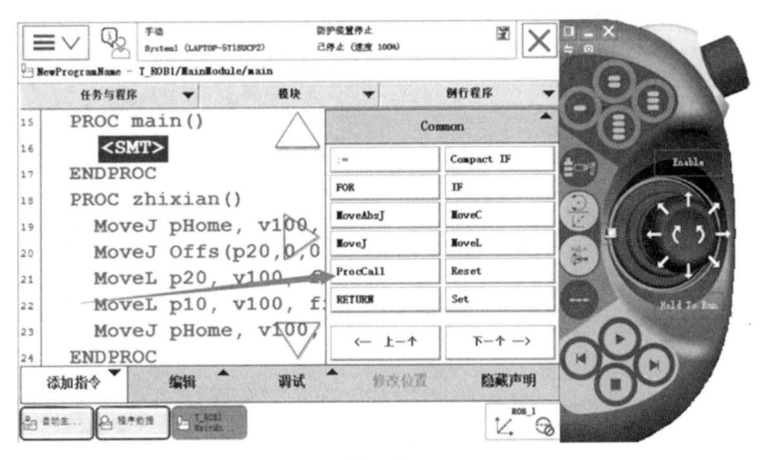

图 4-198

㉘选择“zhixian”，并单击“确定”，调用zhixian例行程序，如图4-199所示。

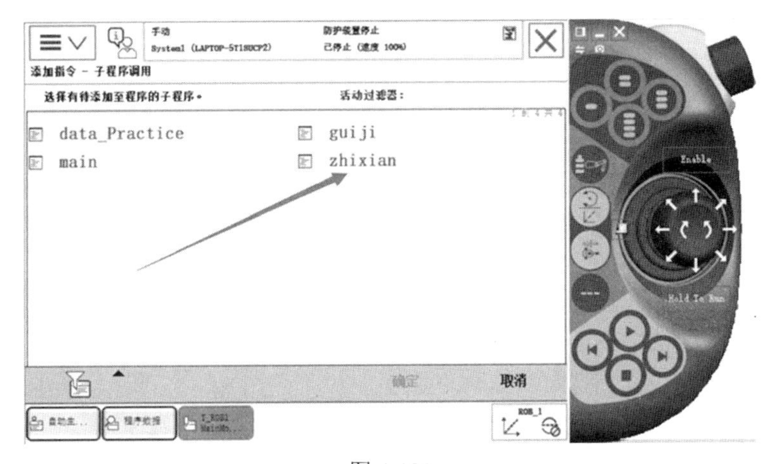

图 4-199

㉙然后单击“WaiTime”，如图4-200所示。

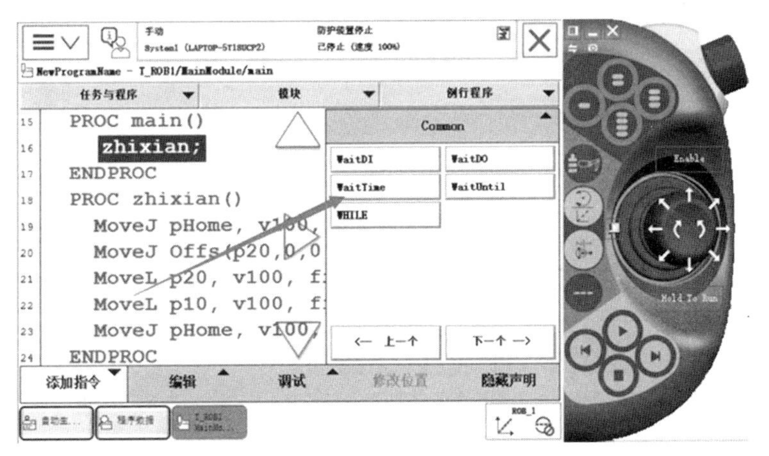

图 4-200

㉚单击“123...”，如图4-201所示。

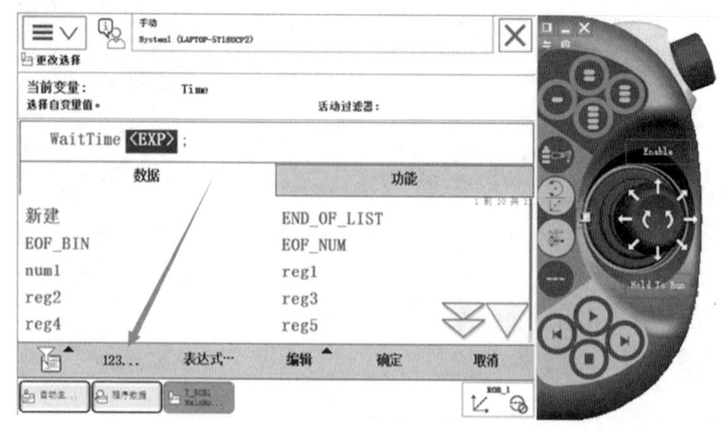

图 4-201

㉛修改等待时间为1，并单击“确定”，如图4-202所示。

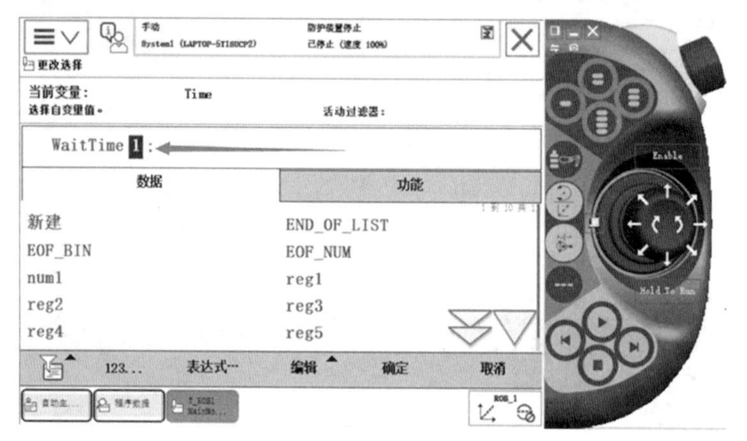

图 4-202

㉜在弹出的界面上单击“下方”，如图4-203所示。

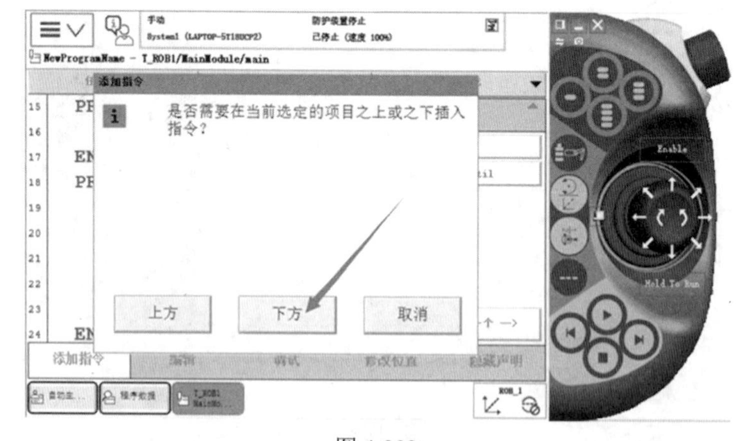

图 4-203

㉝单击“ProcCall”，如图4-204所示。

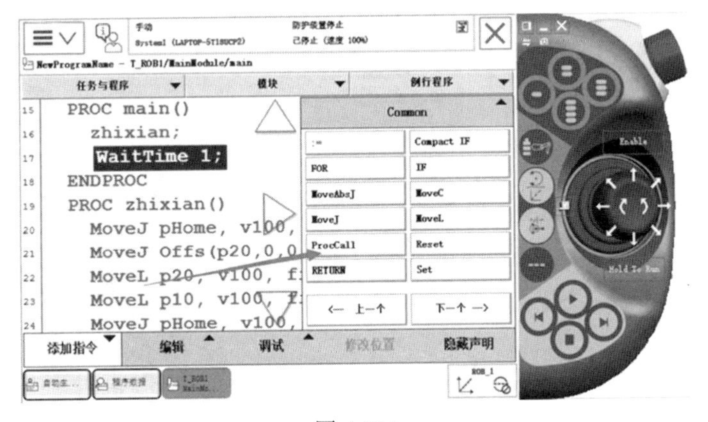

图 4-204

㉞选择“guiji”，并单击“确定”，调用guiji例行程序，如图4-205所示。

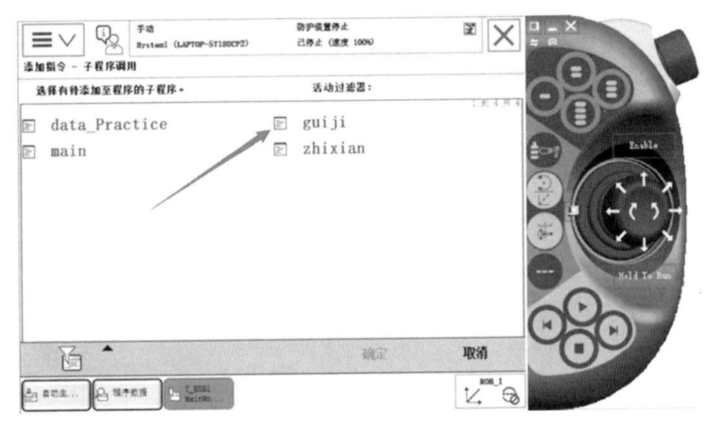

图 4-205

㉟main函数编写完成，整个流程就是首先执行zhixian例行程序，然后等待1s，再执行guiji例行程序，如图4-206所示。

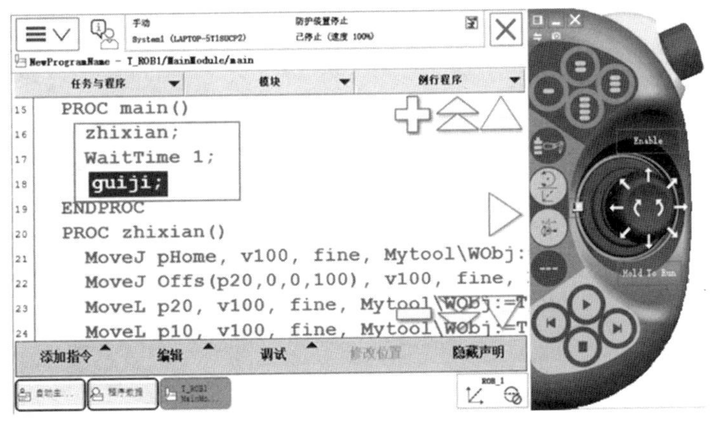

图 4-206

3. 示教目标点

示教目标点

①打开示教器，单击“程序数据”，如图4-207所示。

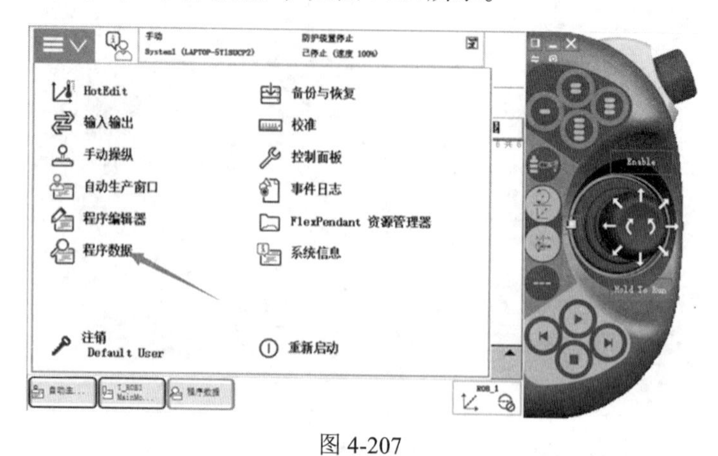

图 4-207

②选择“rbotarget”，并单击“显示数据”，如图4-208所示。

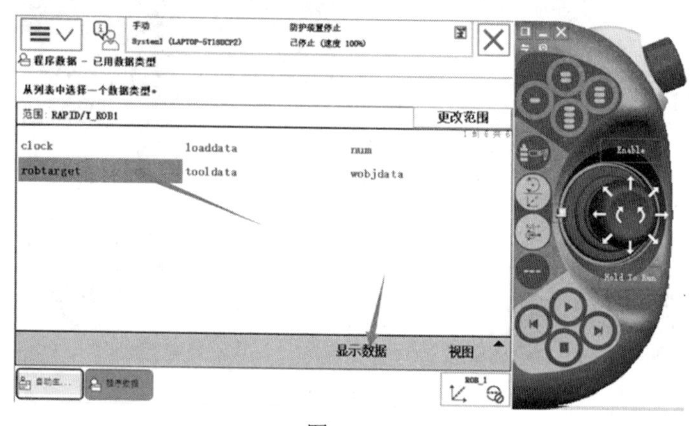

图 4-208

③根据前面编程时定义的点的位置，进行示教点设置，如图4-209所示。

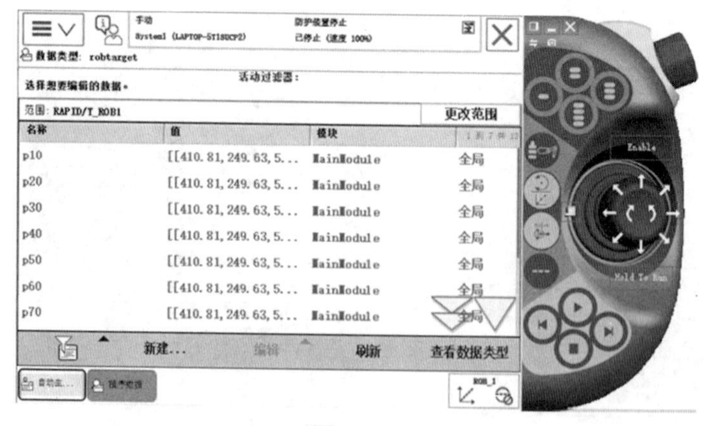

图 4-209

④选择“p10”，使点处于被选中的状态，如图4-210所示。

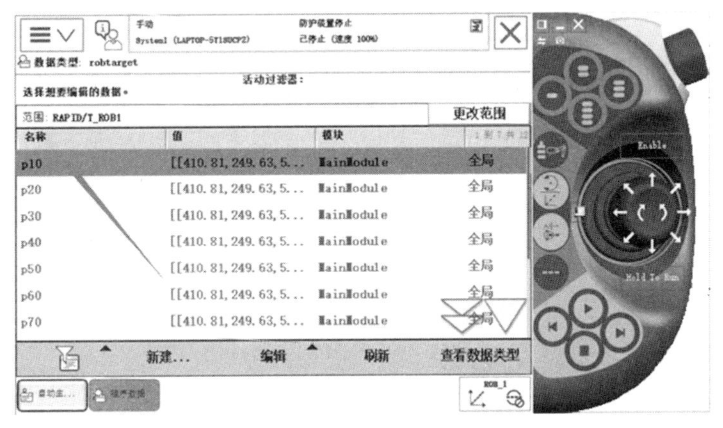

图 4-210

⑤利用手动模式，调整机器人的姿态，如图4-211所示。

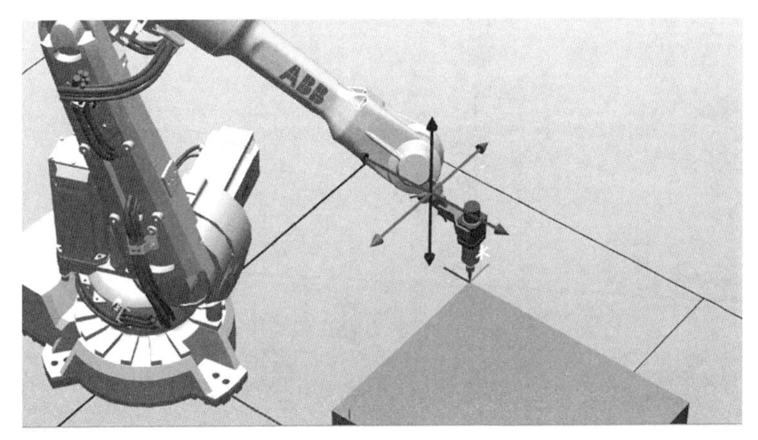

图 4-211

⑥单击“编辑”，选择“修改位置”，如图4-212所示。

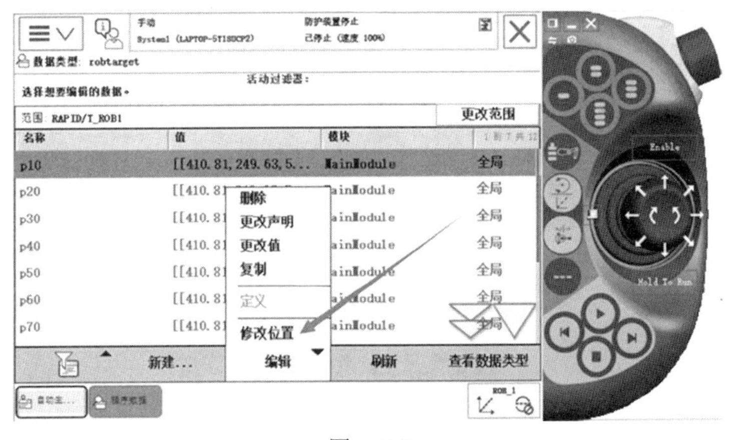

图 4-212

⑦在弹出的界面上单击“修改”，如图4-213所示。

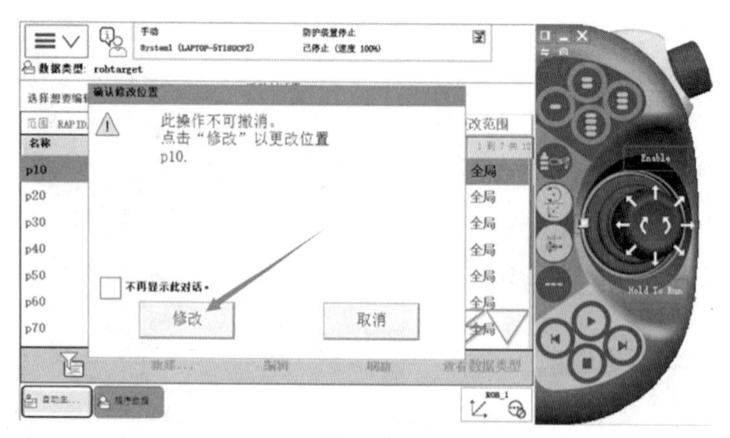

图 4-213

⑧以同样的方法修改*p*20的位置，如图4-214所示。

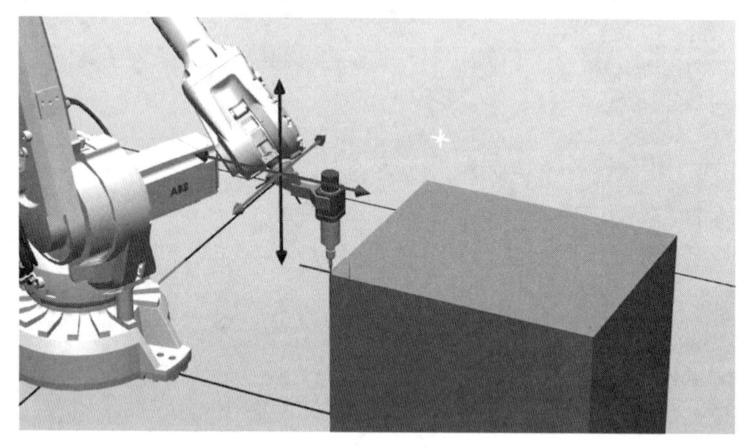

图 4-214

⑨*p*50的位置如图4-215所示。

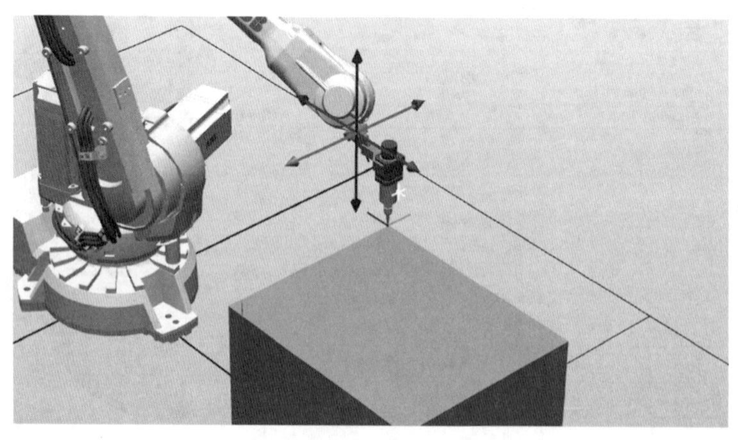

图 4-215

⑩$p60$的位置如图4-216所示。

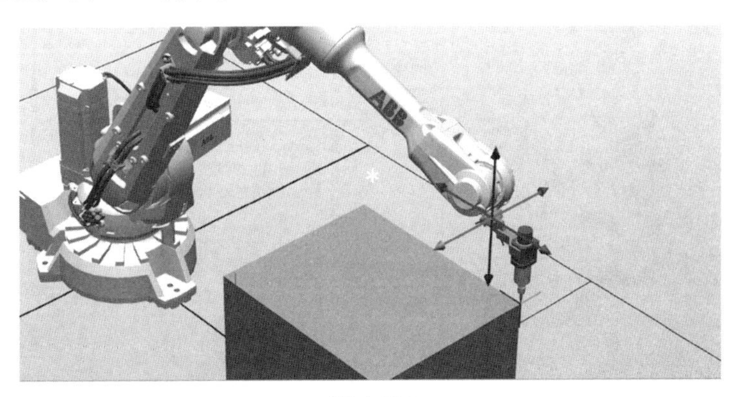

图 4-216

⑪$p70$的位置如图4-217所示。

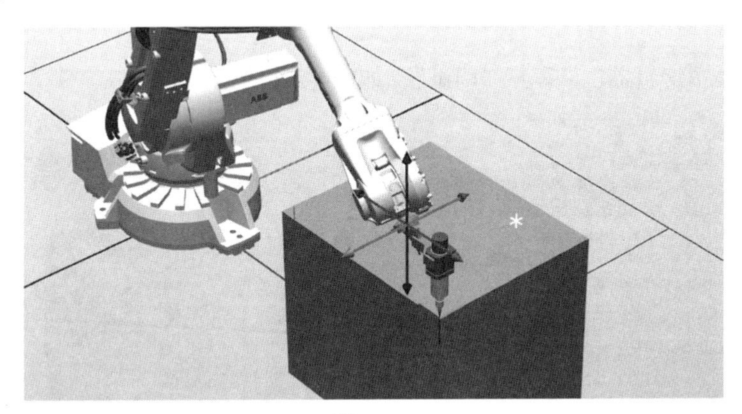

图 4-217

⑫在“布局”选项卡中，右键机器人，选择“回到机械原点”，如图4-218所示。

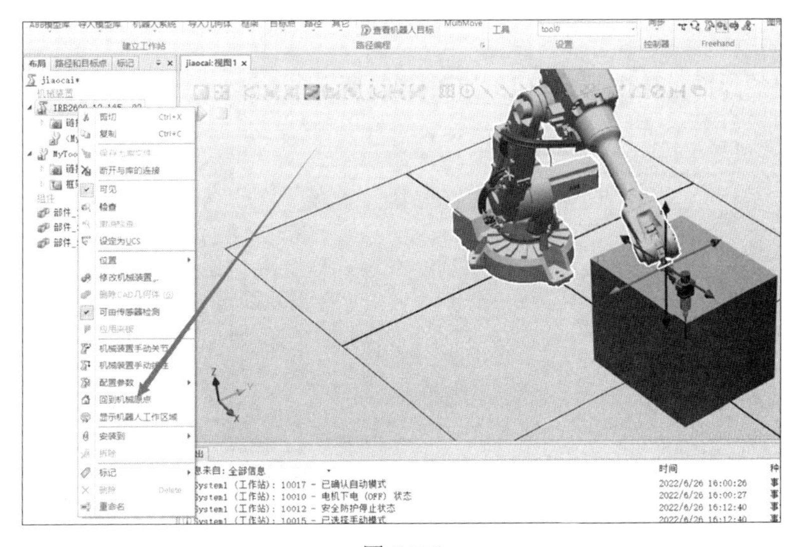

图 4-218

⑬然后修改pHome点的位置，如图4-219所示。

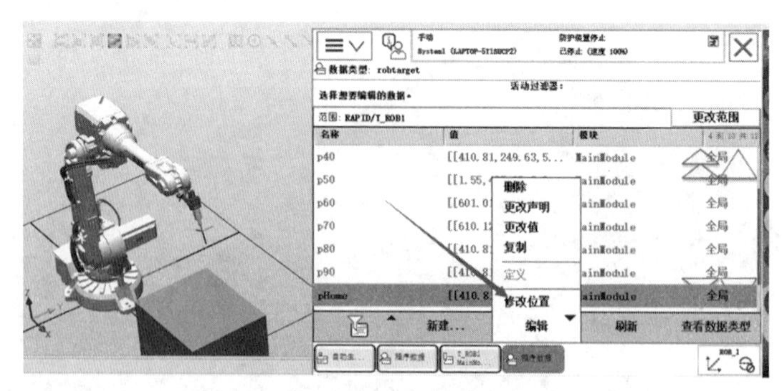

图 4-219

⑭示教点设置完成。

4.3.2 RAPID 程序的调试

①打开“程序编辑器”，单击“调试”，如图4-220所示。

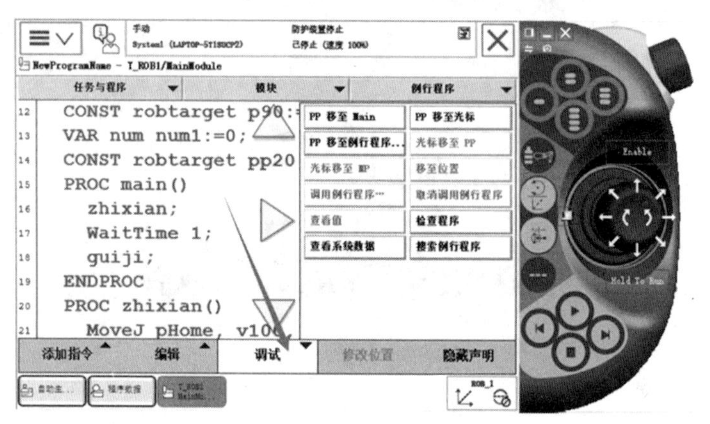

图 4-220

②在弹出的界面上单击“确定”，如图4-221所示。

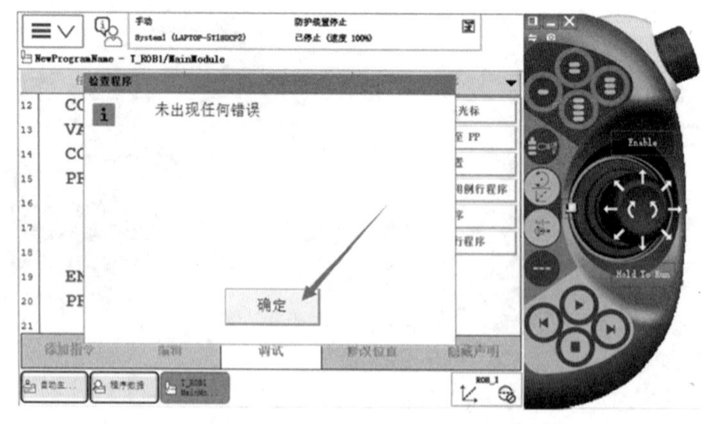

图 4-221

4.3.3　RAPID 程序的自动运行

①单击“调试”，如图4-222所示。

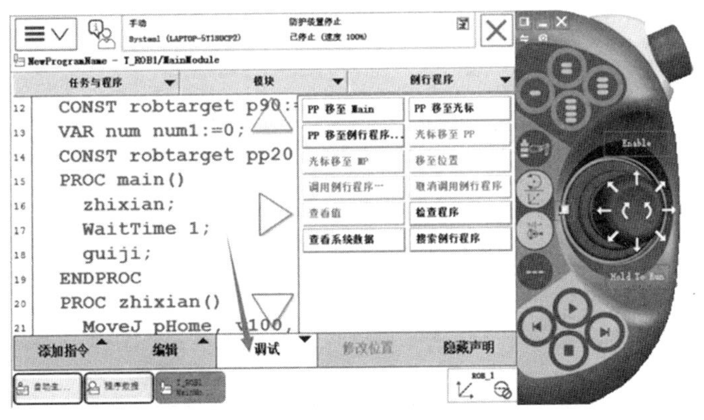

图 4-222

②单击“PP移至Main”，如图4-223所示。

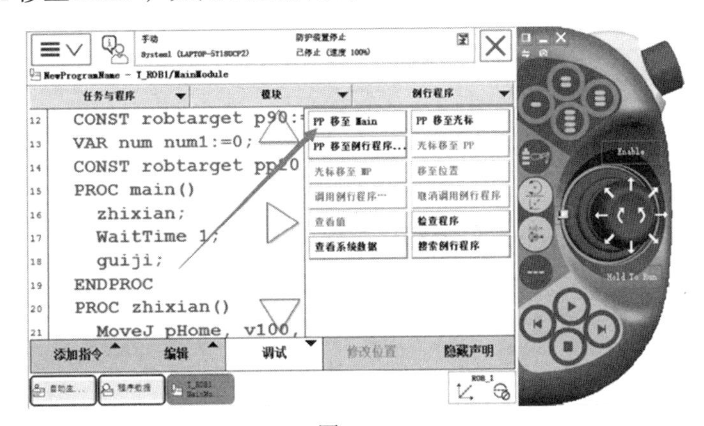

图 4-223

③然后可以看到指针指向main程序，如图4-224所示。

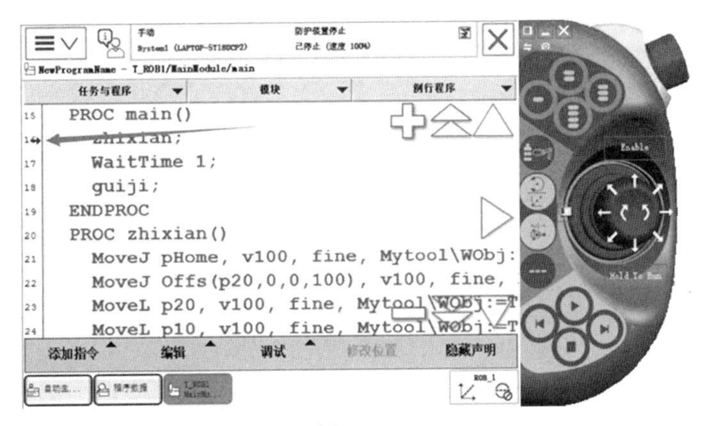

图 4-224

④单击“播放”，机器人就会按事先设定好的路径运动，如图4-225所示。

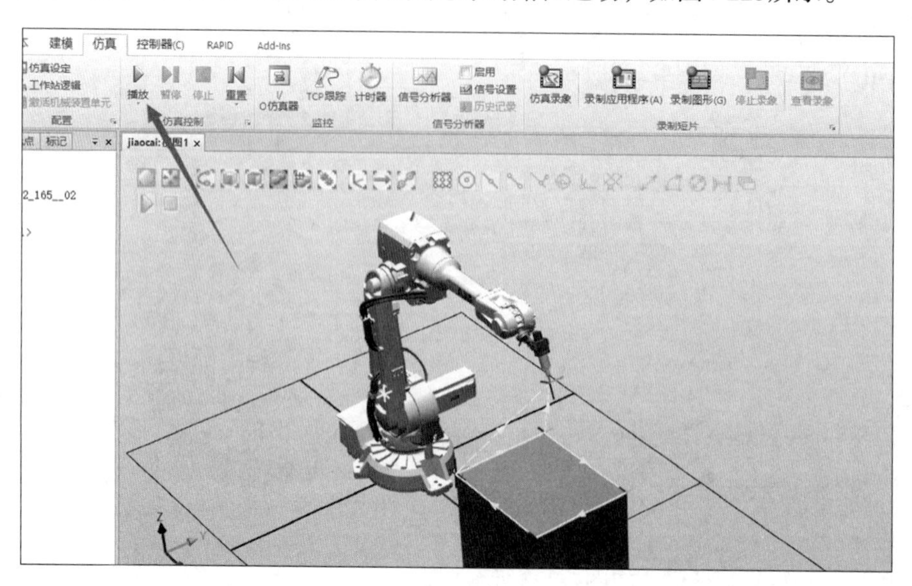

图 4-225

4.4 本章练习

1. robtarget是什么数据？
2. 建立一个名称为flagNum的num程序数据。
3. 在示教器上设定一个名称为tool1的工具数据。
4. 在示教器上设定一个名称为wobj1的工具数据。
5. 在示教器上设定一个名称为load1的工具数据。

第 5 章　工业机器人编程实战——绘图

本章节将介绍如何使用RobotStudio对ABB工业机器人单元和工作站进行创建、编程和仿真。对ABB工业机器人的手动自动操作方法，编写使机器人工具中心点（TCP）沿着生产工艺需要的路径运动的控制程序。通过路径规划让机器人走出一条直线/曲线来，并可以连续地对多条运动路径进行编程，并能把程序下载到机器人的控制器上执行，在RobotStudio软件上进行仿真运动验证。那么接下来我们将以绘图工作站为例，一步步学习，对前面所学的知识进行巩固。

5.1　解压工作站——看效果

在动手操作之前，我们先打开轨迹工作站的视图文件，运行此工作站，查看工作站的运行情况，从而明确一下学习目标。

5.1.1　观看视图文件——明确学习目标

①双击打开书籍配套文件中的PathStation.exe文件，如图5-1所示。

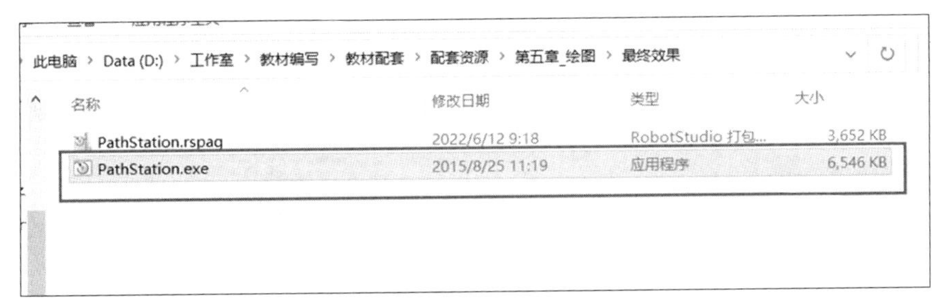

图 5-1

②单击播放键，就可以看到工作站的运行情况了，如图5-2所示。

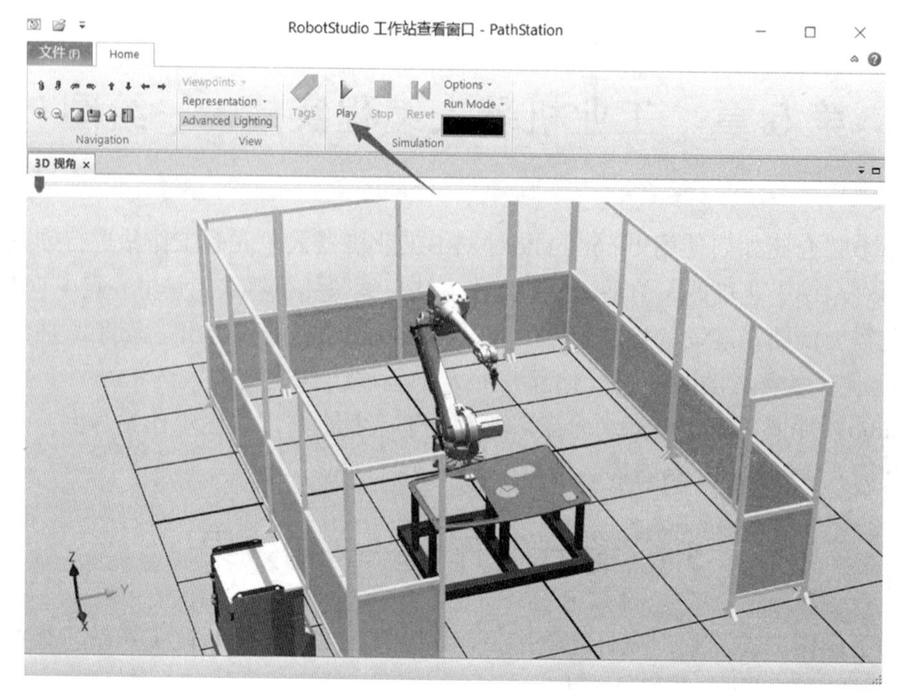

图 5-2

5.1.2 解压工作站——开始动手练习

对工作站进行解压之后的界面如图5-3所示。接下来我们将通过创建I/O信号、标定坐标系及编写程序等步骤来创建一个完整的绘图工作站。如果不清楚具体的解压工作站的步骤，请参考2.3.2章节工业机器人工作站的打包和解包内容，熟悉具体的操作步骤。

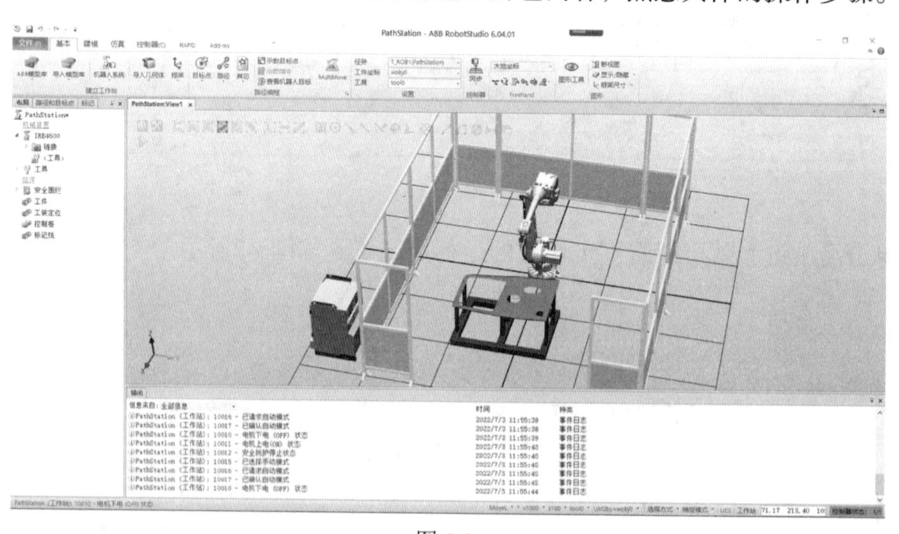

图 5-3

5.2　创建 I/O 信号

创建 IO 信号

在本工作站中，需要用到的I/O信号很少，只需要创建一个数字输出信号来作为工具的动作信号即可。例如，在激光切割应用中用于激光枪的开启和关闭。

在本工作站中，使用标准I/O通信板DSQC651，默认地址为10，利用该板的第一个数字输出端口作为工具的控制信号doGunOn。对通信板及I/O信号属性设置的步骤不清楚的同学可以回顾3.3章节机器人信号的配置内容。

DSQC651板的属性表如表5-1所示。

表 5-1

使用来自模板的值	Name	Address
DSQC651	board10	10

doGunOn信号的属性表如表5-2所示。

表 5-2

Name	Type of Signal	Assigned to Device	Device Mapping
doGunOn	Digital Output	Board10	32

①DSQC651板的属性如图5-4和图5-5所示。

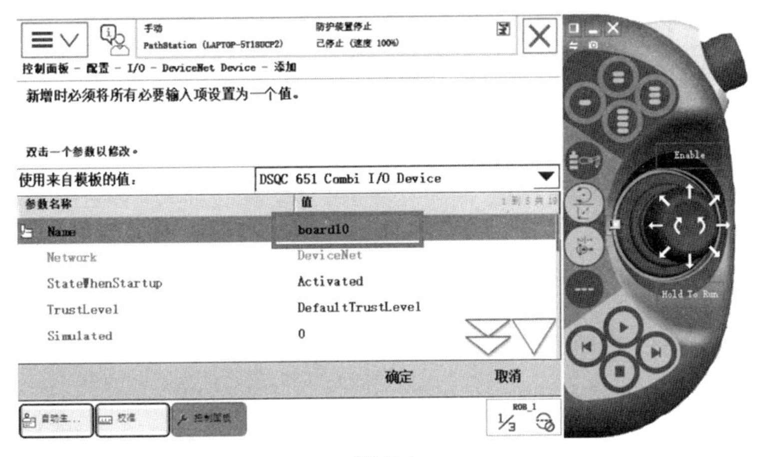

图 5-4

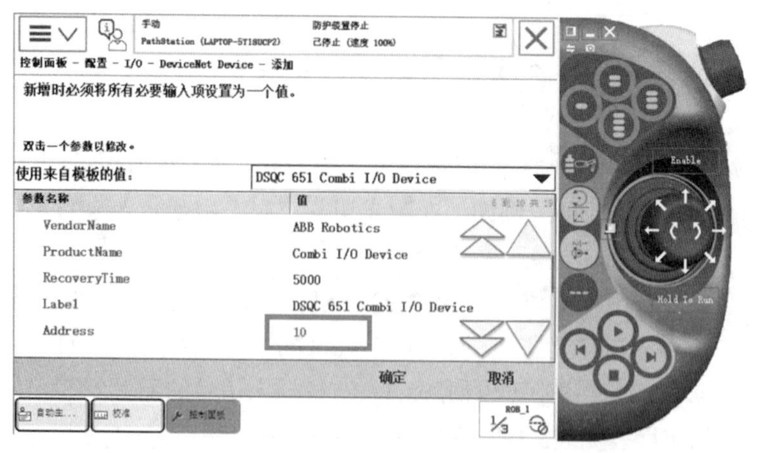

图 5-5

②doGunOn信号的属性如图5-6所示。

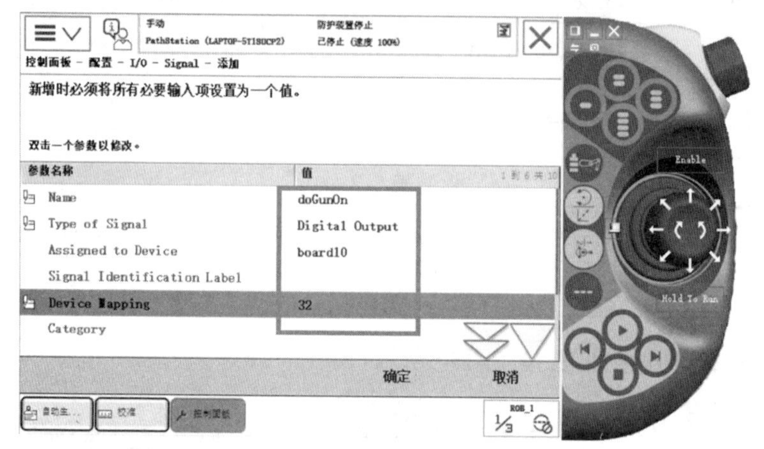

图 5-6

5.3　标定坐标系

工具坐标系的标定 1

5.3.1　工具坐标系的标定

在轨迹应用中，常使用带有尖端的工具。一般情况下，将工具坐标系原点及TCP设在工具尖端，便于后续的操作和编程。工作站中的工件上有四个定位销，使用任何一个都可以进行工具坐标系的标定。对工具坐标系的标定方法不了解的同学，可以回顾4.1.2章节工业机器人工具数据部分的内容。

①新建名称为toolPath的工具坐标系，将方法更改为“TCP和Z,X”，点数为4，如图5-7所示。

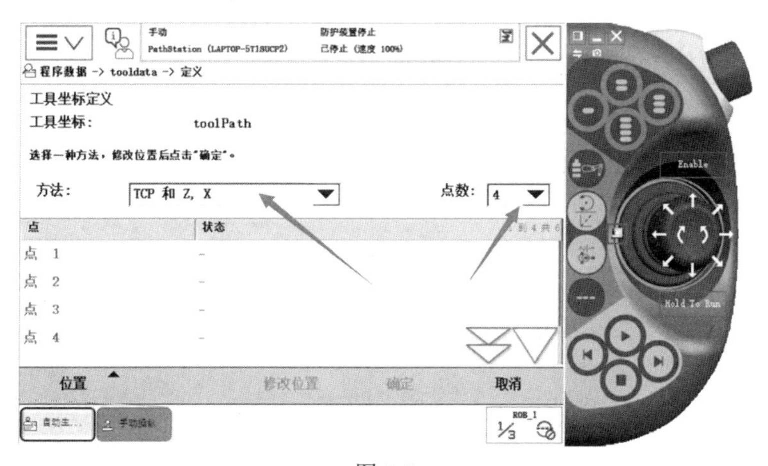

图 5-7

②点1姿态如图5-8所示（图为正视图）。

图 5-8

③点2姿态如图5-9所示（图为正视图）。

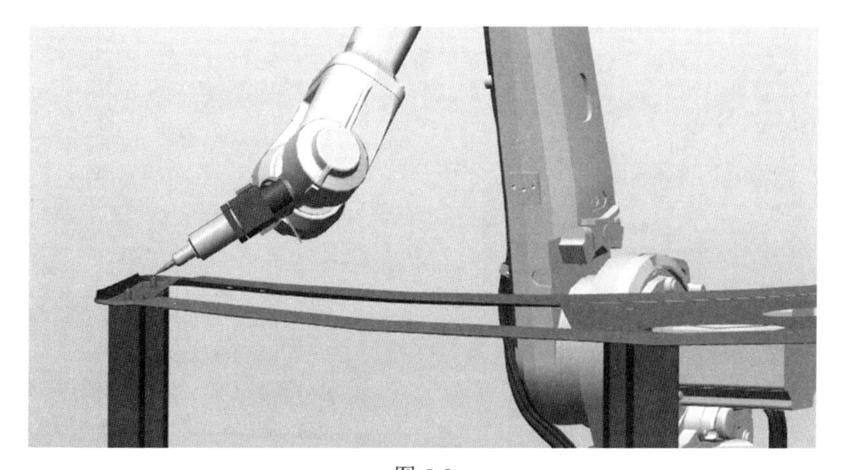

图 5-9

④点3姿态如图5-10所示（图为正视图）。

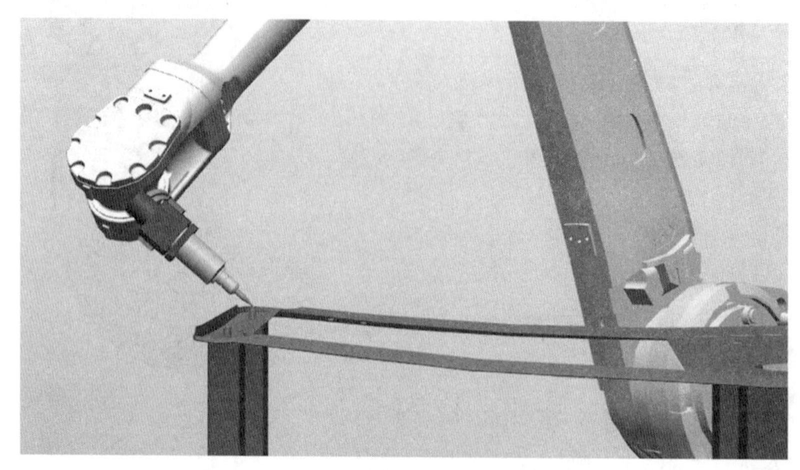

图 5-10

⑤点4姿态如图5-11所示（图为正视图）。

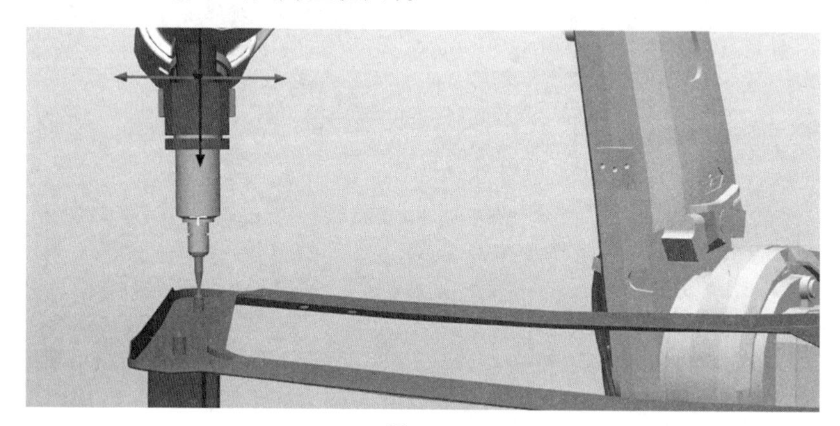

图 5-11

⑥延伸器点*X*姿态如图5-12所示（图为左视图）。

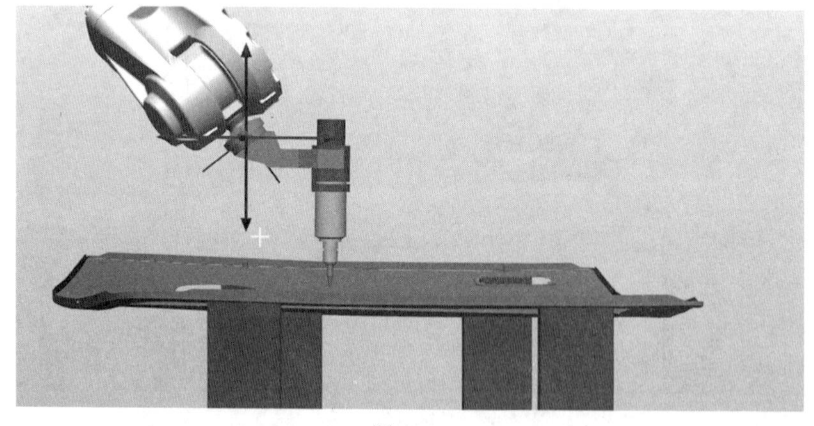

图 5-12

⑦延伸器点Z姿态如图5-13所示（图为左视图）。

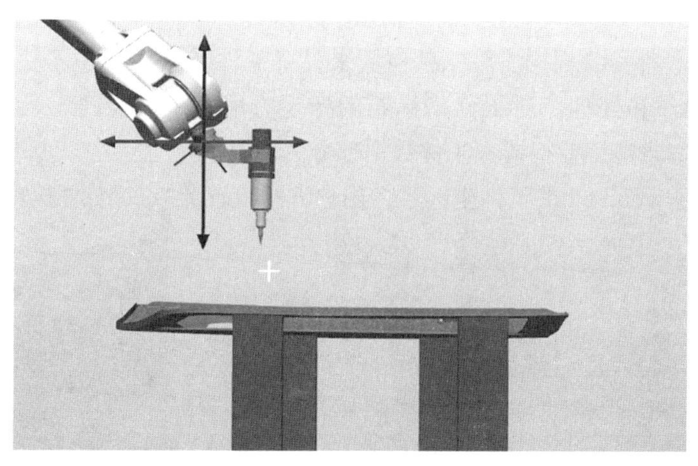

图 5-13

⑧选择“更改值”，设置工具的质量（根据实际情况进行设置，在这里暂时设置为1），单击“确定”，设置完成，如图5-14和图5-15所示。

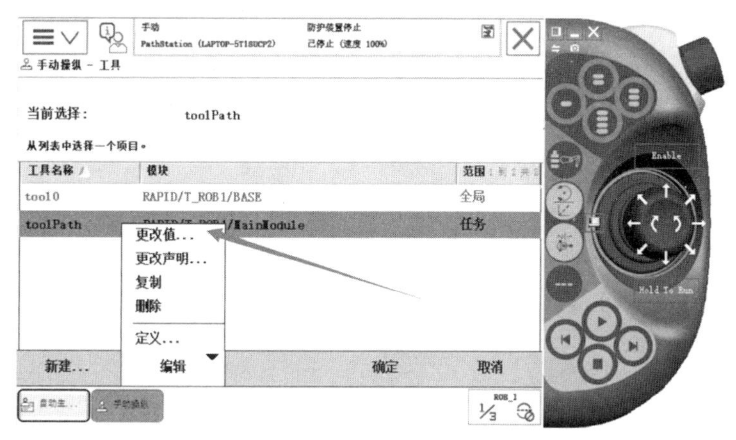

图 5-14

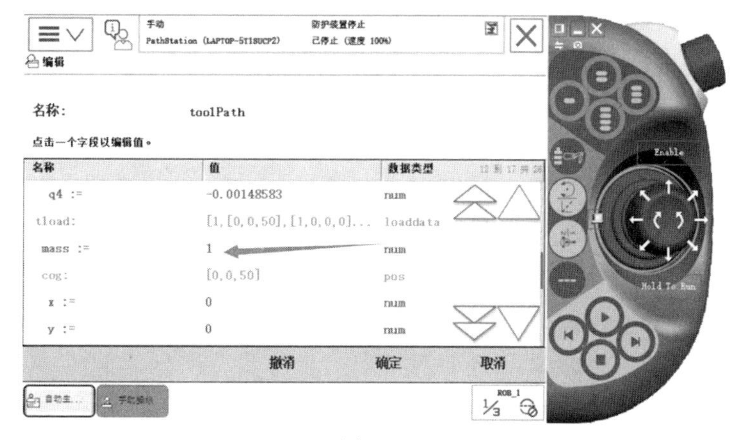

图 5-15

5.3.2 工件坐标系的标定

工件坐标系的标定 1

轨迹应用一般都需要根据实际工件位置来设置工件坐标系，这样便于后续的操作和处理。对工件坐标系的标定方法不了解的同学，可以回顾4.1.3章节工业机器人工件数据部分的内容。

①新建名称为wobjPath的工件坐标系，用户方法设置为3点，如图5-16所示。

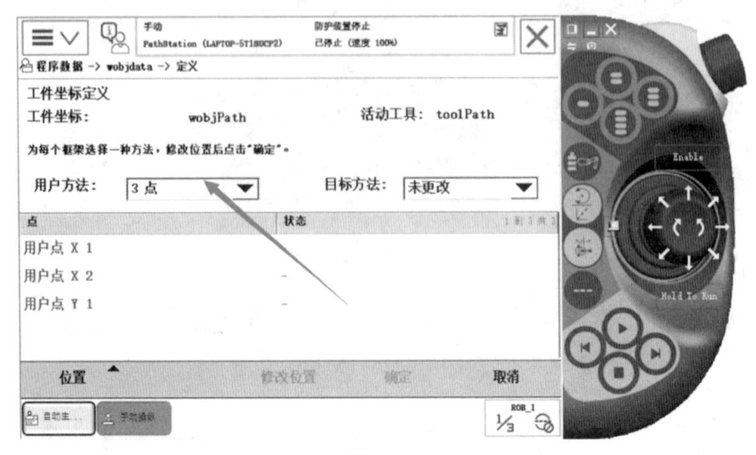

图 5-16

②修改用户点$X1$的姿态，如图5-17所示（图为俯视图）。

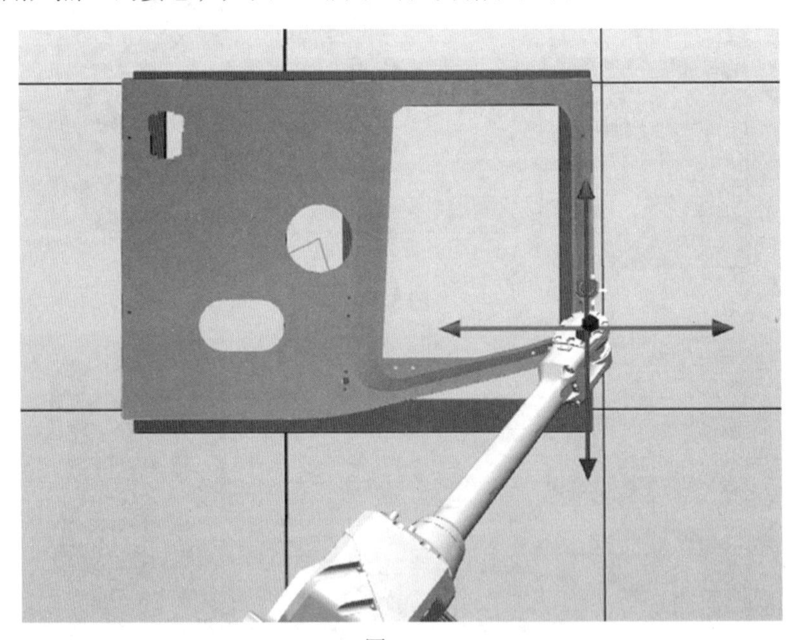

图 5-17

③修改用户点$X2$的姿态，如图5-18所示（图为俯视图）。

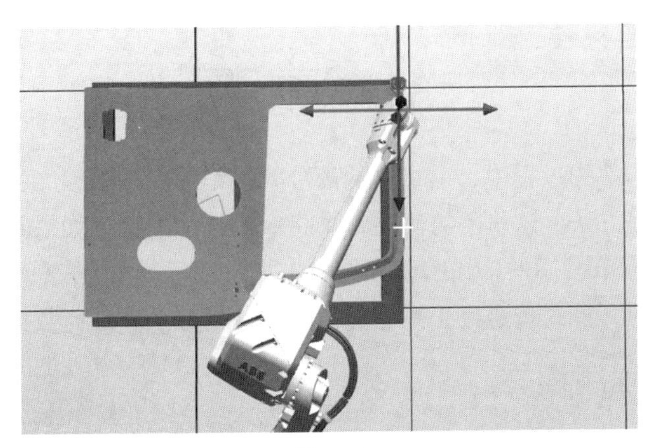

图 5-18

④修改用户点$Y1$的姿态，如图5-19所示（图为俯视图）。

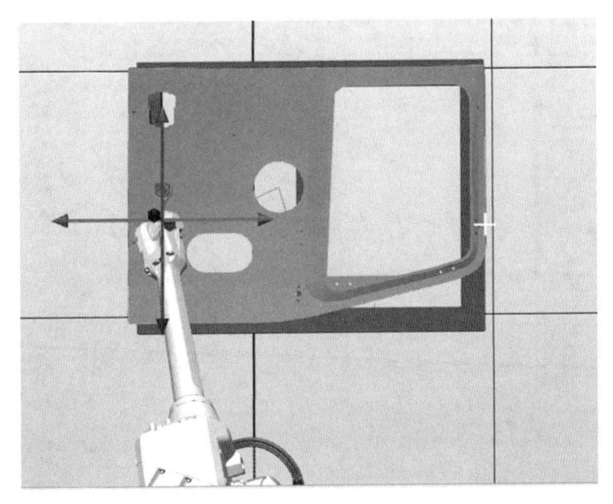

图 5-19

⑤点位示意图，如图5-20所示。

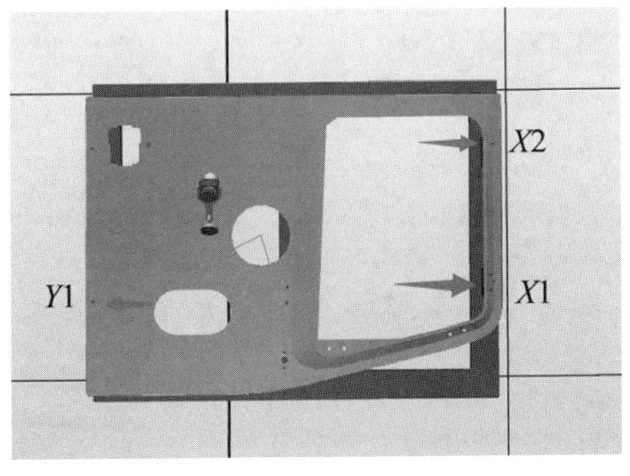

图 5-20

5.4　程序编写

在整个创建工作站的过程中，最重要的部分就是编写RAPID程序，那么接下来我们将学习绘图程序的编写方法。这里不再阐述每个指令的添加过程，如果不了解个别指令的使用方法可以参考4.2章节常用的RAPID编程指令。

在建立程序之前，首先选定好工具坐标系、工件坐标系和载荷数据。

5.4.1　U 形槽程序编写

①U形槽由两条直线和两个半圆组成，编程点位示意图如图5-21所示。图中的10即为PathU1_10，依此类推。

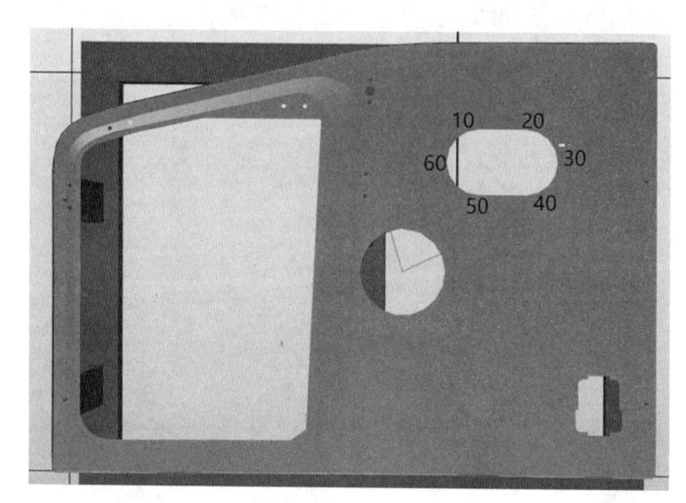

图 5-21

编写程序框架

子程序编写

②程序如下。

```
PROC PathU()
MoveJ Offs(PathU1_10,0,0,200), v200, z50, toolPath\WObj:=wobjPath;
MoveL PathU1_10, v200, fine, toolPath\WObj:=wobjPath;
Set doGunOn;
MoveL PathU1_20, v200, z1, toolPath\WObj:=wobjPath;
MoveC PathU1_30, PathU1_40, v200, z10, toolPath\WObj:=wobjPath;
MoveL PathU1_50, v200, z1, toolPath\WObj:=wobjPath;
MoveC PathU1_60, PathU1_10, v200, fine, toolPath\WObj:=wobjPath;
Reset doGunOn;
WaitTime 1;
MoveL Offs(PathU1_10,0,0,200), v200, z50, toolPath\WObj:=wobjPath;
ENDPROC
```

5.4.2　圆形槽程序编写

①圆形槽的编程思路有两种，第一种方法是先示教圆形的中心点，然后通过偏移指令将目标点偏移到圆形周围再进行程序编写，第二种方法是直接沿着圆形周围示教四个目标点，然后利用两个MoveC指令进行编程。本小节运用的是第一种方法，具体的点位示意如图5-22所示。

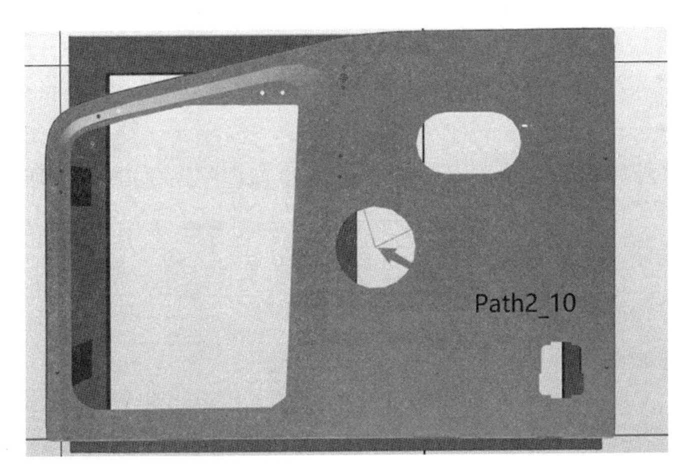

图 5-22

②程序如下。

```
    PROC PathYuan()
    MoveJ RelTool(PathY2_10,100,0,-200), v200, z20, toolPath\WObj:=wobjPath;
    MoveL RelTool(PathY2_10,100,0,0), v200, fine, toolPath\WObj:=wobjPath;
    Set doGunOn;
    MoveC RelTool(PathY2_10,0,-100,0), RelTool(PathY2_10,-100,0,0), v200, z1,
toolPath\WObj:=wobjPath;
    MoveC  RelTool(PathY2_10,0,100,0),  RelTool(PathY2_10,100,0,0),  v200,  z1,
toolPath\WObj:=wobjPath;
    Reset doGunOn;
    WaitTime 1;
    MoveL RelTool(PathY2_10,100,0,-200), v200, z20, toolPath\WObj:=wobjPath;
    ENDPROC
```

5.4.3　main 程序编写

主程序编写

①程序如下。

```
    PROC main()
    MoveJ pHome, v1000, fine, toolPath\WObj:=wobjPath;
```

```
PathU;
PathYuan;
MoveJ pHome, v1000, fine, toolPath\WObj:=wobjPath;
ENDPROC
```

5.5 启动仿真——工作站创建完成

在程序编写完成之后，首先要检查程序编写是否有问题，然后将程序同步到工作站中进行仿真操作。

①检查程序是否有问题。单击菜单栏中的“检查程序”，如图5-23所示。

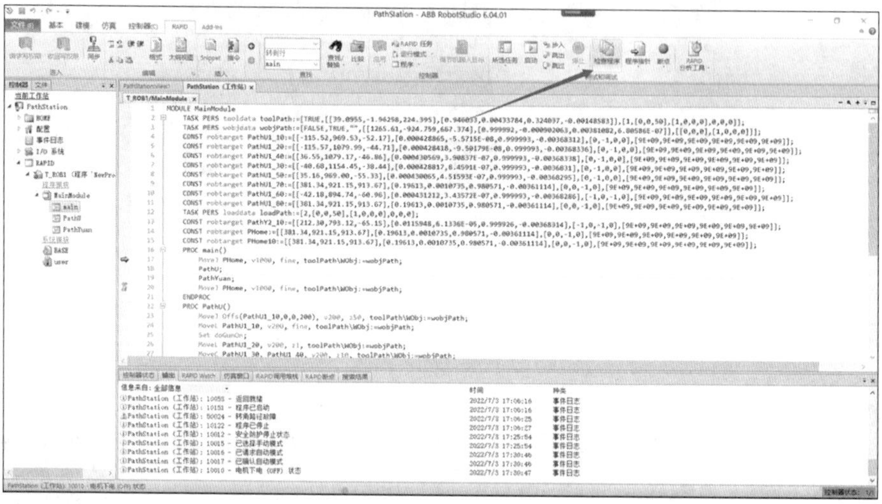

图 5-23

②看输出栏的输出信息，观察程序是否有错误，如图5-24所示。

图 5-24

③单击“播放”，机器人会按事先编写好的程序进行动作，如图5-25和图5-26所示。

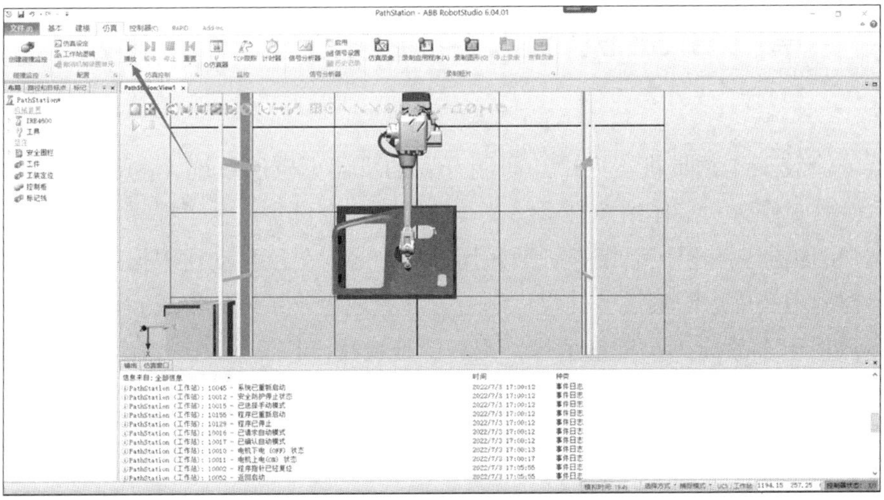

图 5-25

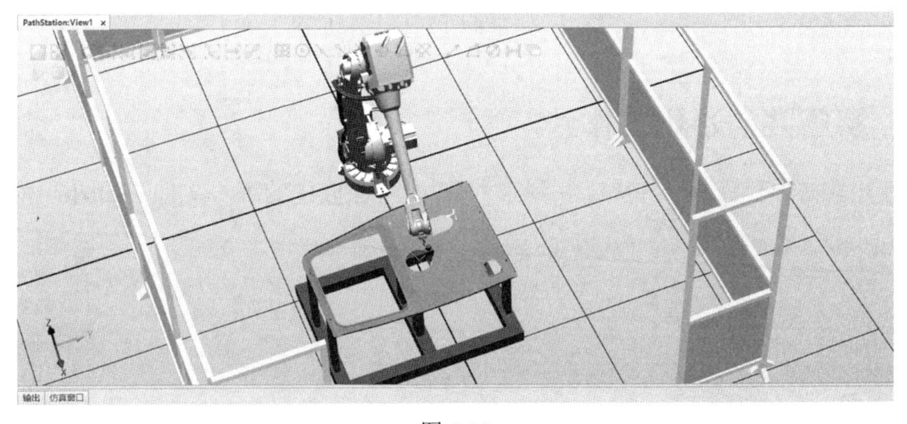

图 5-26

5.6　本章练习

1. 按照本章学习的步骤自行创建绘图工作站。

第 6 章　工业机器人编程实战二——车灯涂胶

机器人涂胶工作站是机器人中心研制开发的机器人应用系统，主要包括机器人、供胶系统、涂胶工作台、工作站控制系统及其他周边配套设备。为了提高系统的可靠性，涂胶工作站中的机器人和供胶系统，一般采用国外产品，久巨自动化根据用户的需求，进行工作台、控制柜及周边配套设备的设计制造，并完成涂胶系统的集成。该工作站的自动化程度高，适用于多品种、大批量生产，可广泛地应用于汽车风挡、汽车/摩托车车灯、建材门窗、太阳能光伏电池涂胶等行业。

那么本章将带领大家学习车灯涂胶工作站I/O配置、程序模板导入、坐标系的标定、示教目标点等步骤。

6.1　解压工作站

6.1.1　解压并初始化工作站

①打开教材配套资源文件夹，找到第六章_车灯涂胶中的练习文件，如图6-1所示。

电脑 › Data (D:) › 工作室 › 教材编写 › 教材配套 › 配套资源 › 第六章_车灯涂胶 › 练习文件

名称	修改日期	类型	大小
ST_LampshadeGlue.rspag	2022/7/10 14:46	RobotStudio 打...	15,063 KB

图 6-1

②对其进行解压，解压后的界面如图6-2所示。

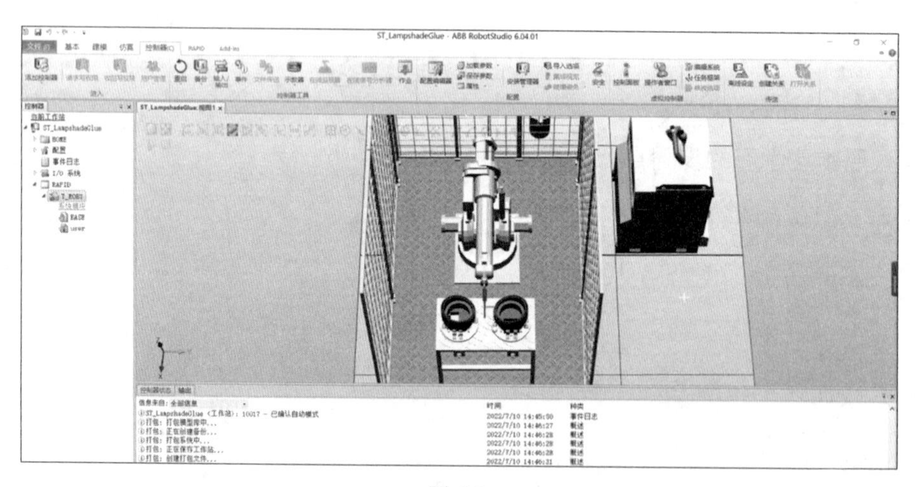

图 6-2

6.2　I/O 配置

IO 配置

在本工作站中需要创建一个DSQC651的通信板，并配置其相关参数，参数表如下。还需要配置以下信号：数字输出信号doGlue，用于控制胶枪涂胶。数字输入信号diGlueStartA，A工位涂胶启动信号。数字输入信号diGlueStartB，B工位涂胶启动信号。

DSQC651板的属性表如下：

Connected to Bus	Name	Address
DeviceNet1	board10	10

I/O信号的属性表如下：

Name	Type of Signal	Assigned to Device	Device Mapping
doGlue	Digital Output	Board10	32
diGlueStartA	Digital Input	Board10	0
diGlueStartB	Digital Input	Board10	1

1. DSQC651 板的属性配置如下。

①打开“控制面板”中的“配置”，选择“Unit”，并单击“显示全部”，如图6-3所示。

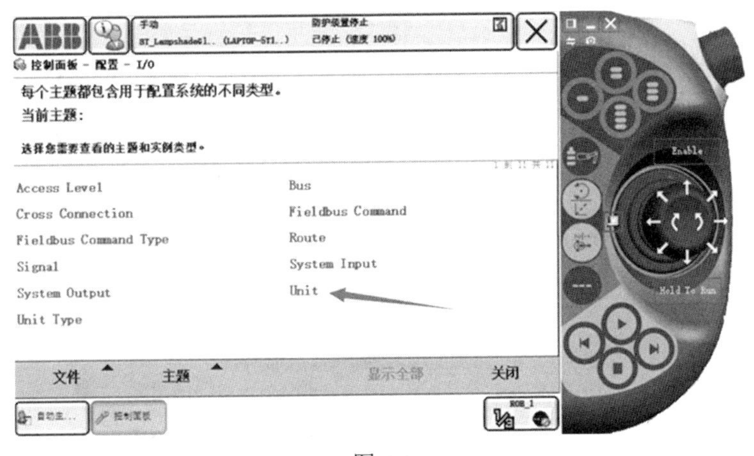

图 6-3

②单击“添加”，如图6-4所示。

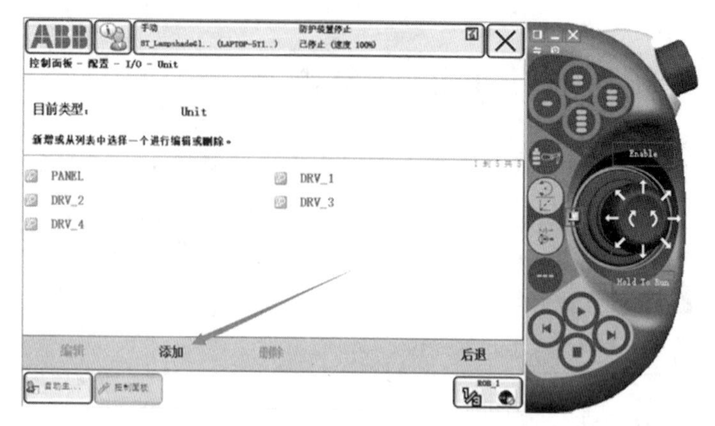

图 6-4

③配置参数如图6-5和图6-6所示。

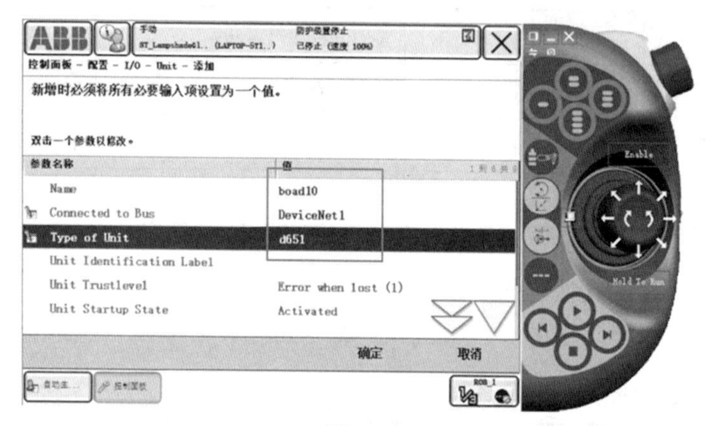

图 6-5

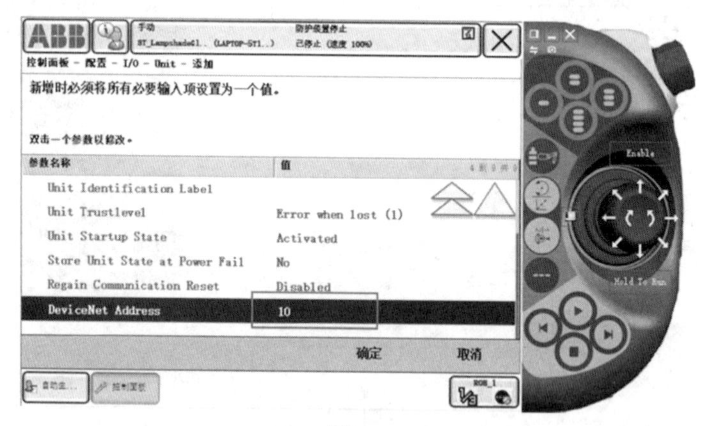

图 6-6

④单击“确定”，重启示教器。

2. doGlue 信号的配置如下。

①选择“Signal”，并单击“显示全部”，如图6-7所示。

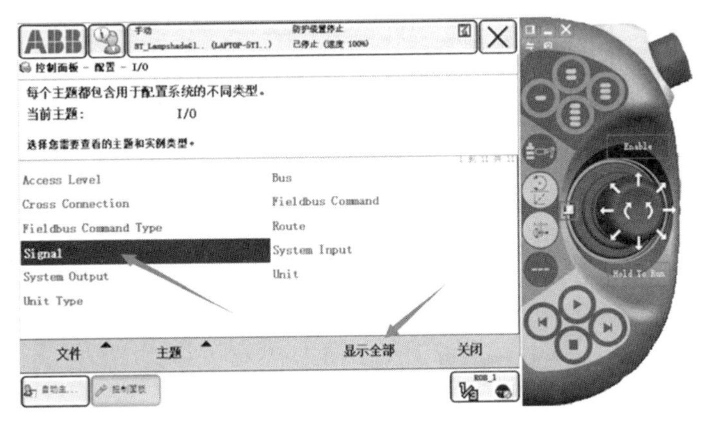

图 6-7

②单击“添加”，如图6-8所示。

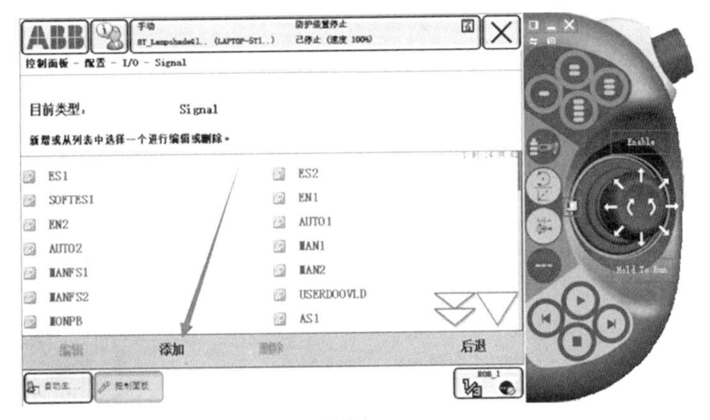

图 6-8

③doGlue信号参数配置如图6-9所示。

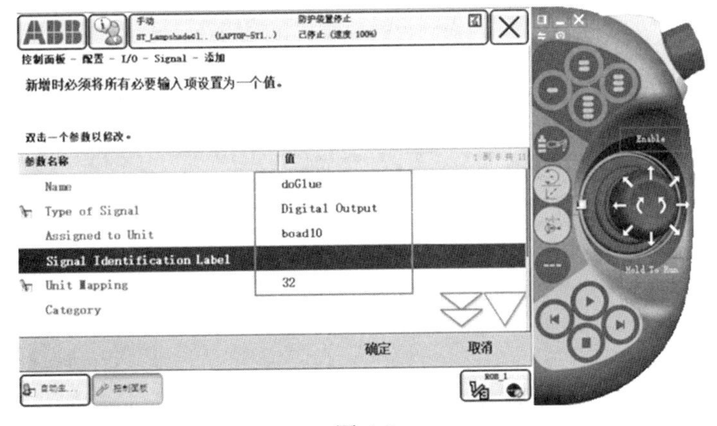

图 6-9

④单击“确定”，重启示教器。

3. diGlueStartA 信号的配置如下。

①选择“Signal”，并单击“显示全部”，如图6-10所示。

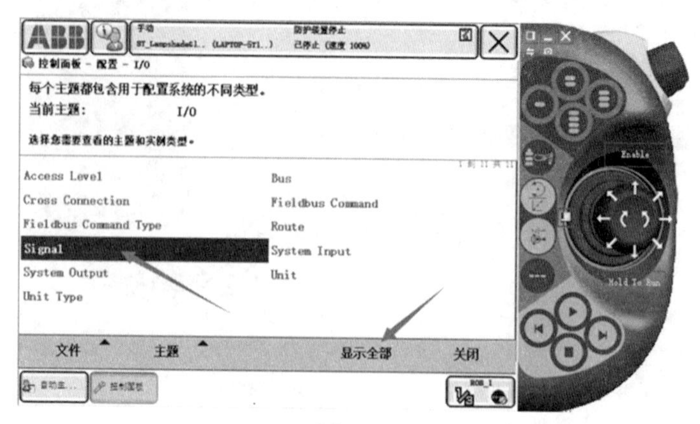

图 6-10

②单击“添加”，如图6-11所示。

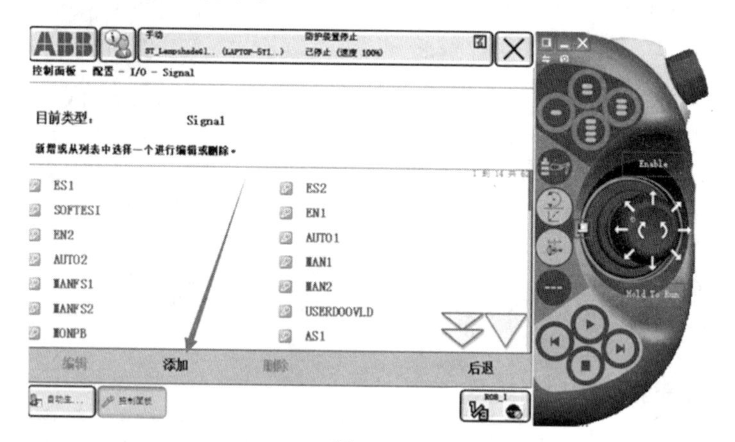

图 6-11

③diGlueStartA信号参数设置如图6-12所示。

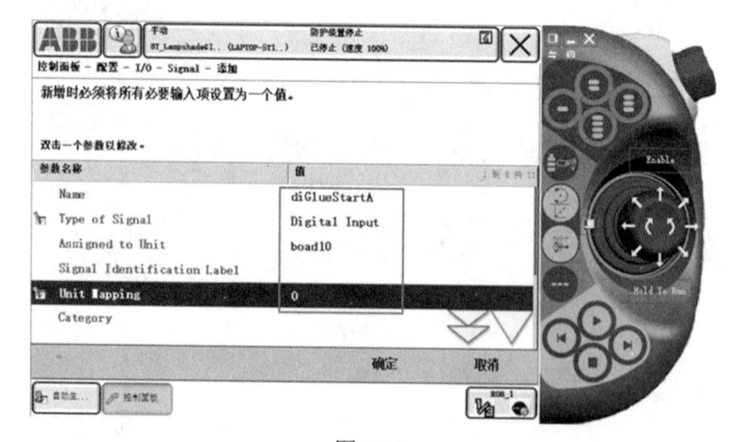

图 6-12

④单击“确定”，重启示教器。

4. diGlueStartA 信号的配置如下。

①选择“Signal”，并单击“显示全部”，如图6-13所示。

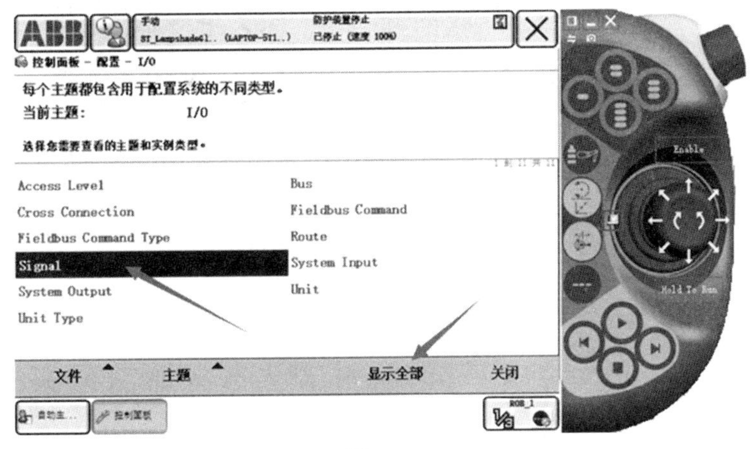

图 6-13

②单击“添加”，如图6-14所示。

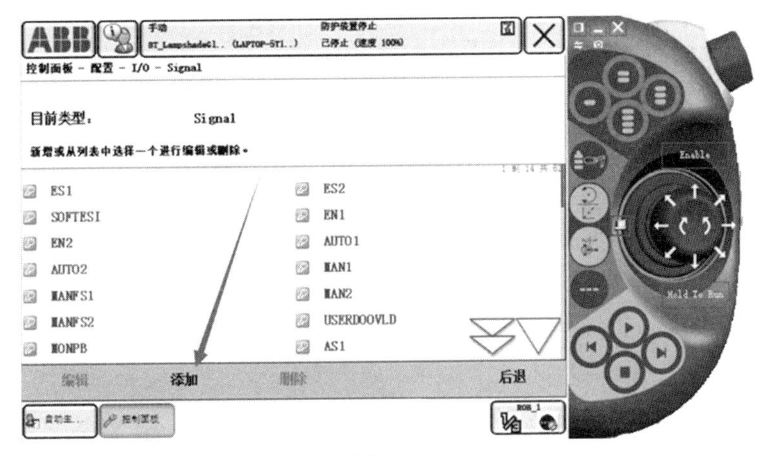

图 6-14

③diGlueStartB信号参数设置如图6-15所示。

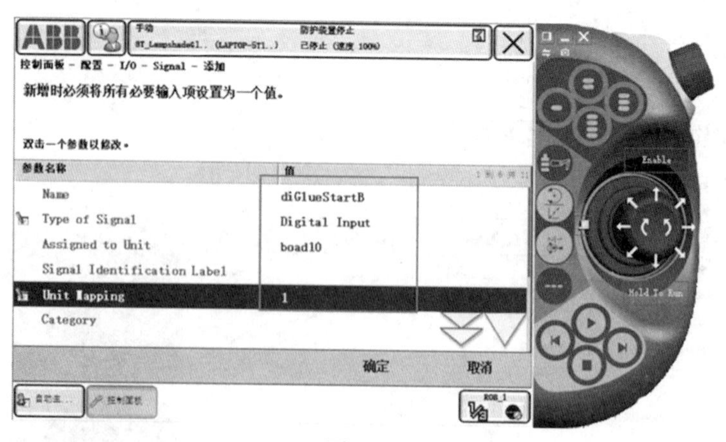

图 6-15

④单击“确定”，重启示教器。

6.3 程序模板导入

6.3.1 程序模板导入

①打开书籍配套资源中的第六章_车灯涂胶，可以看到车灯涂胶工作站的RAPID程序，如图6-16所示。

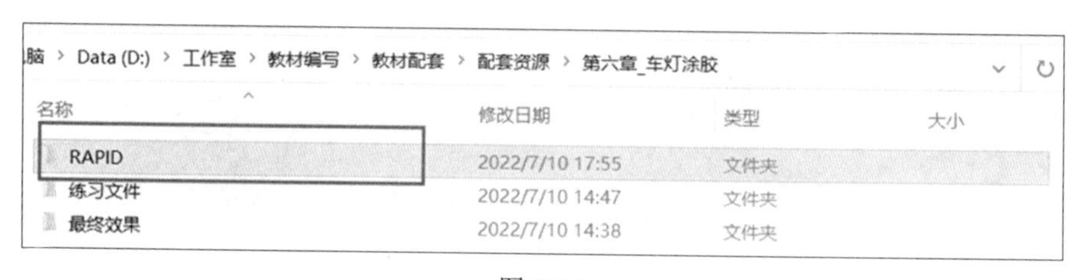

图 6-16

②打开示教器，单击“程序编辑器”，如图6-17所示。

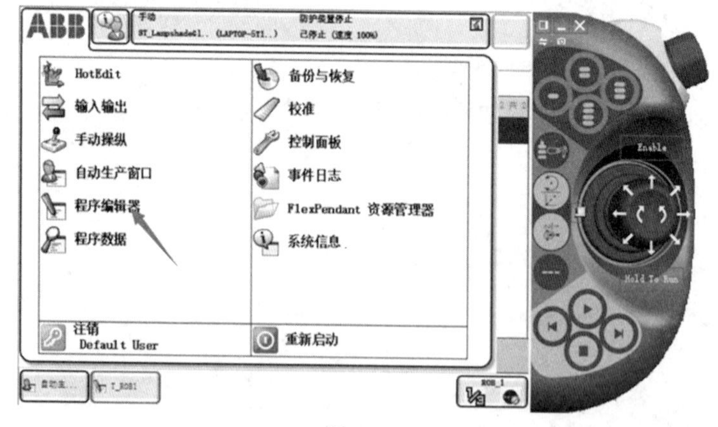

图 6-17

③选择“新建程序”，如图6-18所示。

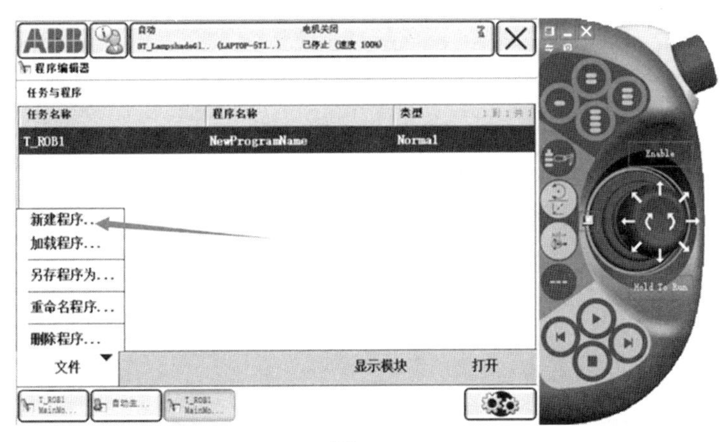

图 6-18

④新建之后的界面如图6-19所示。

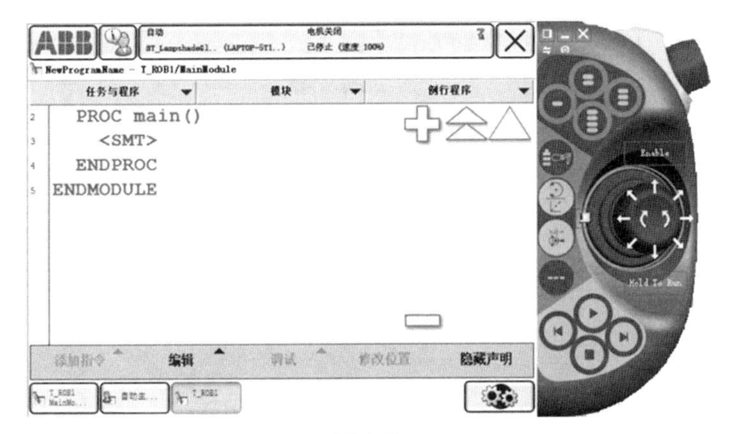

图 6-19

⑤选择“RAPID”选项卡，打开RAPID程序，如图6-20所示。

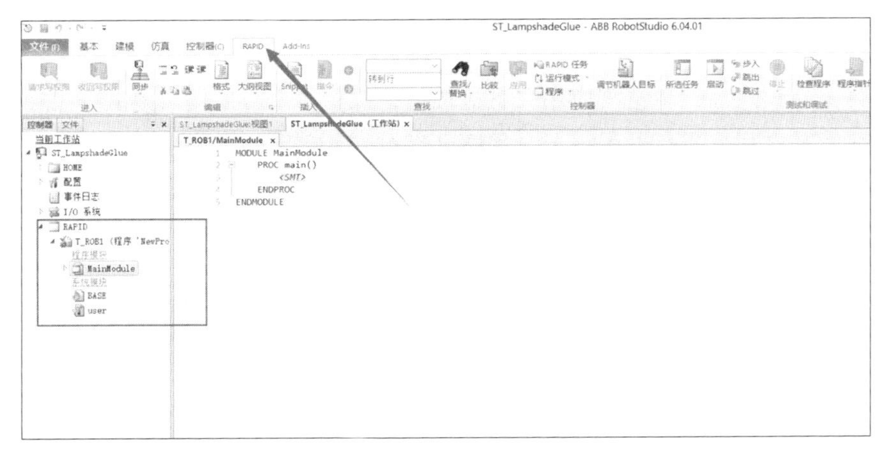

图 6-20

⑥将配套资源中的RAPID程序复制进来，如图6-21所示。

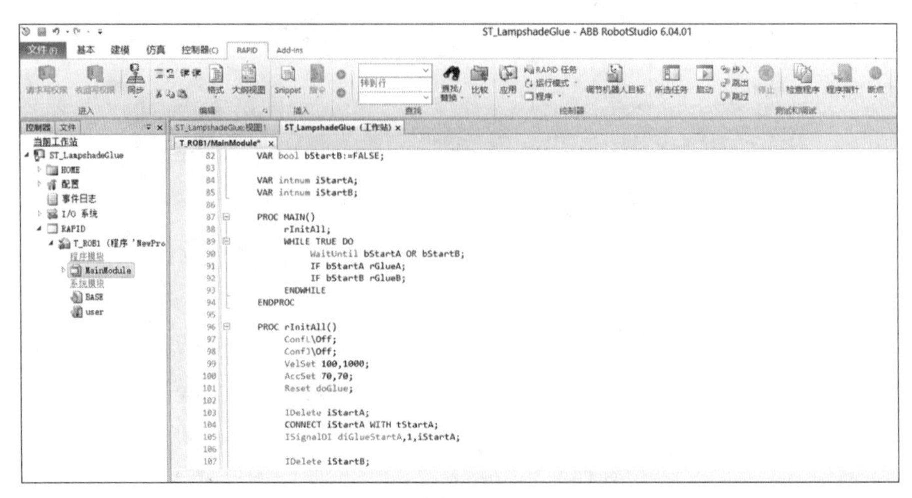

图 6-21

⑦单击“检查程序”，如图6-22所示。

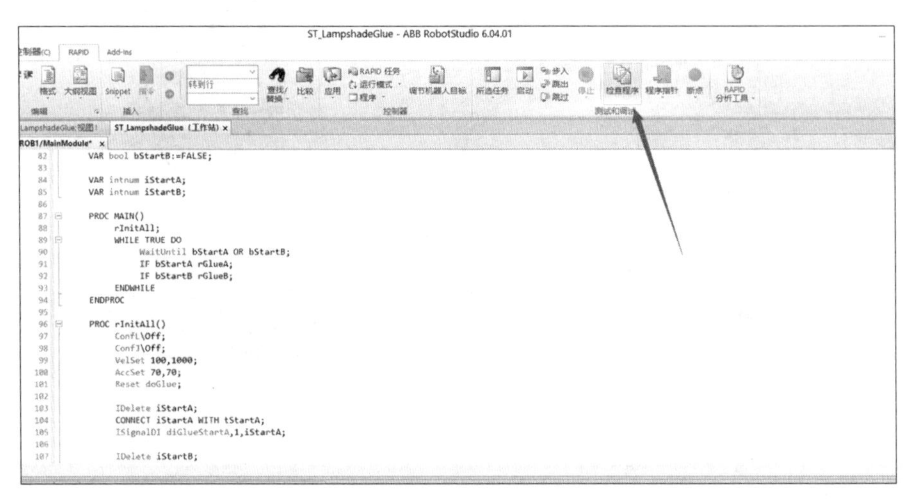

图 6-22

⑧编译无错误之后，单击“应用”下拉按钮，选择“全部应用”，如图6-23所示。

⑨应用完成之后，再打开示教器，程序已经被同步到示教器中了，如图6-24所示。

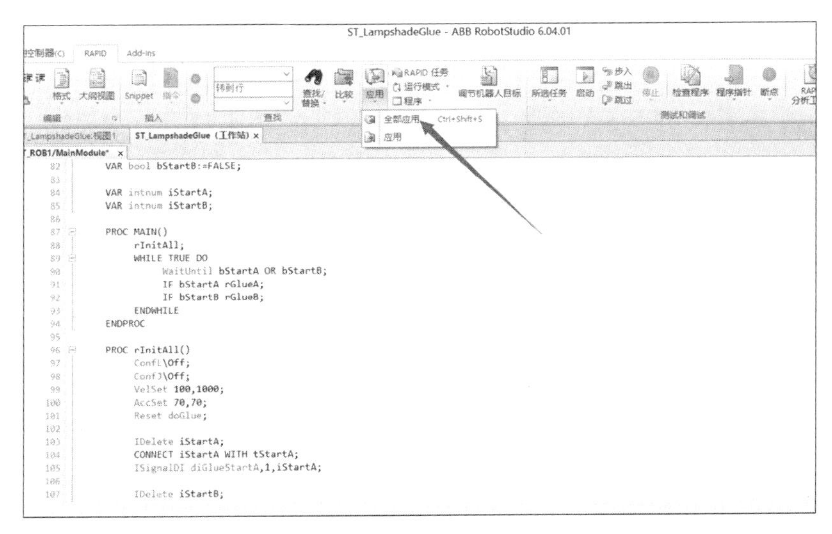

图 6-23

图 6-24

6.3.2　程序详解

1. 程序流程图，如图 6-25 所示。

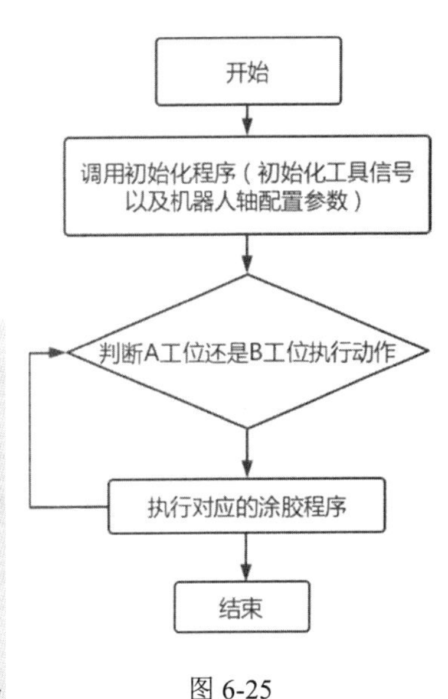

图 6-25

2. 程序各部分解析

```
MODULE MainMoudle
PERS tooldata tGlueGun:=[TRUE,[[29.009016128,3.458903415,158.396218485],[0.907705133,0,0.419608618,0]],[1,[1,0,1],[1,0,0,0],0,0,0]];! 定义工具数据tGipper
PERS wobjdata WobjA:=[FALSE,TRUE,"",[[878.227,249.446331652,605.279],[0.707106781,0,0,-0.707106781]],[[0,0,0],[1,0,0,0]]];! 定义A工位工件坐标系W
```

```
objB
    PERS wobjdata WobjB:=[FALSE,TRUE,"",[[878.226923827,-116.860006608,605.279],[0.707106781,0,0,-0.707106781]],[[0,0,0],[1,0,0,0]]];! 定义B工位工件坐标系WobjB
    PERS robtarget pHome:=[[1066.282763185,3.458903415,1048.179296194],[0.090460718,0,0.995900024,0],[0,0,0,0],[9E9,9E9,9E9,9E9,9E9,9E9]];! 定义机器人工作原位pHome
    PERS robtarget pApproachA:=[[96.771564087,179.769502505,321.608482349],[0.009003009,0.677937976,-0.718611731,-0.154648721],[0,-1,0,0],[9E9,9E9,9E9,9E9,9E9,9E9]];!定义A工位机器人涂胶起始时的接近位置，一般为涂胶起点上面的位置
    PERS robtarget pDepartureA:=[[96.771564087,179.769502505,321.608482349],[0.009003009,0.677937976,-0.718611731,-0.154648721],[0,-1,0,0],[9E9,9E9,9E9,9E9,9E9,9E9]];!定义A工位机器人涂胶结束时的离开位置，一般为涂胶终点上面的位置
    PERS robtarget pGlueA_10:=[[96.771564087,179.769502505,221.608482349],[0.009003009,0.677937976,-0.718611731,-0.154648721],[0,-1,0,0],[9E9,9E9,9E9,9E9,9E9,9E9]];
    PERS robtarget pGlueA_20:=[[86.3898128,181.554231569,224.43002231],[0.009003009,0.677937976,-0.718611731,-0.154648722],[0,-1,0,0],[9E9,9E9,9E9,9E9,9E9,9E9]];
    PERS robtarget pGlueA_30:=[[75.948511259,182.354208924,227.048204731],[0.00900301,0.677937976,-0.718611731,-0.154648722],[0,-1,0,0],[9E9,9E9,9E9,9E9,9E9,9E9]];
    PERS robtarget pGlueA_40:=[[34.451812951,175.752883648,235.295524759],[0.009003008,0.677937976,-0.718611731,-0.154648722],[0,-1,0,0],[9E9,9E9,9E9,9E9,9E9,9E9]];
    PERS robtarget pGlueA_50:=[[-9.287991429,147.096884409,239.20107587],[0.009003009,0.677937976,-0.718611731,-0.154648721],[0,-1,0,0],[9E9,9E9,9E9,9E9,9E9,9E9]];
    PERS robtarget pGlueA_60:=[[-9.308982828,147.074637269,239.20107587],[0.009003009,0.677937976,-0.718611731,-0.154648721],[0,-1,0,0],[9E9,9E9,9E9,9E9,9E9,9E9]];
    PERS robtarget pGlueA_70:=[[-35.378226941,101.745493322,235.295524756],[0.009003009,0.677937976,-0.718611731,-0.154648722],[0,-1,0,0],[9E9,9E9,9E9,9E9,9E9,9E9]];
    PERS robtarget pGlueA_80:=[[-39.560149164,59.935626156,227.048204736],[0.00900301,0.677937976,-0.718611731,-0.154648722],[0,-1,0,0],[9E9,9E9,9E9,9E9,9E9,9E9]];
```

```
PERS robtarget pGlueA_90:=[[-38.155555238,49.558350139,224.430022308],
[0.009003009,0.677937976,-0.718611731,-0.154648722],[0,-1,0,0],[9E9,9E9,9E
9,9E9,9E9,9E9]];
PERS robtarget pGlueA_100:=[[-35.771325397,39.297674447,221.608482347],
[0.009003009,0.677937976,-0.718611731,-0.154648721],[0,-1,0,0],[9E9,9E9,9E
9,9E9,9E9,9E9]];
PERS robtarget pGlueA_110:=[[-32.437576119,29.307831859,218.624658616],
[0.009003009,0.677937976,-0.718611731,-0.154648721],[0,-1,0,0],[9E9,9E9,9E
9,9E9,9E9,9E9]];
PERS robtarget pGlueA_120:=[[-28.183928394,19.676137875,215.504743863],
[0.009003009,0.677937976,-0.718611731,-0.154648722],[0,-1,0,0],[9E9,9E9,9E
9,9E9,9E9,9E9]];
PERS robtarget pGlueA_130:=[[-23.047951513,10.486705409,212.276082883],
[0.00900301,0.677937976,-0.718611731,-0.154648721],[0,-1,0,0],[9E9,9E9,9E9,
9E9,9E9,9E9]];
PERS robtarget pGlueA_140:=[[-17.074824049,1.819744068,208.966938614],
[0.009003009,0.677937976,-0.718611731,-0.15464872],[0,-1,0,0],[9E9,9E9,9E9,
9E9,9E9,9E9]];
PERS robtarget pGlueA_150:=[[-10.316937405,-6.249107083,205.606252239],
[0.009003009,0.677937976,-0.718611731,-0.154648721],[0,-1,0,0],[9E9,9E9,9E
9,9E9,9E9,9E9]];
PERS robtarget pGlueA_160:=[[-2.833444681,-13.649409198,202.22339871],
[0.009003009,0.677937976,-0.718611731,-0.154648721],[0,-1,0,0],[9E9,9E9,9E
9,9E9,9E9,9E9]];
PERS robtarget pGlueA_170:=[[5.31024211,-20.316511826,198.847939415],
[0.009003009,0.677937976,-0.718611731,-0.154648721],[0,-1,0,0],[9E9,9E9,9E
9,9E9,9E9,9E9]];
PERS robtarget pGlueA_180:=[[14.043003095,-26.192095634,195.509373565],
[0.009003009,0.677937976,-0.718611731,-0.154648722],[0,-1,0,0],[9E9,9E9,9E
9,9E9,9E9,9E9]];
PERS robtarget pGlueA_190:=[[23.203307556,-31.1782363,192.267081449],[0.
009003009,0.677937976,-0.718611731,-0.154648721],[0,-1,0,0],[9E9,9E9,9E9,9E
9,9E9,9E9]];
PERS robtarget pGlueA_200:=[[142.547986668,-17.871296753,167.294806441],
[0.009003008,0.677937976,-0.718611731,-0.154648721],[0,-1,0,0],[9E9,9E9,9E
9,9E9,9E9,9E9]];
```

```
PERS robtarget pGlueA_210:=[[181.943136819,95.592452583,183.117875303],
[0.009003009,0.677937976,-0.718611731,-0.154648721],[0,0,-1,0],[9E9,9E9,9E
9,9E9,9E9,9E9]];
PERS robtarget pGlueA_220:=[[179.100504518,105.659557033,186.003900351],
[0.009003009,0.677937976,-0.718611731,-0.154648721],[0,0,-1,0],[9E9,9E9,9E
9,9E9,9E9,9E9]];
PERS robtarget pGlueA_230:=[[175.302599369,115.481056385,189.059121091],
[0.009003009,0.677937976,-0.718611731,-0.154648721],[0,0,-1,0],[9E9,9E9,9E
9,9E9,9E9,9E9]];
PERS robtarget pGlueA_240:=[[170.602606693,124.901905818,192.236889998],
[0.00900301,0.677937976,-0.718611731,-0.154648722],[0,0,0,0],[9E9,9E9,9E9,9
E9,9E9,9E9]];
PERS robtarget pGlueA_250:=[[165.041946452,133.839858481,195.509373568],
[0.009003009,0.677937976,-0.718611731,-0.154648721],[0,0,0,0],[9E9,9E9,9E9,
9E9,9E9,9E9]];
PERS robtarget pGlueA_260:=[[158.66945667,142.216908888,198.847939417],
[0.009003009,0.677937976,-0.718611731,-0.154648722],[0,0,0,0],[9E9,9E9,9E9,
9E9,9E9,9E9]];
PERS robtarget pGlueA_270:=[[151.5409693,149.959941873,202.223398712],
[0.009003009,0.677937976,-0.718611731,-0.154648722],[0,0,0,0],[9E9,9E9,9E9,
9E9,9E9,9E9]];
PERS robtarget pGlueA_280:=[[143.718832842,157.001342018,205.606252236],
[0.00900301,0.677937976,-0.718611731,-0.154648721],[0,0,0,0],[9E9,9E9,9E9,9
E9,9E9,9E9]];
PERS robtarget pGlueA_290:=[[135.271385,163.279559575,208.966938617],[0.
009003009,0.677937976,-0.718611731,-0.154648722],[0,-1,0,0],[9E9,9E9,9E9,9E
9,9E9,9E9]];
PERS robtarget pGlueA_300:=[[126.27237886,168.739629091,212.276082882],
[0.009003009,0.677937976,-0.718611731,-0.154648722],[0,-1,0,0],[9E9,9E9,9E
9,9E9,9E9,9E9]];
PERS robtarget pGlueA_310:=[[116.800366562,173.333637208,215.504743859],
[0.00900301,0.677937976,-0.718611731,-0.154648721],[0,-1,0,0],[9E9,9E9,9E9,
9E9,9E9,9E9]];
PERS robtarget pGlueA_320:=[[106.938044474,177.021136492,218.624658624],
[0.009003008,0.677937976,-0.718611731,-0.154648722],[0,-1,0,0],[9E9,9E9,9E
9,9E9,9E9,9E9]];
```

```
PERS robtarget pApproachB:=[[28.971111381,173.858573204,318.591898341],
[0.154648721,-0.677937976,0.718611731,0.00900301],[-1,-1,0,0],[9E9,9E9,9E9,
9E9,9E9,9E9]];!定义B工位机器人涂胶开始时的接近位置，一般为涂胶起点上面位置
PERS robtarget pDepartureB:=[[28.971111381,173.858573204,318.591898341],
[0.154648721,-0.677937976,0.718611731,0.00900301],[-1,-1,0,0],[9E9,9E9,9E9,
9E9,9E9,9E9]];!定义B工位机器人涂胶结束离开位置，一般为涂胶终点上面的位置
PERS robtarget pGlueB_10:=[[28.971111381,173.858573204,218.591898341],
[0.154648721,-0.677937976,0.718611731,0.00900301],[-1,-1,0,0],[9E9,9E9,9E9,
9E9,9E9,9E9]];!定义涂胶位置点,同A工位
PERS robtarget pGlueB_20:=[[19.43910212,169.648949273,215.504273627],[0.
154648721,-0.677937976,0.718611731,0.009003009],[-1,-1,0,0],[9E9,9E9,9E9,9E
9,9E9,9E9]];
PERS robtarget pGlueB_30:=[[10.249669655,164.512972393,212.275612646],
[0.154648722,-0.677937976,0.718611731,0.009003009],[-1,-1,0,0],[9E9,9E9,9E
9,9E9,9E9,9E9]];
PERS robtarget pGlueB_40:=[[1.582708312,158.539844927,208.966468385],[0.
154648721,-0.677937976,0.718611731,0.00900301],[-1,-1,0,0],[9E9,9E9,9E9,9E
9,9E9,9E9]];
PERS robtarget pGlueB_50:=[[-6.486142837,151.781958283,205.605782005],
[0.154648721,-0.677937976,0.718611731,0.009003009],[-1,-1,0,0],[9E9,9E9,9E
9,9E9,9E9,9E9]];
PERS robtarget pGlueB_60:=[[-13.886444953,144.298465559,202.222928481],
[0.154648721,-0.677937976,0.718611731,0.00900301],[-1,-1,0,0],[9E9,9E9,9E9,
9E9,9E9,9E9]];
PERS robtarget pGlueB_70:=[[-20.553547581,136.154778768,198.847469186],
[0.154648721,-0.677937976,0.718611731,0.00900301],[-1,-1,0,0],[9E9,9E9,9E9,
9E9,9E9,9E9]];
PERS robtarget pGlueB_80:=[[-26.429131389,127.422017783,195.508903333],
[0.154648721,-0.677937976,0.718611731,0.009003009],[-1,-1,0,0],[9E9,9E9,9E
9,9E9,9E9,9E9]];
PERS robtarget pGlueB_90:=[[-31.761515684,117.625610717,192.041462532],
[0.154648722,-0.677937976,0.718611731,0.009003009],[-1,-1,0,0],[9E9,9E9,9E
9,9E9,9E9,9E9]];
PERS robtarget pGlueB_100:=[[-18.487945302,-1.366728496,167.144218395],
[0.154648722,-0.677937976,0.718611731,0.009003009],[-1,-1,0,0],[9E9,9E9,9E
9,9E9,9E9,9E9]];
```

```
PERS robtarget pGlueB_110:=[[94.659744776,-40.674551753,182.917970666],[0.154648721,-0.677937976,0.718611731,0.009003009],[-1,0,-1,0],[9E9,9E9,9E9,9E9,9E9,9E9]];
PERS robtarget pGlueB_120:=[[105.422521279,-37.63548364,186.003430117],[0.154648721,-0.677937976,0.718611731,0.009003009],[-1,0,-1,0],[9E9,9E9,9E9,9E9,9E9,9E9]];
PERS robtarget pGlueB_130:=[[115.244020631,-33.837578491,189.058650857],[0.154648721,-0.677937976,0.718611731,0.009003009],[-1,0,-1,0],[9E9,9E9,9E9,9E9,9E9,9E9]];
PERS robtarget pGlueB_140:=[[124.664870063,-29.137585815,192.236419769],[0.154648722,-0.677937976,0.718611731,0.009003009],[-1,0,-1,0],[9E9,9E9,9E9,9E9,9E9,9E9]];
PERS robtarget pGlueB_150:=[[133.602822728,-23.576925572,195.50890333],[0.154648721,-0.677937976,0.718611731,0.00900301],[-1,0,-1,0],[9E9,9E9,9E9,9E9,9E9,9E9]];
PERS robtarget pGlueB_160:=[[141.979873134,-17.204435791,198.847469178],[0.154648722,-0.677937976,0.718611731,0.00900301],[-1,0,-1,0],[9E9,9E9,9E9,9E9,9E9,9E9]];
PERS robtarget pGlueB_170:=[[149.722906118,-10.075948421,202.222928478],[0.154648721,-0.677937976,0.718611731,0.009003009],[-1,0,-1,0],[9E9,9E9,9E9,9E9,9E9,9E9]];
PERS robtarget pGlueB_180:=[[156.764306264,-2.253811965,205.605782002],[0.154648721,-0.677937976,0.718611731,0.00900301],[-1,0,-1,0],[9E9,9E9,9E9,9E9,9E9,9E9]];
PERS robtarget pGlueB_190:=[[163.042523821,6.193635879,208.966468382],[0.154648721,-0.677937976,0.718611731,0.009003009],[-1,0,-1,0],[9E9,9E9,9E9,9E9,9E9,9E9]];
PERS robtarget pGlueB_200:=[[168.502593337,15.192642018,212.275612648],[0.154648722,-0.677937976,0.718611731,0.009003009],[-1,0,-1,0],[9E9,9E9,9E9,9E9,9E9,9E9]];
PERS robtarget pGlueB_210:=[[173.096601453,24.664654316,215.504273629],[0.154648721,-0.677937976,0.718611731,0.009003009],[-1,0,-1,0],[9E9,9E9,9E9,9E9,9E9,9E9]];
PERS robtarget pGlueB_220:=[[176.784100738,34.526976406,218.624188383],[0.154648721,-0.677937976,0.718611731,0.009003009],[-1,0,-1,0],[9E9,9E9,9E9,9E9,9E9,9E9]];
```

```
PERS robtarget pGlueB_230:=[[179.532466752,44.693456792,221.608012113],
[0.154648722,-0.677937976,0.718611731,0.00900301],[-1,0,-1,0],[9E9,9E9,9E9,
9E9,9E9,9E9]];
PERS robtarget pGlueB_240:=[[181.317195814,55.075208079,224.429552076],
[0.154648722,-0.677937976,0.718611731,0.009003009],[-1,0,-1,0],[9E9,9E9,9E
9,9E9,9E9,9E9]];
PERS robtarget pGlueB_250:=[[182.135325864,65.753438521,227.10714501],
[0.154648721,-0.677937976,0.718611731,0.009003009],[-1,0,-1,0],[9E9,9E9,9E
9,9E9,9E9,9E9]];
PERS robtarget pGlueB_260:=[[175.551064036,107.083959499,235.319369936],
[0.154648721,-0.677937976,0.718611731,0.009003009],[-1,0,-1,0],[9E9,9E9,9E
9,9E9,9E9,9E9]];
PERS robtarget pGlueB_270:=[[145.215396326,149.032470775,238.435417178],
[0.154648721,-0.677937976,0.718611731,0.009003008],[-1,0,-1,0],[9E9,9E9,9E
9,9E9,9E9,9E9]];
PERS robtarget pGlueB_280:=[[145.215396326,149.032470775,238.435417178],
[0.154648721,-0.677937976,0.718611731,0.009003008],[-1,0,-1,0],[9E9,9E9,9E
9,9E9,9E9,9E9]];
PERS robtarget pGlueB_290:=[[101.577046105,176.8825107,235.31936994],[0.
154648722,-0.677937976,0.718611731,0.009003009],[-1,0,-1,0],[9E9,9E9,9E9,9E
9,9E9,9E9]];
PERS robtarget pGlueB_300:=[[59.934066467,181.057042401,227.107145012],
[0.154648721,-0.677937976,0.718611731,0.00900301],[-1,-1,-1,0],[9E9,9E9,9E
9,9E9,9E9,9E9]];
PERS robtarget pGlueB_310:=[[49.321314385,179.620576117,224.429552074],
[0.154648722,-0.677937976,0.718611731,0.009003009],[-1,-1,0,0],[9E9,9E9,9E
9,9E9,9E9,9E9]];
PERS robtarget pGlueB_320:=[[39.168377536,177.261381095,221.637638766],
[0.154648722,-0.677937976,0.718611731,0.009003009],[-1,-1,0,0],[9E9,9E9,9E
9,9E9,9E9,9E9]];
PERS speeddata vMinSpeed:=[50,50,1000,5000];
PERS speeddata vMidSpeed:=[100,100,1000,5000];
PERS speeddata vMaxSpeed:=[500,250,1000,5000];
    !定义不同的速度数据，便于在程序中针对不同的动作过程采用合适的速度数据
    VAR bool bStartA:=FALSE;!定义 A 工位启动标识，为 TRUE 时即允许机器人执行 A 工
位涂胶任务
```

```
        VAR bool bStartB:=FALSE;!定义 B 工位启动标识，为 TRUE 时即允许机器人执行 B 工
位涂胶任务
        VAR intnum iStartA;!定义 A 工位中断数据
        VAR intnum iStartB;!定义 B 工位中断数据
        PROC MAIN()!主程序
            rInitAll;!调用初始化程序
            WHILE TRUE DO!利用 WHILE TRUE DO 循环将机器人实际程序任务与初始化程序隔
离开
                WaitUntil bStartA OR bStartB;!等条件满足，直至 A 工位或者 B 工位有
任意一个工位允许执行涂胶任务为止
                IF bStartA rGlueA;!如果 A 工位满足条件，则调用 A 工位涂胶程序；此处为
IF 的简化写法，当只有一个判断条件、一个执行指令时，可省去原有的结构，简化成上述写法
                IF bStartB rGlueB;!如果 B 工位满足条件，则调用 B 工位涂胶程序
            ENDWHILE
        ENDPROC
        PROC rInitAll()!初始化程序
            ConfL\Off;
            ConfJ\Off;关闭机器人 L、J 类型运动的轴配置监控
            VelSet 100,1000;!设置机器人速度限制，百分之百，最高限度 1000mm/s
            AccSet 70,70;!设置机器人加速度，70%最大加速度值，70%坡度值，使机器人的启
动和停止较为平缓
            Reset doGlue;!复位胶枪涂胶信号
            IDelete iStartA;!首先断开中断数据 iStartA 的所有绑定
            CONNECT iStartA WITH tStartA;!将中断数据与中断程序进行绑定
            ISignalDI  diGlueStartA,1,iStartA;! 定义中断触发条件，即当
diGlueStartA 置 1 时，触发中断程序 iStartA
            IDelete iStartB;
            CONNECT iStartB WITH tStartB;
            ISignalDI diGlueStartB,1,iStartB;!同上
            MoveJ pHome,v500,fine,tGlueGun\WObj:=wobj0;!机器人位置复位，移动至工
作原位 pHome
        ENDPROC
        PROC rGlueA()!A 工位涂胶程序
            TPErase;!清屏
            TPWrite "Station A is in process!";!写屏，提示当前机器人执行的是 A 工
位涂胶任务
```

```
        MoveJ pApproachA,vMidSpeed,z10,tGlueGun\WObj:=WobjA;!快速移动至 A
工位涂胶起始接近位置
        MoveL pGlueA_10,vMinSpeed,fine,tGlueGun\WObj:=WobjA;!移动至涂胶起
始位置
        Set doGlue;!置位涂胶信号，开始涂胶
        MoveL pGlueA_20,vMinSpeed,z5,tGlueGun\WObj:=WobjA;!涂胶轨迹，线性
运动至点 20
        MoveL pGlueA_30,vMinSpeed,z5,tGlueGun\WObj:=WobjA;!涂胶轨迹，线性
运动至点 30
        MoveC  pGlueA_40,pGlueA_50,vMinSpeed,z5,tGlueGun\WObj:=WobjA;! 涂
胶轨迹，当遇到弧线轨迹时，使用圆弧指令 MoveC;下同
        MoveL pGlueA_60,vMinSpeed,z5,tGlueGun\WObj:=WobjA;
        MoveC pGlueA_70,pGlueA_80,vMinSpeed,z5,tGlueGun\WObj:=WobjA;
        MoveL pGlueA_90,vMinSpeed,z5,tGlueGun\WObj:=WobjA;
        MoveL pGlueA_100,vMinSpeed,z5,tGlueGun\WObj:=WobjA;
        MoveL pGlueA_110,vMinSpeed,z5,tGlueGun\WObj:=WobjA;
        MoveL pGlueA_120,vMinSpeed,z5,tGlueGun\WObj:=WobjA;
        MoveL pGlueA_130,vMinSpeed,z5,tGlueGun\WObj:=WobjA;
        MoveL pGlueA_140,vMinSpeed,z5,tGlueGun\WObj:=WobjA;
        MoveL pGlueA_150,vMinSpeed,z5,tGlueGun\WObj:=WobjA;
        MoveL pGlueA_160,vMinSpeed,z5,tGlueGun\WObj:=WobjA;
        MoveL pGlueA_170,vMinSpeed,z5,tGlueGun\WObj:=WobjA;
        MoveL pGlueA_180,vMinSpeed,z5,tGlueGun\WObj:=WobjA;
        MoveL pGlueA_190,vMinSpeed,z5,tGlueGun\WObj:=WobjA;
        MoveC pGlueA_200,pGlueA_210,vMinSpeed,z5,tGlueGun\WObj:=WobjA;
        MoveL pGlueA_220,vMinSpeed,z5,tGlueGun\WObj:=WobjA;
        MoveL pGlueA_230,vMinSpeed,z5,tGlueGun\WObj:=WobjA;
        MoveL pGlueA_240,vMinSpeed,z5,tGlueGun\WObj:=WobjA;
        MoveL pGlueA_250,vMinSpeed,z5,tGlueGun\WObj:=WobjA;
        MoveL pGlueA_260,vMinSpeed,z5,tGlueGun\WObj:=WobjA;
        MoveL pGlueA_270,vMinSpeed,z5,tGlueGun\WObj:=WobjA;
        MoveL pGlueA_280,vMinSpeed,z5,tGlueGun\WObj:=WobjA;
        MoveL pGlueA_290,vMinSpeed,z5,tGlueGun\WObj:=WobjA;
        MoveL pGlueA_300,vMinSpeed,z5,tGlueGun\WObj:=WobjA;
        MoveL pGlueA_310,vMinSpeed,z5,tGlueGun\WObj:=WobjA;
        MoveL pGlueA_320,vMinSpeed,z5,tGlueGun\WObj:=WobjA;!涂胶轨迹，线性
运动至点 320
```

```
        MoveL pGlueA_10,vMinSpeed,fine,tGlueGun\WObj:=WobjA;!涂胶轨迹，线性运动至终点，此案例中的轨迹为闭合曲线，则起始点和终点均为10点
        Reset doGlue;!复位胶枪信号，停止涂胶
        MoveL pDepartureA,vMidSpeed,z10,tGlueGun\WObj:=WobjA;!涂胶结束，移动至离开位置
        MoveJ pHome,v500,fine,tGlueGun\WObj:=wobj0;!快速移动至工作原位
        bStartA:=FALSE;!A工位涂胶结束，将标志位置为FALSE
    ENDPROC
    PROC rGlueB()!B工位涂胶程序
                        !程序注释可参考A工位程序
        TPErase;
        TPWrite "Station B is in process!";
        MoveJ pApproachB,vMidSpeed,z10,tGlueGun\WObj:=WobjB;
        MoveL pGlueB_10,vMinSpeed,fine,tGlueGun\WObj:=WobjB;
        Set doGlue;
        MoveL pGlueB_20,vMinSpeed,z5,tGlueGun\WObj:=WobjB;
        MoveL pGlueB_30,vMinSpeed,z5,tGlueGun\WObj:=WobjB;
        MoveL pGlueB_40,vMinSpeed,z5,tGlueGun\WObj:=WobjB;
        MoveL pGlueB_50,vMinSpeed,z5,tGlueGun\WObj:=WobjB;
        MoveL pGlueB_60,vMinSpeed,z5,tGlueGun\WObj:=WobjB;
        MoveL pGlueB_70,vMinSpeed,z5,tGlueGun\WObj:=WobjB;
        MoveL pGlueB_80,vMinSpeed,z5,tGlueGun\WObj:=WobjB;
        MoveL pGlueB_90,vMinSpeed,z5,tGlueGun\WObj:=WobjB;
        MoveC pGlueB_100,pGlueB_110,vMinSpeed,z5,tGlueGun\WObj:=WobjB;
        MoveL pGlueB_120,vMinSpeed,z5,tGlueGun\WObj:=WobjB;
        MoveL pGlueB_130,vMinSpeed,z5,tGlueGun\WObj:=WobjB;
        MoveL pGlueB_140,vMinSpeed,z5,tGlueGun\WObj:=WobjB;
        MoveL pGlueB_150,vMinSpeed,z5,tGlueGun\WObj:=WobjB;
        MoveL pGlueB_160,vMinSpeed,z5,tGlueGun\WObj:=WobjB;
        MoveL pGlueB_170,vMinSpeed,z5,tGlueGun\WObj:=WobjB;
        MoveL pGlueB_180,vMinSpeed,z5,tGlueGun\WObj:=WobjB;
        MoveL pGlueB_190,vMinSpeed,z5,tGlueGun\WObj:=WobjB;
        MoveL pGlueB_200,vMinSpeed,z5,tGlueGun\WObj:=WobjB;
        MoveL pGlueB_210,vMinSpeed,z5,tGlueGun\WObj:=WobjB;
        MoveL pGlueB_220,vMinSpeed,z5,tGlueGun\WObj:=WobjB;
        MoveL pGlueB_230,vMinSpeed,z5,tGlueGun\WObj:=WobjB;
        MoveL pGlueB_240,vMinSpeed,z5,tGlueGun\WObj:=WobjB;
```

```
        MoveL pGlueB_250,vMinSpeed,z5,tGlueGun\WObj:=WobjB;
        MoveC pGlueB_260,pGlueB_270,vMinSpeed,z5,tGlueGun\WObj:=WobjB;
        MoveL pGlueB_280,vMinSpeed,z5,tGlueGun\WObj:=WobjB;
        MoveC pGlueB_290,pGlueB_300,vMinSpeed,z5,tGlueGun\WObj:=WobjB;
        MoveL pGlueB_310,vMinSpeed,z5,tGlueGun\WObj:=WobjB;
        MoveL pGlueB_320,vMinSpeed,z5,tGlueGun\WObj:=WobjB;
        MoveL pGlueB_10,vMinSpeed,fine,tGlueGun\WObj:=WobjB;
        Reset doGlue;
        MoveL pDepartureB,vMidSpeed,z10,tGlueGun\WObj:=WobjB;
        MoveJ pHome,v500,fine,tGlueGun\WObj:=wobj0;
        bStartB:=FALSE;
    ENDPROC
    TRAP tStartA!A 工位中断程序
        bStartA:=TRUE;!将 A 工位标志位置为 TRUE
        TPErase;
        TPWrite "Station A is activated";!清屏，写屏显示当前 A 工位已处于激活
状态
    ENDTRAP
    TRAP tStartB!B 工位中断程序
        bStartB:=TRUE;
        TPErase;!清屏，写屏显示当前 B 工位已处于激活状态
        TPWrite "Station B is activated";
    ENDTRAP!在该工作站中，有 A、B 两个工位，当各自在对应的工位更换工件后，则需要按下
对应工位的涂胶启动按钮，通过信号的变化从而对应执行中断程序里面的内容，其实是起到了记录工位
状态的作用，从而使机器人根据当前工位状态执行对应的任务，当对应工位的涂胶任务结束之后，将此
工位标志位置为 FALSE，则等待下一轮工件更换之后的涂胶启动信号
ENDMODULE
```

6.4　坐标系的标定

在本书配套的车灯涂胶工作站内，对应的工具坐标系和工件坐标系已经创建完毕，下面为大家讲解具体的创建过程。

6.4.1　工具坐标系的标定

工具坐标系的标定 2

该工作站中的校准针如图6-26所示。工具质量设置为1kg。下面我们来共同学习一下如何创建工具坐标系tGlueGun。

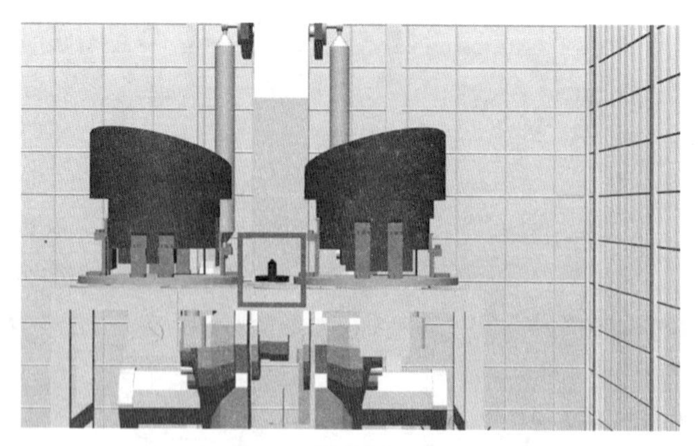

图 6-26

①打开示教器中的“手动操纵”，选择工具坐标系，单击“新建”，如图6-27所示。

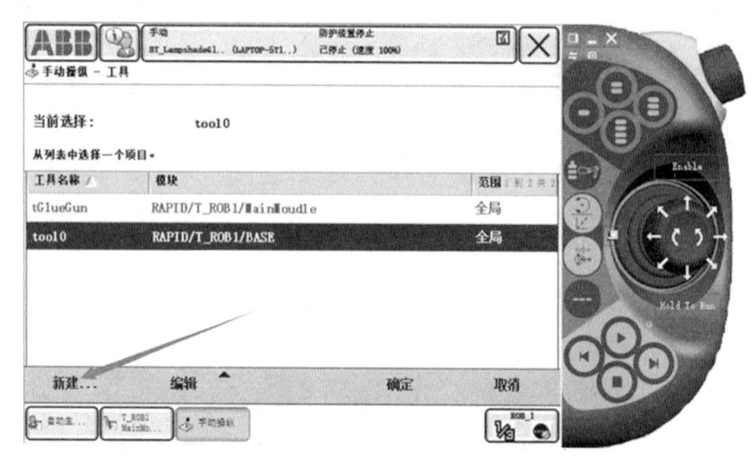

图 6-27

②工具坐标系初始化如图6-28所示。

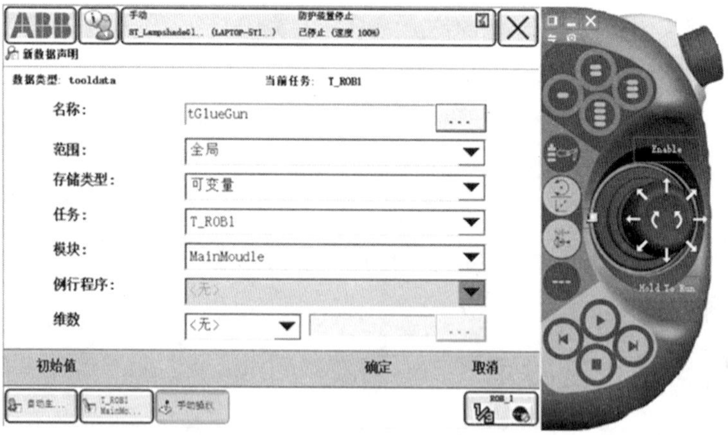

图 6-28

③选择刚刚建好的“tGlueGun”坐标系，选择“定义”，如图6-29所示。

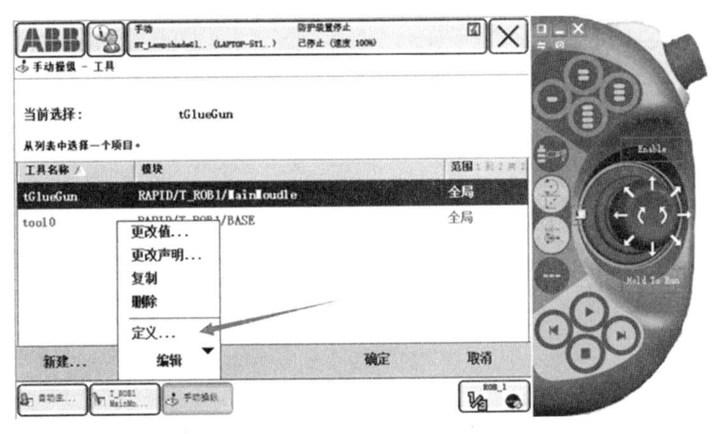

图 6-29

④方法设置如图6-30所示。具体每个位置的姿态请参考4.1.2章节，在此不再赘述。

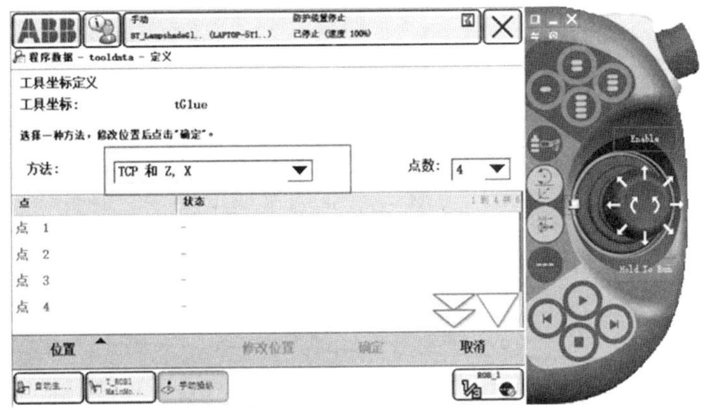

图 6-30

⑤在本工作站中，工具坐标系已经为大家创建好了，上述是工具坐标系的创建过程，也可以参考4.1.2章节。

⑥单击刚创建好的坐标系，选择“更改值”，如图6-31所示。

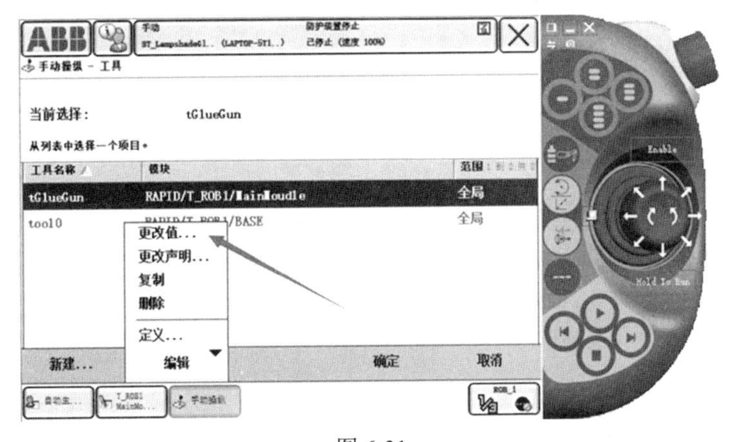

图 6-31

⑦将mass值更改为1，如图6-32所示。

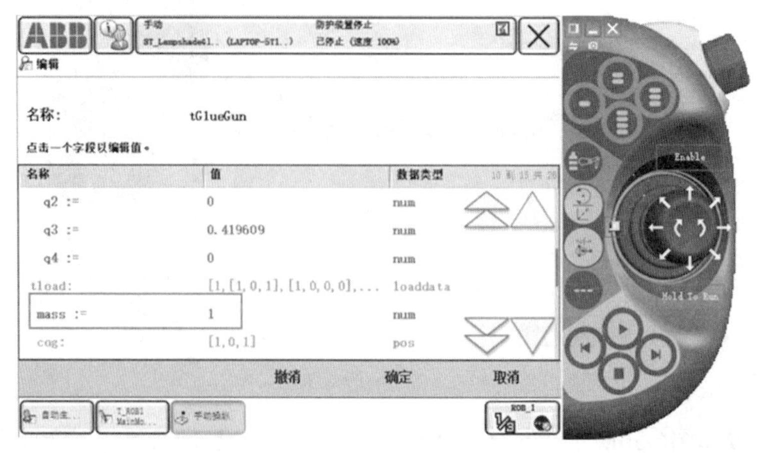

图 6-32

6.4.2　工件坐标系的标定

工件坐标系的标定 2

在本工作站中，需要创建两个工件坐标系：WobjA和WobjB，如图6-33和图6-34所示。按照示意图中的X、Y、Z的方向创建工件坐标系。工件坐标系的创建方法，大家可以参考4.1.3章节。

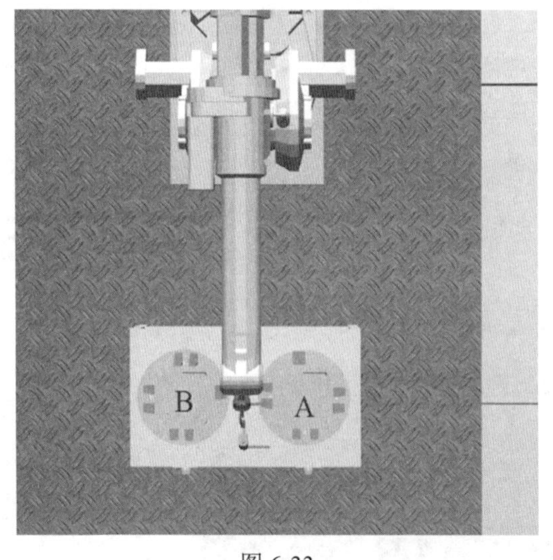

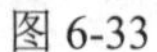

图 6-33

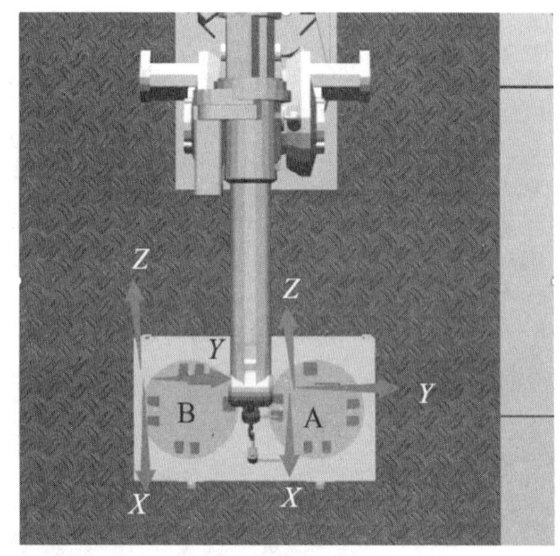

图 6-34

创建结果如图6-35所示，本工作站中已经创建好了对应的工件坐标系。

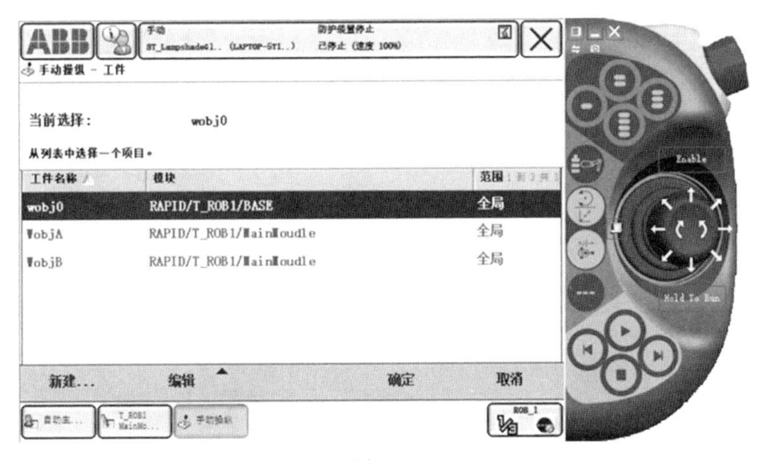

图 6-35

6.5 示教目标点

需要注意的是：在示教目标点时，手动操纵画面当前所使用的工具和工件坐标要与里面的参考工具和工件坐标系保持一致，否则会出现“错误的活动工件”等警告。在示教A工位目标点时，统一使用工具坐标系“tGlueGun”和工件坐标系“WobjA”；在示教B工位目标点时，统一使用工具坐标系“tGlueGun”和工件坐标系“WobjB”；在示教pHome点时，统一使用工具坐标系“tGlueGun"、工件坐标系“Wobj0”。下面演示示教目标点的步骤。

示教目标点 1

①打开示教器，选择“程序数据”，如图6-36所示。

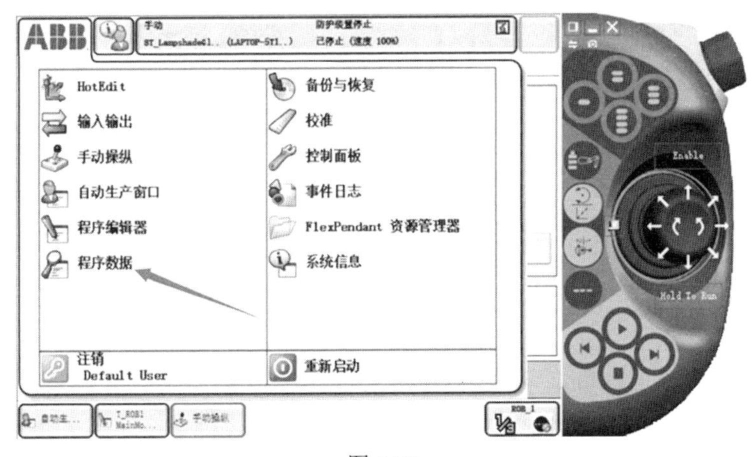

图 6-36

②单击“robtarget”，并单击“显示数据”，如图6-37所示。

ABB
手动
ST_Lampshade61.. (LAPTOP-5T1..)
防护装置停止
已停止 (速度 100%)
程序数据 - 已用数据类型
从列表中选择一个数据类型。
范围: RAPID/T_ROB1
更改范围
bool
clock
intnum
loaddata
num
robtarget
speeddata
tooldata
wobjdata
显示数据
视图
Enable
Hold To Run
ROB_1

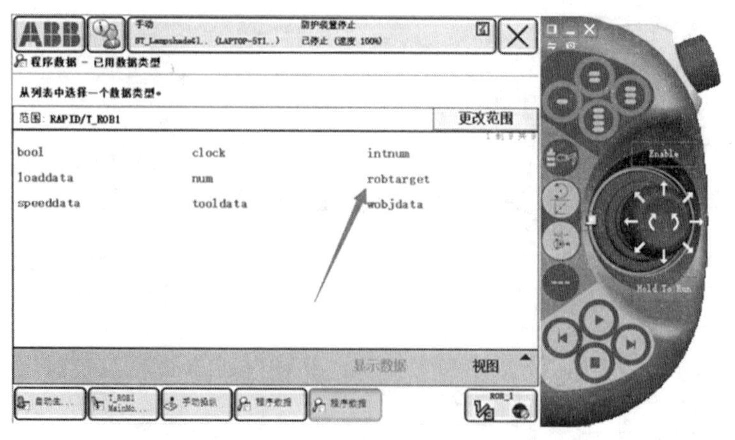

图 6-37

③使用工具坐标系“tGlueGun”和工件坐标系“WobjA”，选择“pApproachA”,使该点处于被选中的状态。该点是工件A涂胶的起始点，如图6-38所示。

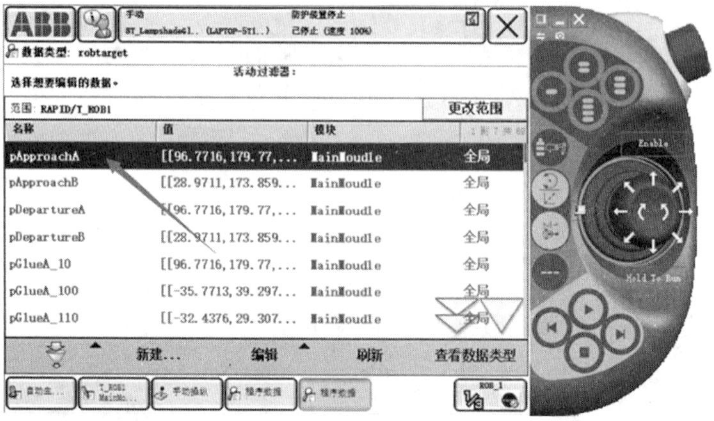

ABB
手动
ST_Lampshade61.. (LAPTOP-5T1..)
防护装置停止
已停止 (速度 100%)
数据类型: robtarget
活动过滤器:
选择想要编辑的数据。
范围: RAPID/T_ROB1
更改范围
名称
值
模块
pApproachA
[[96.7716, 179.77,...
MainMoudle
全局
pApproachB
[[28.9711, 173.859...
MainMoudle
全局
pDepartureA
[[96.7716, 179.77,...
MainMoudle
全局
pDepartureB
[[28.9711, 173.859...
MainMoudle
全局
pGlueA_10
[[96.7716, 179.77,...
MainMoudle
全局
pGlueA_100
[[-35.7713, 39.297...
MainMoudle
全局
pGlueA_110
[[-32.4376, 29.307...
MainMoudle
全局
新建...
编辑
刷新
查看数据类型
Enable
Hold To Run
ROB_1

图 6-38

④调节机器人的位姿如图6-39和图6-40所示。

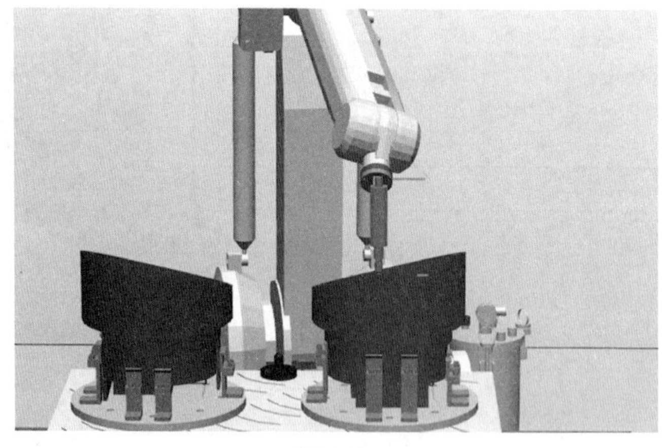

图 6-39

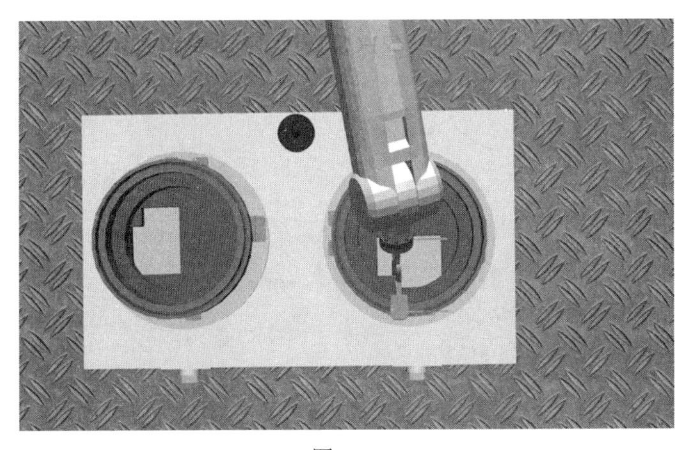

图 6-40

⑤选择“修改位置”，如图6-41所示。

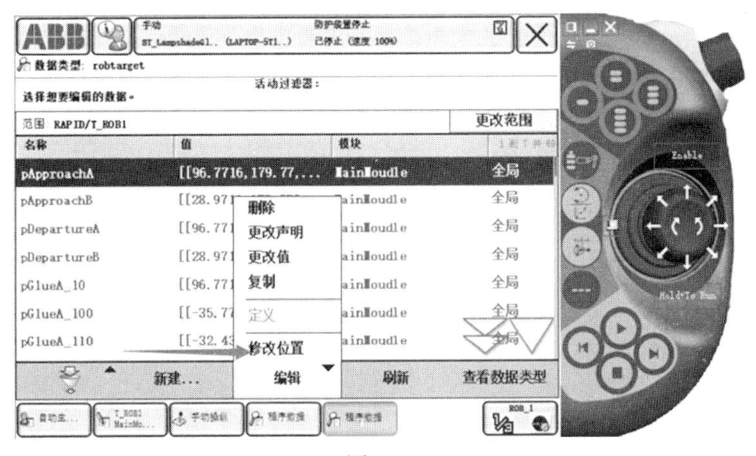

图 6-41

⑥同理修改“pApproachB”的位置如下，使用工具坐标系“tGlueGun”和工件坐标系“WobjB”。该点是工件B涂胶的起始点，如图6-42所示。

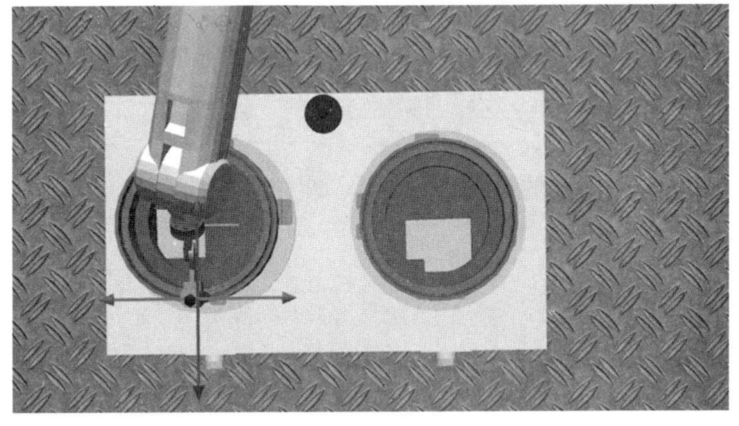

图 6-42

⑦右键机器人，使其回到机械原点，并将该姿态修改为pHome点，使用工具坐标系“tGlueGun”和工件坐标系“Wobj0”，如图6-43和图6-44所示。

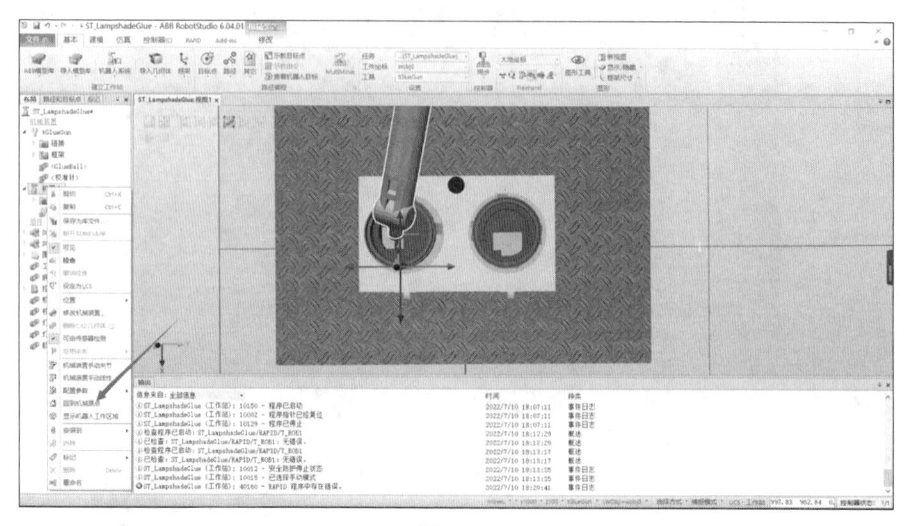

图 6-43

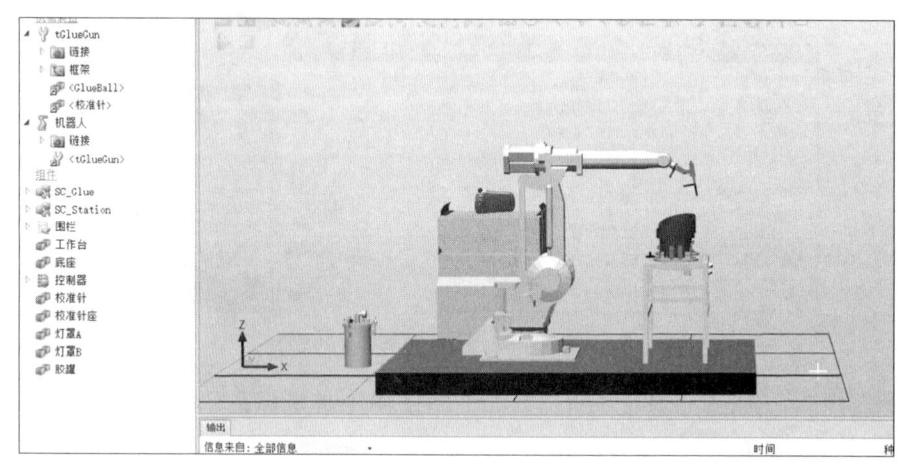

图 6-44

6.6 启动运行——看效果

①单击“仿真”选项卡下的“I/O仿真器”，如图6-45所示。

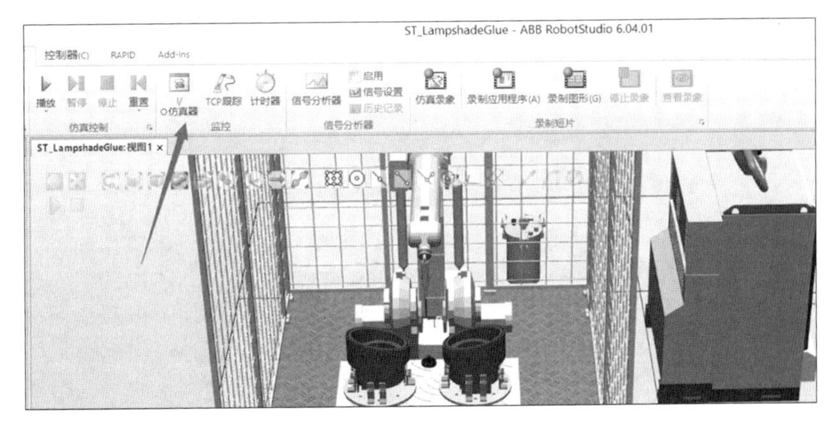

图 6-45

②单击“播放”，如图6-46所示。

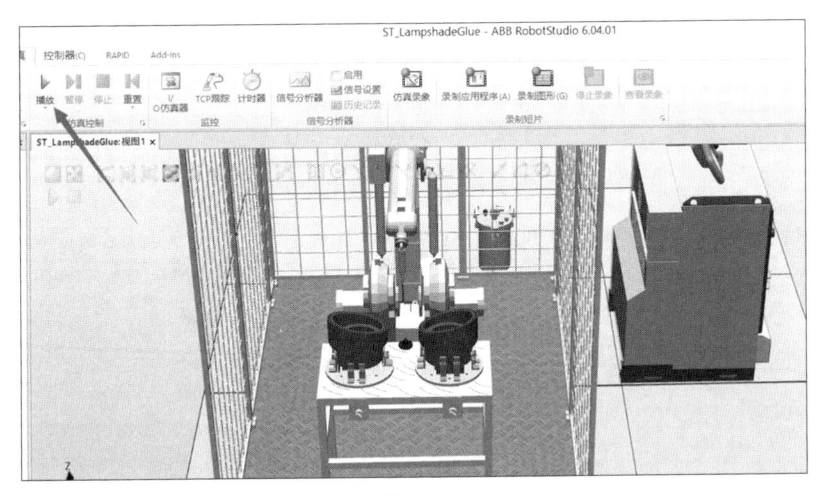

图 6-46

③选择系统为“工作站信号”，并单击“diStartGlueA”，机器人开始对灯罩A进行涂胶，如图6-47所示。

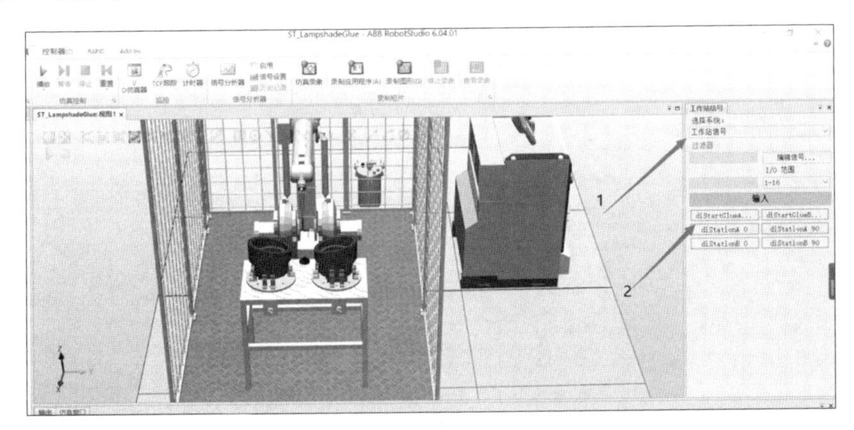

图 6-47

④对灯罩A涂胶完毕之后，再单击“diStartGlueB”，机器人开始对灯罩B进行涂胶，如图6-48所示。

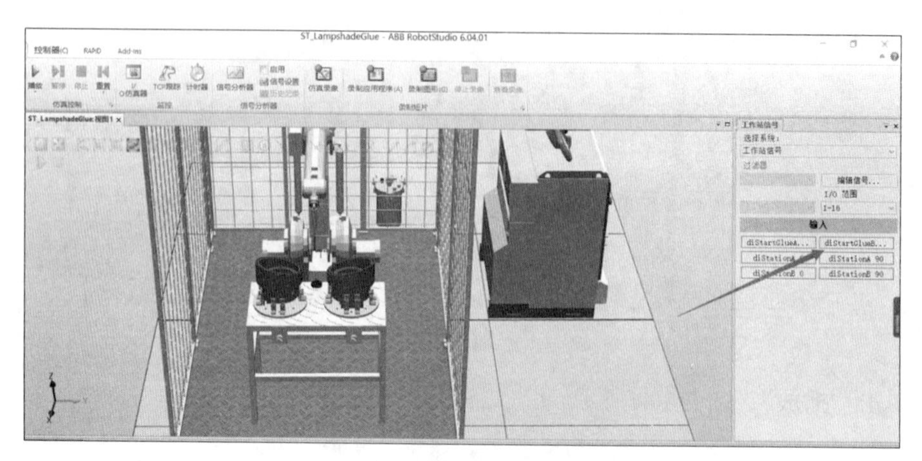

图 6-48

6.7　本章练习

1. 按照本章的学习步骤自行创建车灯涂胶工作站。

第 7 章　工业机器人编程实战三——火花塞搬运

本项目是针对工业机器人物件搬运系统的设计与制作。利用工业机器人技术来改善生产线上的搬运作业，从而替代工人重复性的手动操作。目前，工业机器人已经拥有成熟的控制系统，通过编程与示教，对机器人的运动轨迹做出理想的路径规划，并对机器人的运动范围进行完全的控制。根据程序的编写来设定对工业机器人的运动路径进行物件搬运。最后利用RobotStudio软件对整个工作站的工作过程进行仿真。

火花塞搬运

本章节将带领大家一起学习如何创建一个火花塞搬运工作站。

7.1　解压工作站

①打开教材配套资源文件夹，找到第七章_火花塞搬运中的练习文件，如图7-1所示。

电脑 › Data (D:) › 工作室 › 教材编写 › 教材配套 › 配套资源 › 4第七章_火花塞搬运 ›

名称	修改日期	类型	大小
RAPID	2022/7/17 15:48	文件夹	
练习文件	2022/7/17 15:57	文件夹	
最终效果	2022/7/10 19:31	文件夹	

图 7-1

②对其进行解压，解压后的界面如图7-2所示。

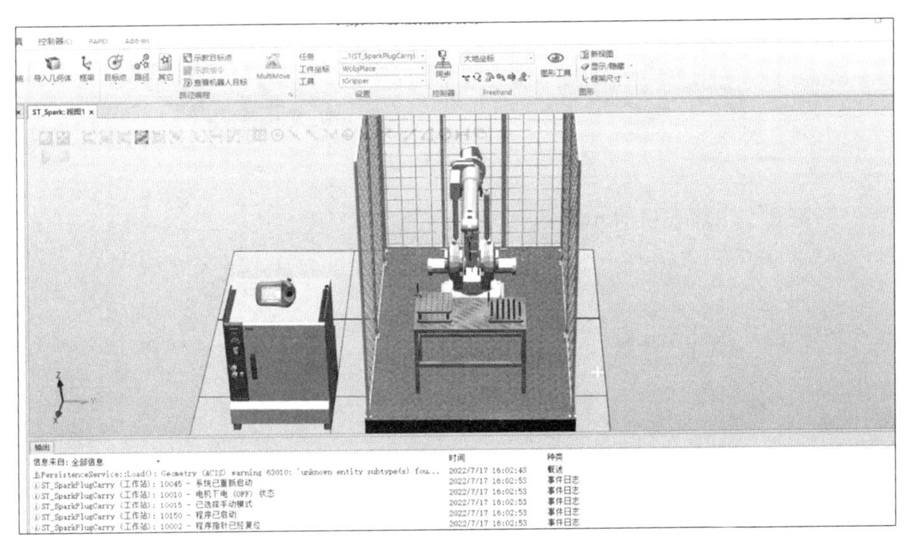

图 7-2

7.2 I/O配置

在本工作站中需要创建一个DSQC651的通信板，并配置其相关参数，参数表如下。还需要配置如下信号:数字输出信号doGrip，用于控制夹具的动作。

DSQC651板的属性表如下：

Connected to Bus	Name	Address
DeviceNet1	board10	10

I/O信号的属性表如下：

Name	Type of Signal	Assigned to Device	Device Mapping
doGrip	Digital Output	Board10	32

1. DSQC651 板的属性配置如下。

①打开“控制面板”中的“配置”，选择“Unit”，并单击“显示全部”，如图7-3所示。

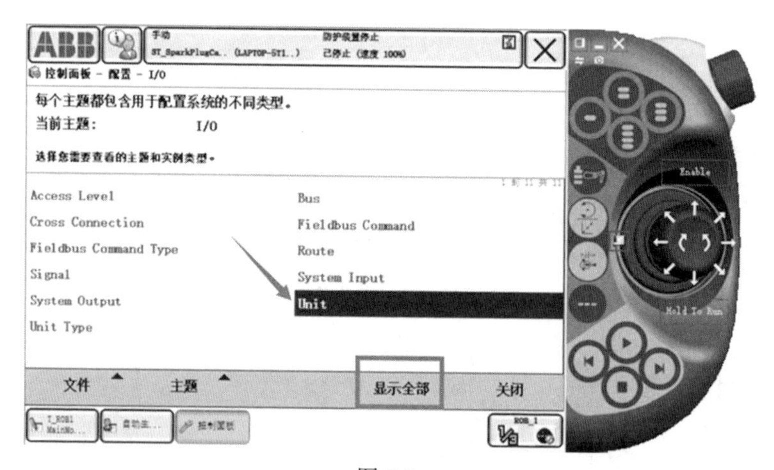

图 7-3

②单击“添加”，如图7-4所示。

图 7-4

③配置参数如图7-5和图7-6所示。

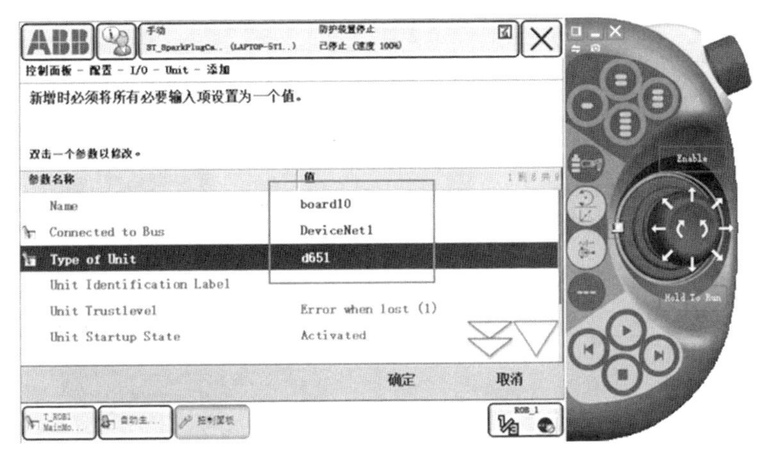

图 7-5

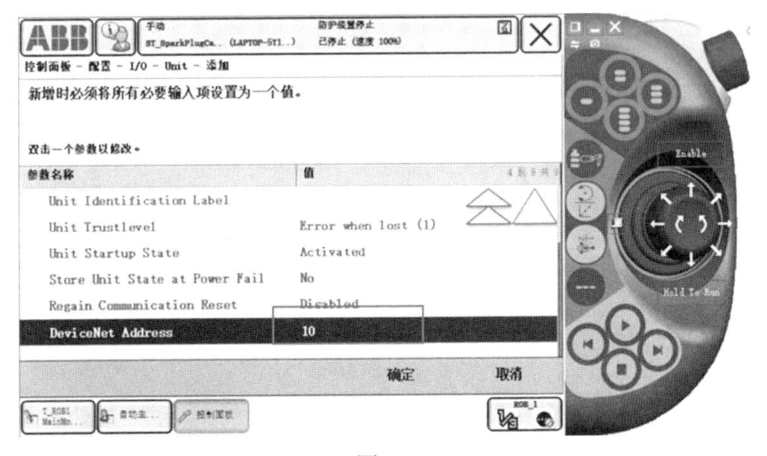

图 7-6

④单击“确定”，重启示教器。

2. doGrip 信号的属性如下。

①选择“Signal”，并单击“显示全部”，如图7-7所示。

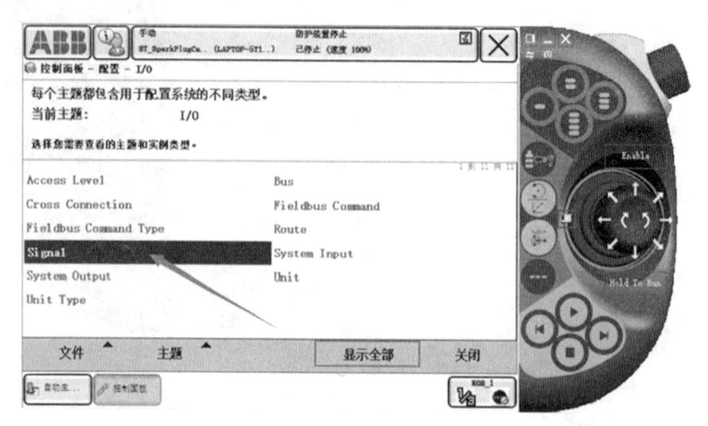

图 7-7

②单击“添加”，如图7-8所示。

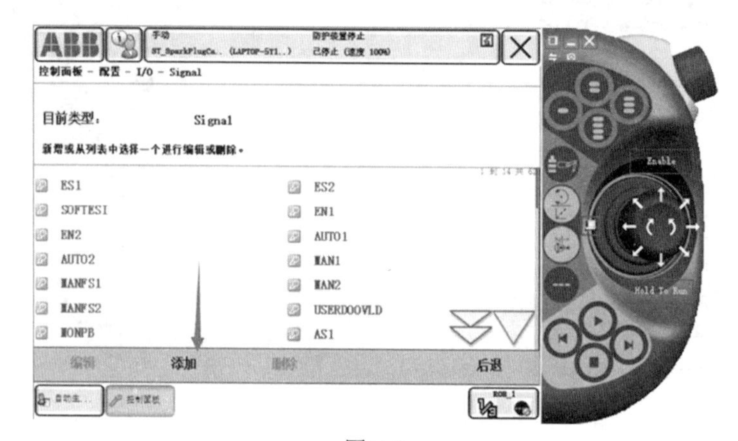

图 7-8

③doGrip信号配置如图7-9所示。

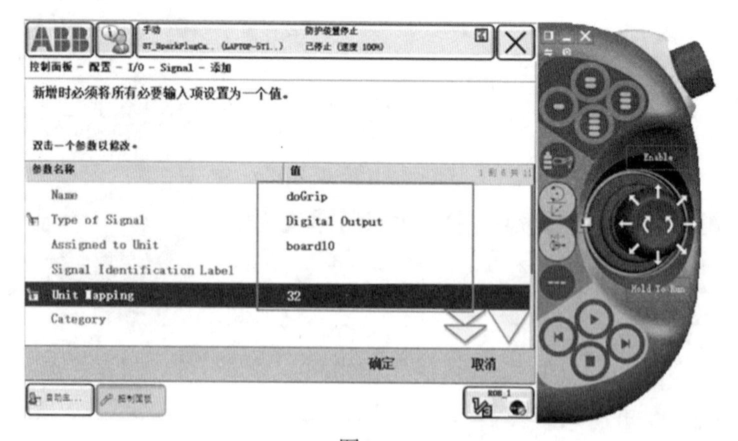

图 7-9

④单击“确定”，重启示教器。

7.3 程序模板的导入

7.3.1 程序模板的导入

①打开教材配套资源中的第七章_火花塞搬运，可以看到车灯涂胶工作站的RAPID程序，如图7-10所示。

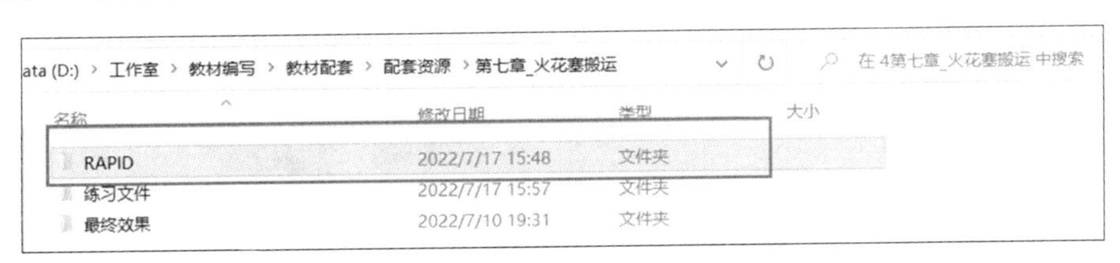

图 7-10

②打开示教器，单击“程序编辑器”，如图7-11所示。

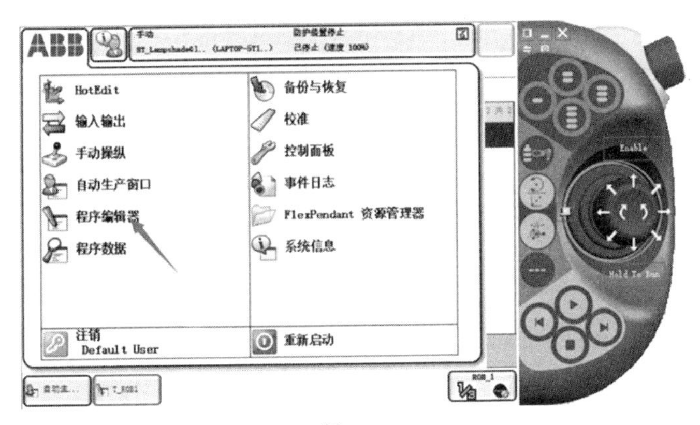

图 7-11

③在弹出的界面上单击“新建”，如图7-12所示。

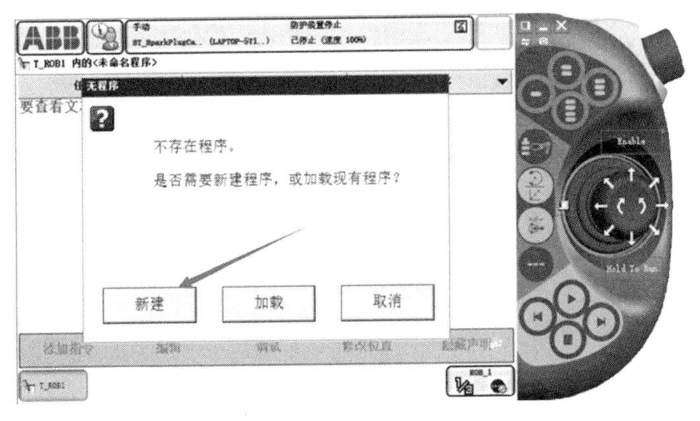

图 7-12

④新建之后的界面如图7-13所示。

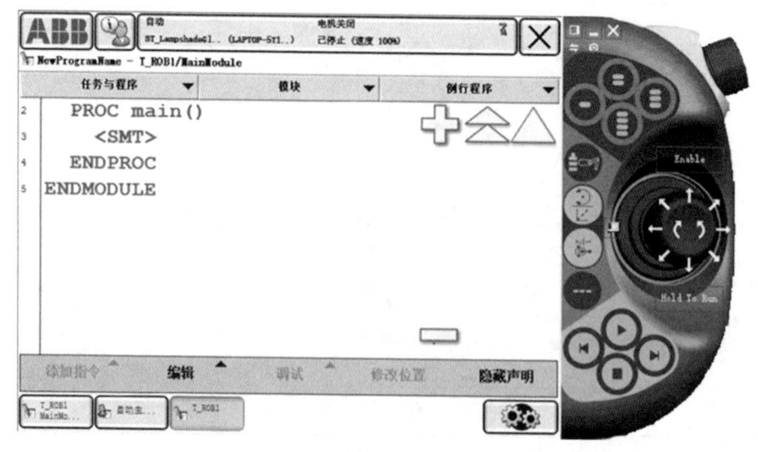

图 7-13

⑤选择“RAPID”选项卡，打开RAPID程序，如图7-14所示。

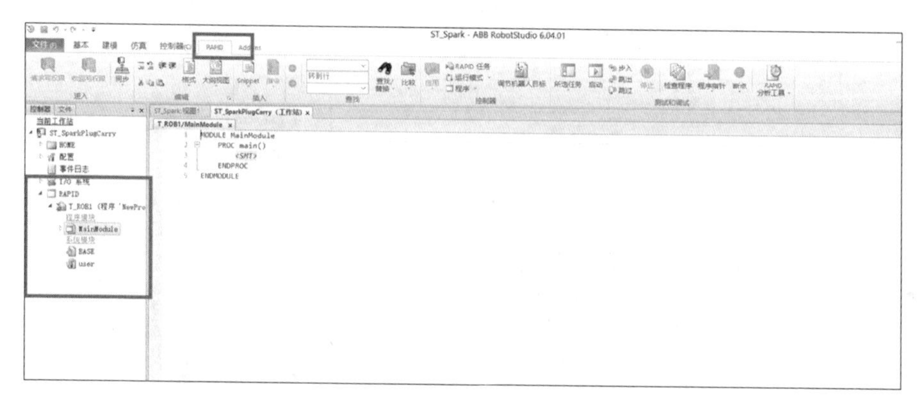

图 7-14

⑥将配套资源中的RAPID程序复制进来，如图7-15所示。

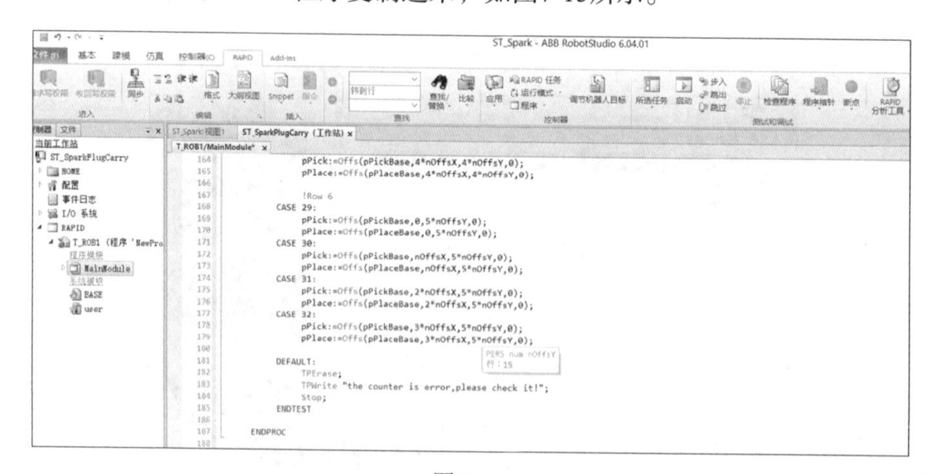

图 7-15

⑦单击“检查程序”，如图7-16所示。

图 7-16

⑧编译无错误之后，单击“应用”下拉按钮，选择“全部应用”，如图7-17所示。

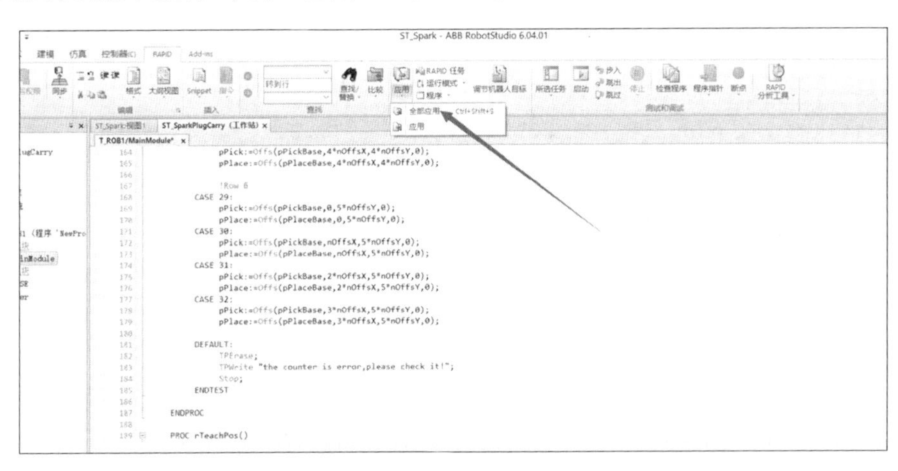

图 7-17

⑨应用完成之后，再打开示教器，程序已经被同步到示教器中了，如图7-18所示。

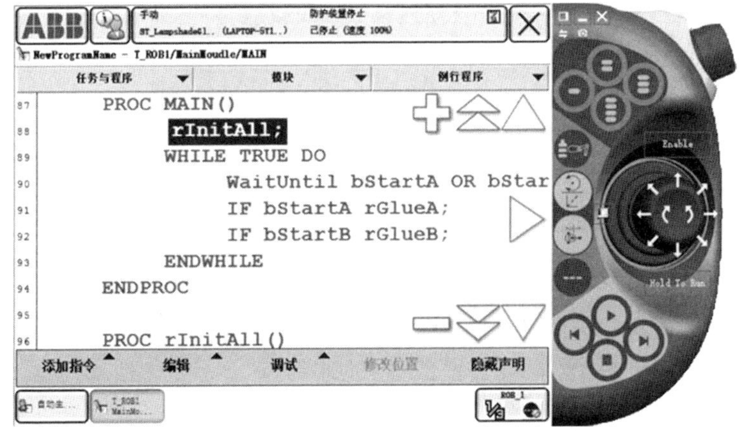

图 7-18

7.3.2 程序详解

1. 程序各部分解析

```
MODULE MainMoudle
PERS tooldata tGripper:=[TRUE,[[0,0,123],[1,0,0,0]],[1,[1,0,0],[1,0,0,0],0,0,0]]; !定义工具数据tGripper
PERS wobjdata WobjPick:=[FALSE,TRUE,"",[[825,130,554],[1,0,0,0]],[[0,0,0],[1,0,0,0]]]; !定义抓取坐标系WobjPick
PERS wobjdata WobjPlace:=[FALSE,TRUE,"",[[825.809,-381.704,629],[1,0,0,0]],[[0,0,0],[1,0,0,0]]]; !定义放置坐标系WobjPlace
PERS loaddata LoadEmpty:=[0.001,[0,0,0.001],[1,0,0,0],0,0,0]; !定义空载时的有效载荷数据LoadEmpty
PERS loaddata LoadFull:=[0.1,[0,0,5],[1,0,0,0],0,0,0];!定义负载时的有效载荷数据LoadFull
PERS robtarget pHome:=[[870,0,987],[1.57E-07,0,1,0],[0,0,0,0],[9E+09,9E+09,9E+09,9E+09,9E+09,9E+09]];!定义机器人工作原位pHome
PERS robtarget pPickBase:=[[64.5707,24.7521,17.1437],[1.69E-07,4.99E-07,1,2.9E-08],[0,-1,0,0],[9E+09,9E+09,9E+09,9E+09,9E+09,9E+09]];!定义机器人拾取基准位置pPickBase
PERS robtarget pPlaceBase:=[[66.0597,25.1199,17.1724],[-1.94E-07,-0.707105,0.707108,-7.73E-07],[-1,-1,-2,0],[9E+09,9E+09,9E+09,9E+09,9E+09,9E+09]];!定义机器人放置基准位置pPlaceBase
PERS robtarget pPick:=[[104.571,24.7521,17.1437],[1.69E-07,4.99E-07,1,2.9E-08],[0,-1,0,0],[9E+09,9E+09,9E+09,9E+09,9E+09,9E+09]];!定义机器人拾取位置，此数据需要根据计数器的值赋值为不同的位置数据
PERS robtarget pPlace:=[[106.06,25.1199,17.1724],[-1.94E-07,-0.707105,0.707108,-7.73E-07],[-1,-1,-2,0],[9E+09,9E+09,9E+09,9E+09,9E+09,9E+09]];!定义机器人放置位置，此数据需要根据计数器的值赋值为不同的位置数据
PERS num nPickH:=150;!定义机器人拾取过程中的安全高度
PERS num nPlaceH:=100;!定义机器人放置过程中的安全高度
PERS num nOffsX:=40;!定义相邻物料在 X 方向上的偏移距离
PERS num nOffsY:=40;!定义相邻物料在 Y 方向上的偏移距离
PERS num nCount:=2;!定义计数器
PERS speeddata vMinSpeed:=[200,100,1000,5000];
PERS speeddata vMidSpeed:=[500,200,1000,5000];
PERS speeddata vMaxSpeed:=[800,300,1000,5000];
```

```
    !依次定义慢速、中速、快速三种速度数据，用于不同的运动过程
    PROC MAIN() !主程序；
        rInitAll;!调用初始化程序，用于复位机器人位置、信号、数据等
        WHILE TRUE DO !利用 WHILE TRUE DO 死循环，目的是将初始化程序与机器人反复
运行程序隔离
            rPick;!调用拾取程序，进行物料拾取
            rPlace;!调用放置程序，进行物料放置
        ENDWHILE
    ENDPROC
    PROC rInitAll()!初始化程序；
        ConfL\Off;!关闭 MoveL 运动过程中的轴配置监控，目的是使机器人在 MoveL 运动
过程中能够自动选取合适的轴配置数据进行运动，在搬运码垛应用中可有效避免轴配置报警等问题
        ConfJ\Off;
        AccSet 100,100;!设置机器人运行加速度，第一个值为最大加速度百分比，第二个
值为坡度百分比
        VelSet 100,5000;!设置机器人运行速度，第一个值为速度百分比，第二个值为最大
速度限制
        Reset doGrip;!复位夹具,控制夹爪松开
        nCount:=1;!计数复位，从第一个物料开始重新处理
        MoveJ pHome,vMinSpeed,fine,tGripper\WObj:=wobj0;!位置复位，机器人运
行至工作原位 pHome
    ENDPROC
    PROC rPick()!拾取程序
        rCalPos;!调用位置计算程序，计算本循环中拾取物料的位置以及放置物料的位置
        MoveJ
Offs(pPick,0,0,nPickH),vMaxSpeed,z50,tGripper\WObj:=wobjPick;!利用 MoveJ 快速
移动至拾取位置正上方一定高度，此处 nPickH 值为 400mm
        MoveL pPick,vMinSpeed,fine,tGripper\WObj:=wobjPick;!利用 MoveL 竖
直向下运动至拾取位置，完全到达该目标点，转弯半径选为 Fine1 直动人
        Set doGrip;!置位夹具动作信号，控制夹爪将物料拾取
        WaitTime 0.5;!预留夹具动作时间 o.5s，待夹具将物料完全夹紧
        GripLoad LoadFull;!加载有效载荷数据 LoadFull，告知机器人当前拾取物料的
负载信息
        MoveL
Offs(pPick,0,0,nPickH),vMidSpeed,z50,tGripper\WObj:=wobjPick;!利用 MoveL 竖直
向上运动至拾取位置正上方一定高度
    ENDPROC
```

```
        PROC rPlace() !放置程序
            MoveJ
Offs(pPlace,0,0,nPlaceH),vMidSpeed,z50,tGripper\WObj:=wobjPlace;! 利 用 MoveJ
快速移动至放置位置正上方一定高，此处 nPlaceH 值为 400mm
            MoveL pPlace,vMinSpeed,fine,tGripper\WObj:=wobjPlace;!利用 MoveL
竖直向下运动至拾取位置，完全到达该目标点，转弯半径选为 Fine
            Reset doGrip;!复位夹具动作信号，控制夹爪将物料放下
            WaitTime 0.5;!预留夹具动作时间 0.5s，待夹具将物料完全松开
            GripLoad LoadEmpty;!加载有效载荷数据 LoadEmpty，告知机器人当前的负载信
息
            MoveL
Offs(pPlace,0,0,nPickH),vMidSpeed,z50,tGripper\WObj:=wobjPlace;!利用 MoveL 竖
直向上运动至放置位置正上方一定高度
            rPlaceRD;!调用计数程序，执行计数加 1 操作
        ENDPROC
        PROC rPlaceRD()!计数程序;
            nCount:=nCount+1;!计数 nCount 累计加 1;
            IF nCount>32 THEN!判断当前是否已完成所有物料的搬运，若计数超过 32，则认为
已完成
                TPErase;
                TPWrite "Pick&Place done,the robot will stop!";!清屏，并在屏幕
上面显示当前搬运已完成，机器人将停止运动
                nCount:=1;!将计数复位
                Reset doGrip;!将工具复位
                MoveJ pHome,vMinSpeed,fine,tGripper\WObj:=wobj0;!机器人位置复
位，回至原位 pHome
                Stop;!机器人停止运行，等待下一次启动
            ENDIF
        ENDPROC
        PROC rCalPos()
            !Row 1
            TEST nCount
            CASE 1:
                pPick:=Offs(pPickBase,0,0,0);
                pPlace:=Offs(pPlaceBase,0,0,0);
            CASE 2:
                pPick:=Offs(pPickBase,nOffsX,0,0);
```

```
        pPlace:=Offs(pPlaceBase,nOffsX,0,0);
    CASE 3:
        pPick:=Offs(pPickBase,2*nOffsX,0,0);
        pPlace:=Offs(pPlaceBase,2*nOffsX,0,0);
    CASE 4:
        pPick:=Offs(pPickBase,3*nOffsX,0,0);
        pPlace:=Offs(pPlaceBase,3*nOffsX,0,0);
        !Row 2
    CASE 5:
        pPick:=Offs(pPickBase,-nOffsX,nOffsY,0);
        pPlace:=Offs(pPlaceBase,-nOffsX,nOffsY,0);
    CASE 6:
        pPick:=Offs(pPickBase,0,nOffsY,0);
        pPlace:=Offs(pPlaceBase,0,nOffsY,0);
    CASE 7:
        pPick:=Offs(pPickBase,nOffsX,nOffsY,0);
        pPlace:=Offs(pPlaceBase,nOffsX,nOffsY,0);
    CASE 8:
        pPick:=Offs(pPickBase,2*nOffsX,nOffsY,0);
        pPlace:=Offs(pPlaceBase,2*nOffsX,nOffsY,0);
    CASE 9:
        pPick:=Offs(pPickBase,3*nOffsX,nOffsY,0);
        pPlace:=Offs(pPlaceBase,3*nOffsX,nOffsY,0);
    CASE 10:
        pPick:=Offs(pPickBase,4*nOffsX,nOffsY,0);
        pPlace:=Offs(pPlaceBase,4*nOffsX,nOffsY,0);
        !Row 3
    CASE 11:
        pPick:=Offs(pPickBase,-nOffsX,2*nOffsY,0);
        pPlace:=Offs(pPlaceBase,-nOffsX,2*nOffsY,0);
    CASE 12:
        pPick:=Offs(pPickBase,0,2*nOffsY,0);
        pPlace:=Offs(pPlaceBase,0,2*nOffsY,0);
    CASE 13:
        pPick:=Offs(pPickBase,nOffsX,2*nOffsY,0);
        pPlace:=Offs(pPlaceBase,nOffsX,2*nOffsY,0);
    CASE 14:
```

```
        pPick:=Offs(pPickBase,2*nOffsX,2*nOffsY,0);
        pPlace:=Offs(pPlaceBase,2*nOffsX,2*nOffsY,0);
    CASE 15:
        pPick:=Offs(pPickBase,3*nOffsX,2*nOffsY,0);
        pPlace:=Offs(pPlaceBase,3*nOffsX,2*nOffsY,0);
    CASE 16:
        pPick:=Offs(pPickBase,4*nOffsX,2*nOffsY,0);
        pPlace:=Offs(pPlaceBase,4*nOffsX,2*nOffsY,0);
        !Row 4
    CASE 17:
        pPick:=Offs(pPickBase,-nOffsX,3*nOffsY,0);
        pPlace:=Offs(pPlaceBase,-nOffsX,3*nOffsY,0);
    CASE 18:
        pPick:=Offs(pPickBase,0,3*nOffsY,0);
        pPlace:=Offs(pPlaceBase,0,3*nOffsY,0);
    CASE 19:
        pPick:=Offs(pPickBase,nOffsX,3*nOffsY,0);
        pPlace:=Offs(pPlaceBase,nOffsX,3*nOffsY,0);
    CASE 20:
        pPick:=Offs(pPickBase,2*nOffsX,3*nOffsY,0);
        pPlace:=Offs(pPlaceBase,2*nOffsX,3*nOffsY,0);
    CASE 21:
        pPick:=Offs(pPickBase,3*nOffsX,3*nOffsY,0);
        pPlace:=Offs(pPlaceBase,3*nOffsX,3*nOffsY,0);
    CASE 22:
        pPick:=Offs(pPickBase,4*nOffsX,3*nOffsY,0);
        pPlace:=Offs(pPlaceBase,4*nOffsX,3*nOffsY,0);
        !Row 5
    CASE 23:
        pPick:=Offs(pPickBase,-nOffsX,4*nOffsY,0);
        pPlace:=Offs(pPlaceBase,-nOffsX,4*nOffsY,0);
    CASE 24:
        pPick:=Offs(pPickBase,0,4*nOffsY,0);
        pPlace:=Offs(pPlaceBase,0,4*nOffsY,0);
    CASE 25:
        pPick:=Offs(pPickBase,nOffsX,4*nOffsY,0);
        pPlace:=Offs(pPlaceBase,nOffsX,4*nOffsY,0);
```

```
            CASE 26:
                pPick:=Offs(pPickBase,2*nOffsX,4*nOffsY,0);
                pPlace:=Offs(pPlaceBase,2*nOffsX,4*nOffsY,0);
            CASE 27:
                pPick:=Offs(pPickBase,3*nOffsX,4*nOffsY,0);
                pPlace:=Offs(pPlaceBase,3*nOffsX,4*nOffsY,0);
            CASE 28:
                pPick:=Offs(pPickBase,4*nOffsX,4*nOffsY,0);
                pPlace:=Offs(pPlaceBase,4*nOffsX,4*nOffsY,0);
                !Row 6
            CASE 29:
                pPick:=Offs(pPickBase,0,5*nOffsY,0);
                pPlace:=Offs(pPlaceBase,0,5*nOffsY,0);
            CASE 30:
                pPick:=Offs(pPickBase,nOffsX,5*nOffsY,0);
                pPlace:=Offs(pPlaceBase,nOffsX,5*nOffsY,0);
            CASE 31:
                pPick:=Offs(pPickBase,2*nOffsX,5*nOffsY,0);
                pPlace:=Offs(pPlaceBase,2*nOffsX,5*nOffsY,0);
            CASE 32:
                pPick:=Offs(pPickBase,3*nOffsX,5*nOffsY,0);
                pPlace:=Offs(pPlaceBase,3*nOffsX,5*nOffsY,0);
            DEFAULT:
                TPErase;
                TPWrite "the counter is error,please check it!";
                Stop;
            ENDTEST
        ENDPROC
        PROC rTeachPos()
            MoveL pHome,v50,fine,tGripper;
            MoveL pPickBase,v50,fine,tGripper\WObj:=WobjPick;
            MoveL pPlaceBase,v50,fine,tGripper\WObj:=Wobjplace;
        ENDPROC
    ENDMODULE
```

7.4　坐标系的标定

在本书配套的车灯涂胶工作站内，对应的工具坐标系和工件坐标系已经创建完毕，下面为大家讲解具体的创建过程。

7.4.1　工具坐标系的标定

在此工作站中，搬运火花塞的工具较为规整，可以直接测算出相关数据进行创建，此处新建的工具坐标系只是相对于tool0来说沿着其*Z*轴正方向偏移一定的距离，新建工具坐标系的方向沿用tool0的方向，如图7-19所示。

工具坐标系的标定 3

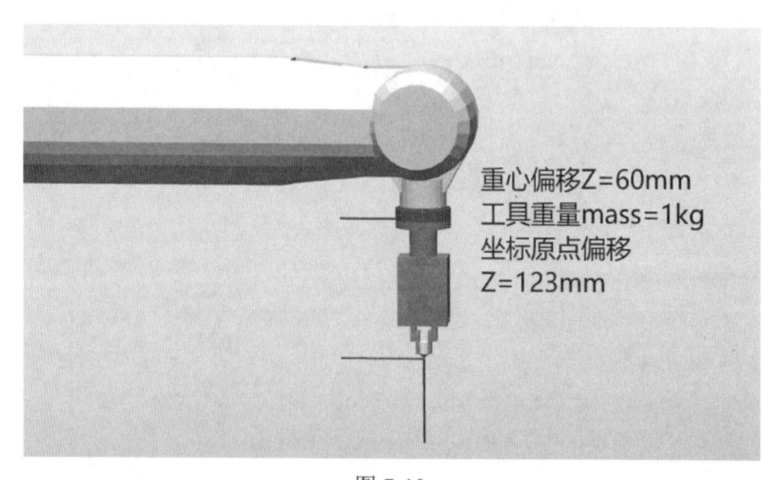

图 7-19

①打开示教器中的“手动操纵”，选择工具坐标系，单击“新建”，如图7-20所示。

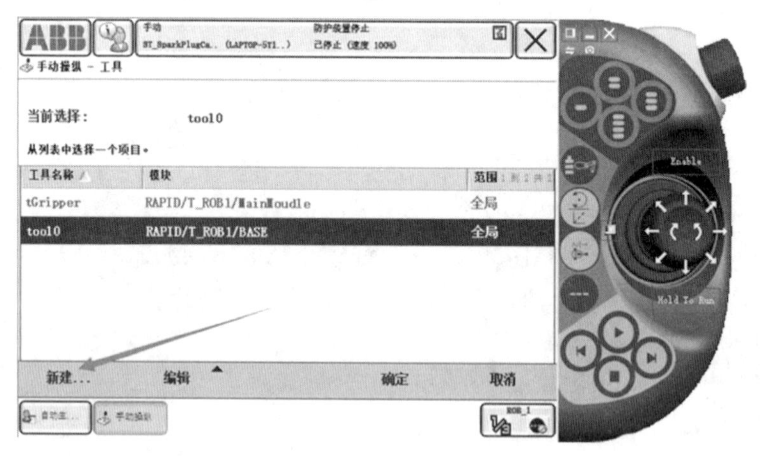

图 7-20

②工具坐标系初始化如图7-21所示。

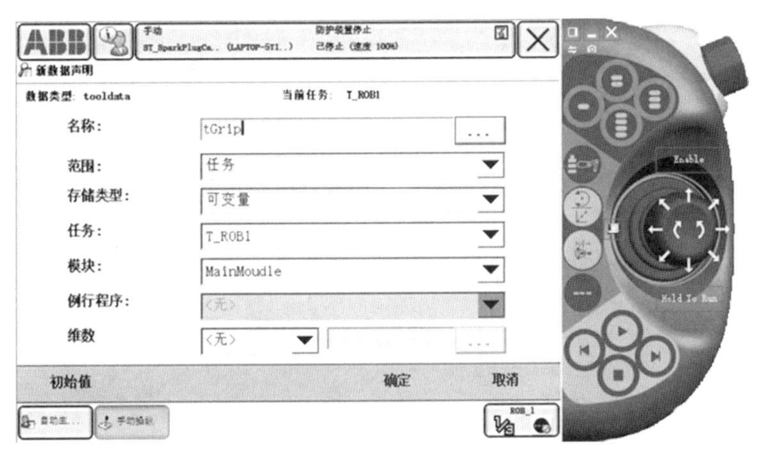

图 7-21

③选中刚创建好的工具坐标系，选择“更改值”，如图7-22所示。

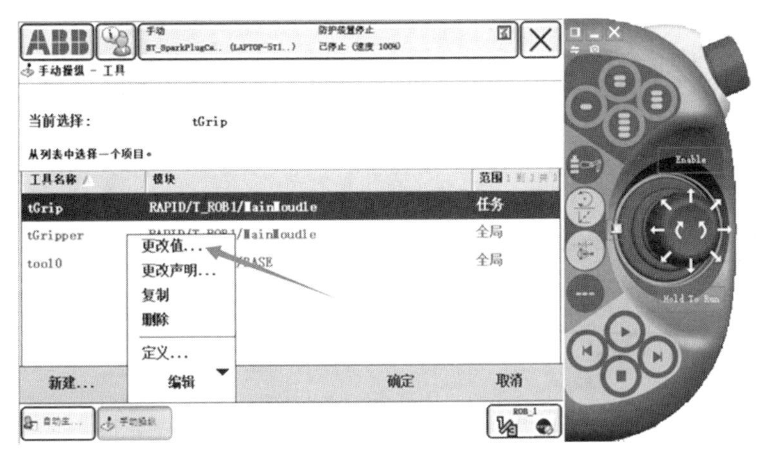

图 7-22

④更改数据并单击“确定”，如图7-23至图7-25所示。

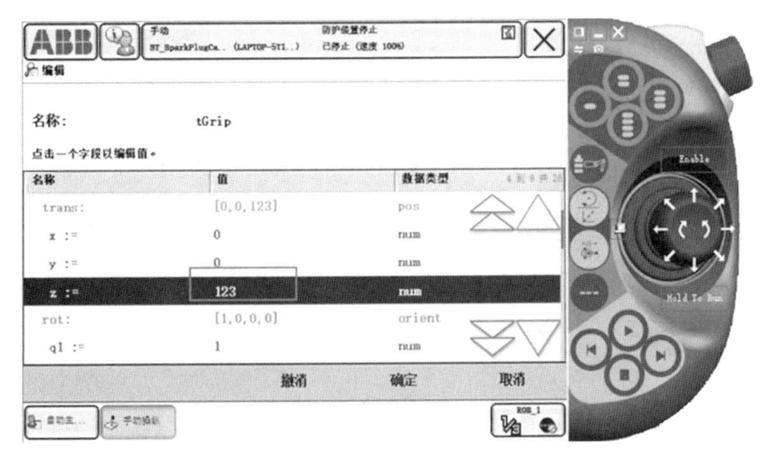

图 7-23

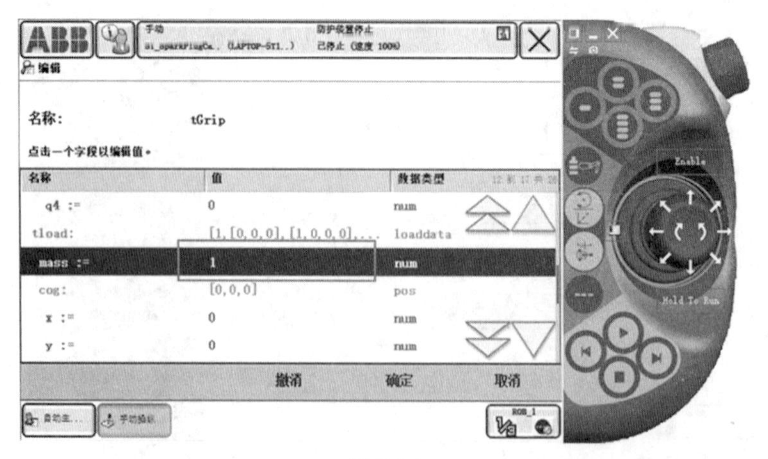

图 7-24

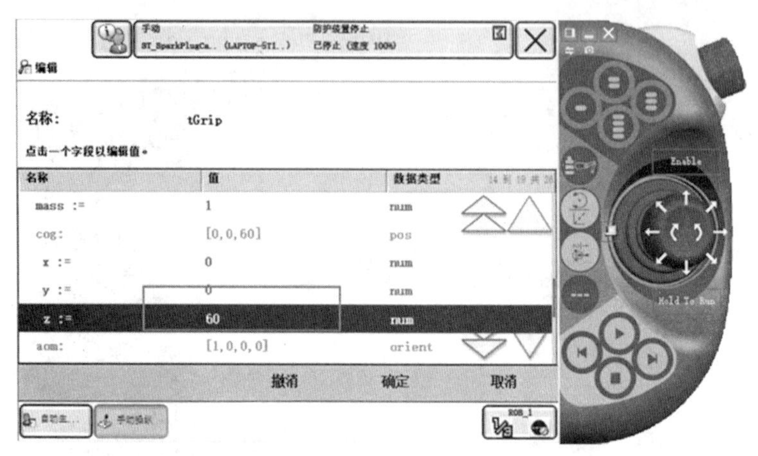

图 7-25

⑤可以查看到自己创建好的工具坐标系，如图7-26所示。

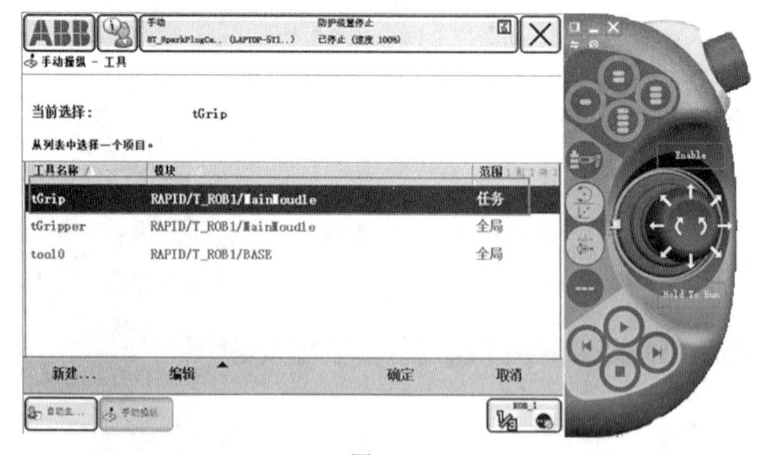

图 7-26

7.4.2　工件坐标系的标定

工件坐标系的标定 3

在此工作站中，需要标定2个工件坐标系，分别为左、右两侧的工装托盘，抓取坐标系和放置坐标系。在图7-27中，左图是抓取坐标系，右图是放置坐标系。

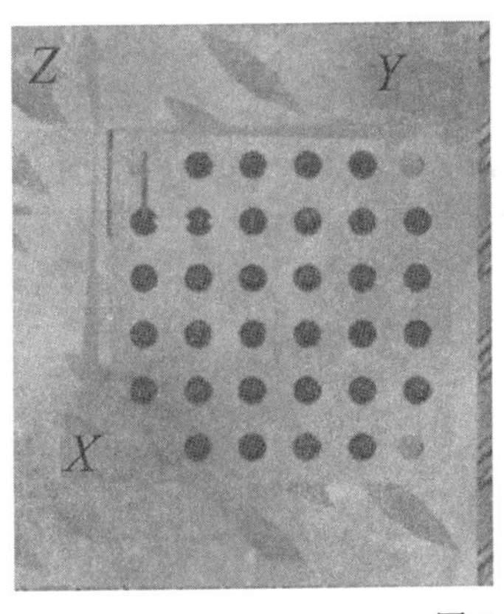

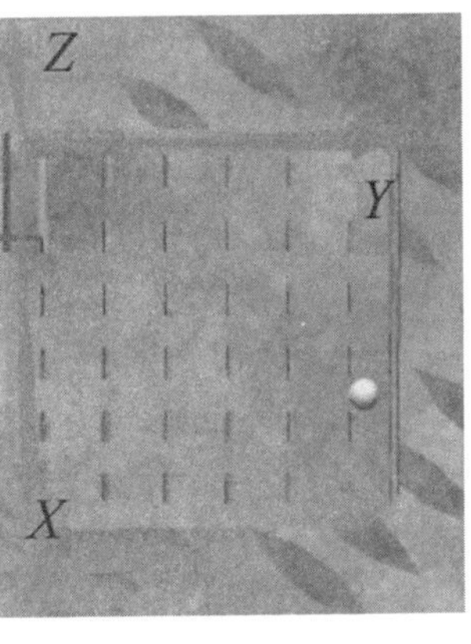

图 7-27

在标定工件坐标系的过程中，由于当前使用的工具没有一个尖端的参考点，所以一般用辅助校准针进行标定，在此工作站中虚拟了一个校准针，在示教过程中可使用其进行标定练习。

当前校准针为隐藏状态，先修改一下其属性，使其可见。在左侧的“布局”选项卡中，找到部件“校准针”，单击并选择“可见”，如图7-28所示。

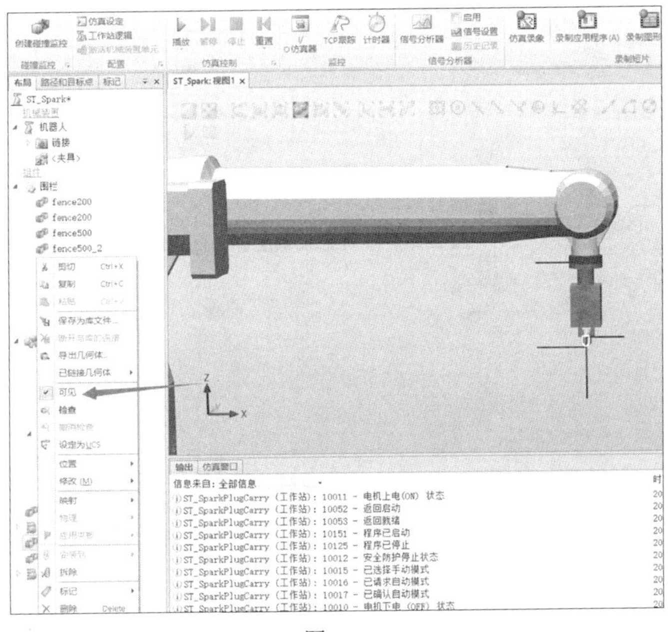

图 7-28

接下来，模拟夹具动作，使夹具夹紧校准针。右击grip组件，选择“属性”，如图7-29所示。

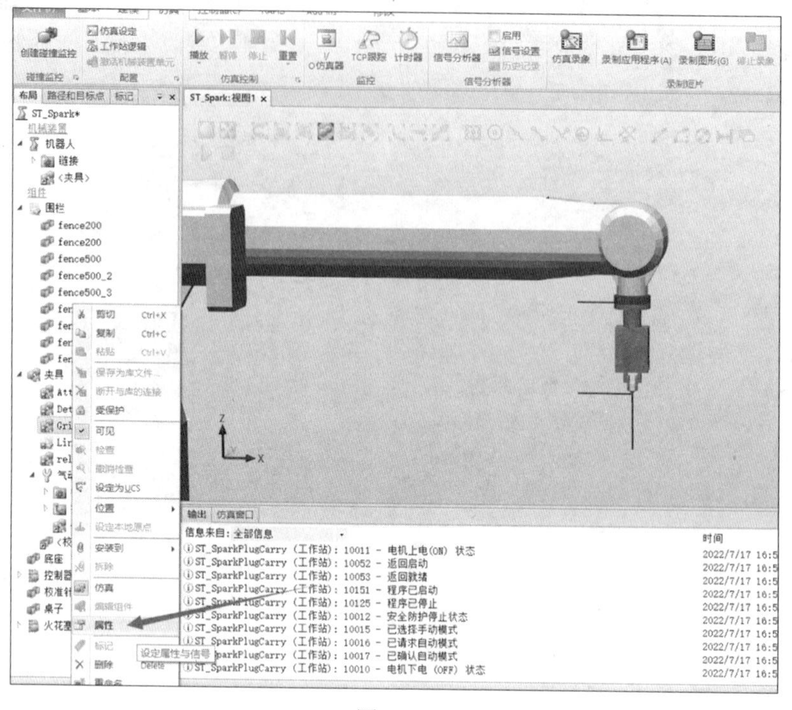

图 7-29

单击“Execute”，夹具就会夹紧校准针，如图7-30所示。

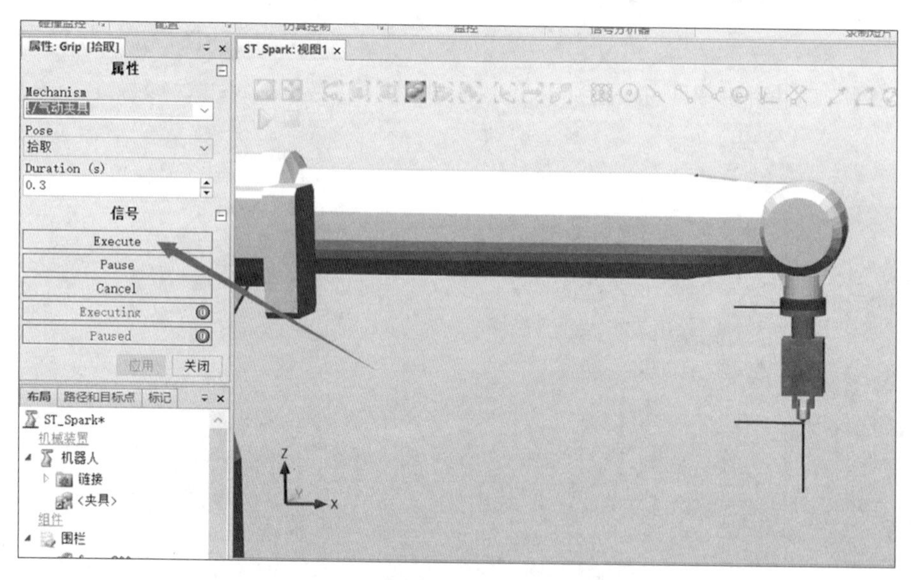

图 7-30

抓取坐标系和放置坐标系的示意图已经给出，具体坐标系的创建方法参考4.1.3章节。创建好的工件坐标系如图7-31所示。

图 7-31

7.5　示教目标点

示教目标点 2

在完成坐标系标定后，需要示教基准目标点。在此工作站中，只需示教拾取基准点“pPickBase”、放置基准点“pPlaceBase”、机器人工作原位“pHome”。在示教pPickBase目标点时，统一使用工具坐标系“tGripper”和工件坐标系“WobjPick”。在示教pPlaceBase目标点时，统一使用工具坐标系“tGripper”和工件坐标系“WobjPlace”。在示教pHome目标点时，统一使用工具坐标系“tGripper”和工件坐标系“Wobj0”。需要注意手动操纵画面当前使用的工具和工件坐标系要与指令里面的参考工具和工件坐标系保持一致，否则会出现“错误的活动工件、工具”等警告。

①打开示教器，选择“程序数据”，如图7-32所示。

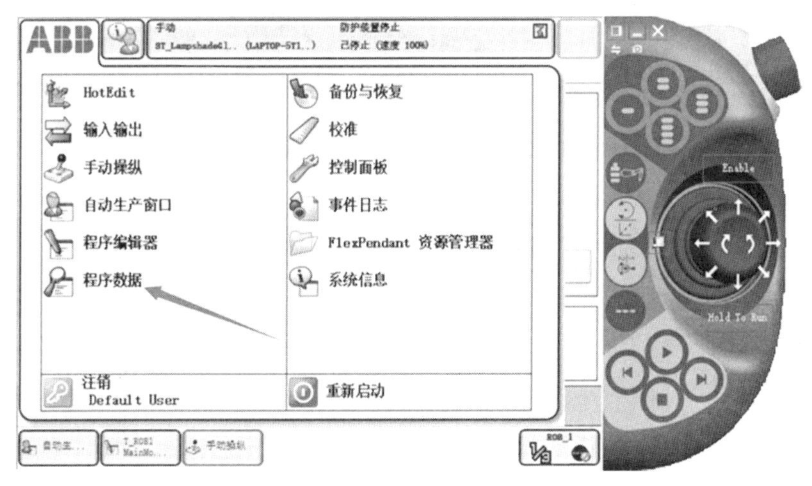

图 7-32

②单击“robtarget”，并单击“显示数据”，如图7-33所示。

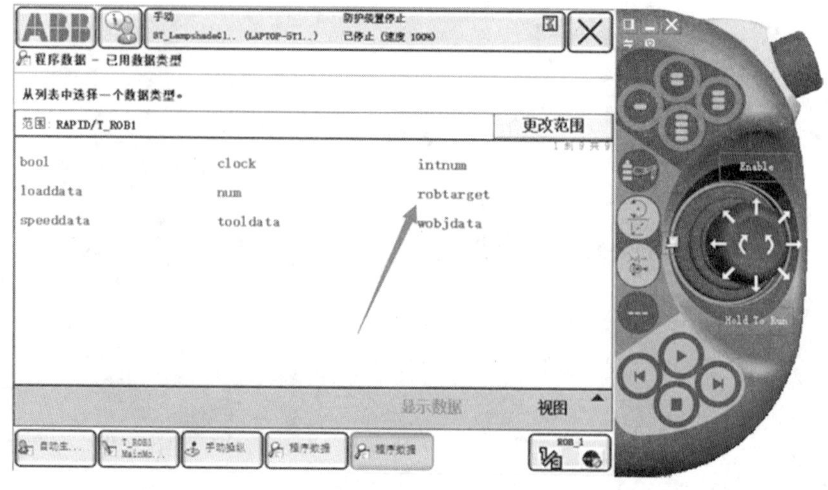

图 7-33

③pPickBase和pPlaceBase的点的位置如图7-34所示。将机器人的位姿移动到如下位置，并进行示教。

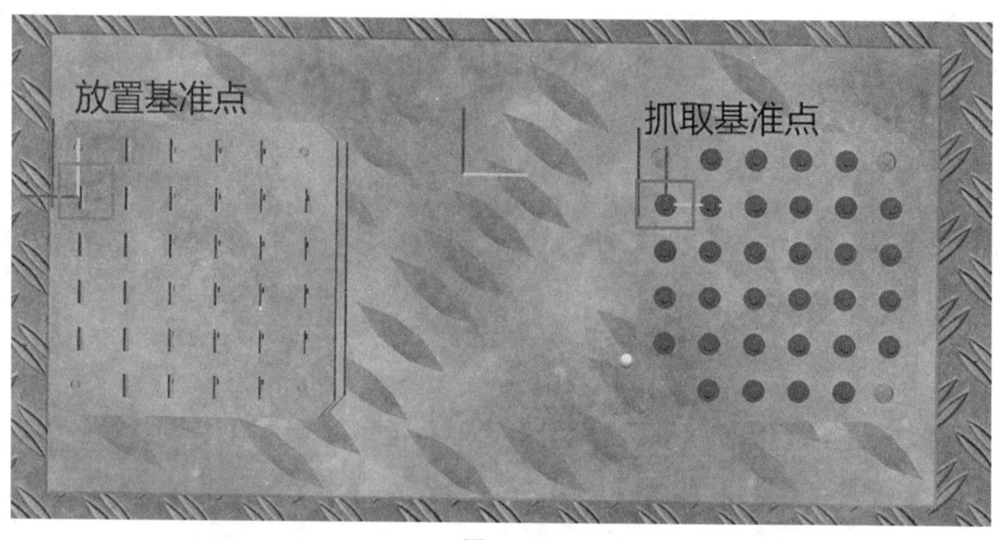

图 7-34

④右键机器人，使其回到机械原点，并将该姿态修改为pHome点，使用工具坐标系“tGripper”和工件坐标系“Wobj0”，如图7-35和图7-36所示。

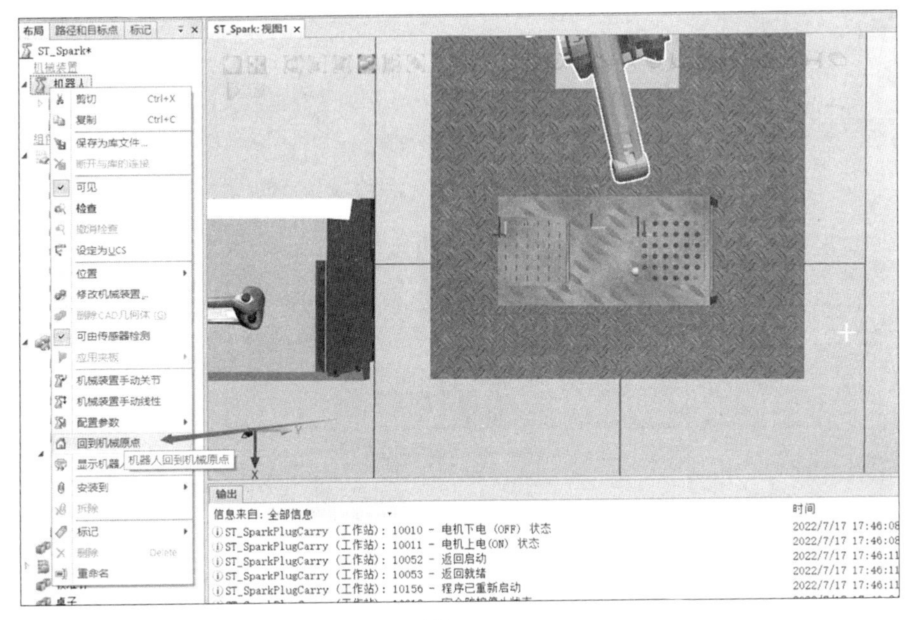

图 7-35

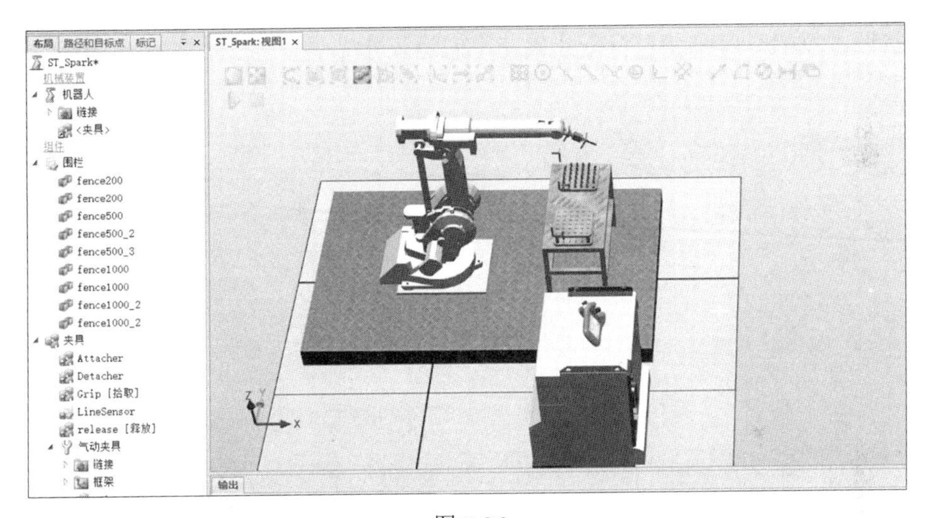

图 7-36

7.6 启动运行——看效果

①单击“仿真”选项卡，单击“播放”，如图7-37所示。

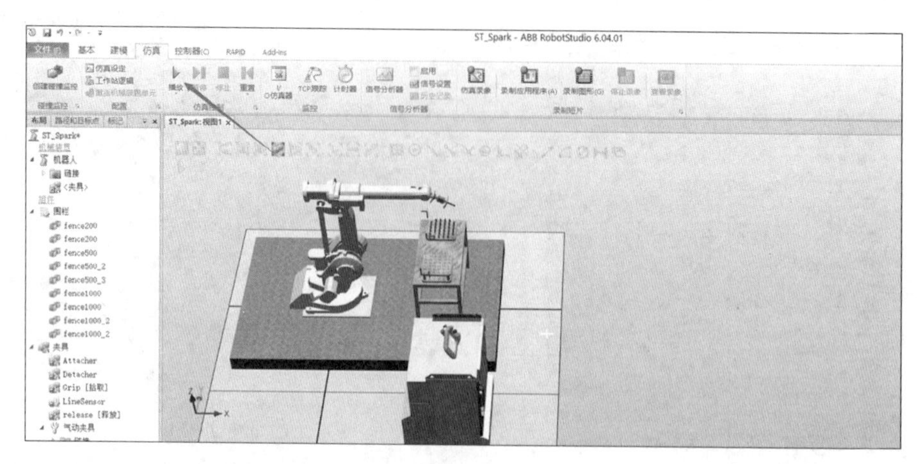

图 7-37

②机器人会按照程序的流程搬运火花塞。

7.7　本章练习

1. 按照本章的学习步骤自行创建火花塞搬运工作站。

第 8 章　工业机器人编程实战四——综合实训平台产线单机模式

8.1　糖果自动包装产线的基本概述

工业机器人在工业生产中能代替人做某些单调、频繁和重复的长时间作业，或是危险、恶劣环境下的作业，例如，在冲压、压力铸造、热处理、焊接、涂装、塑料制品成形、机械加工和简单装配等工序上，以及在原子能工业等部门中，完成对人体有害物料的搬运或工艺操作。

糖果包装产线通过几台机器人共同完成对物品的包装、运送及装箱。糖果包装产线提供一个良好的生产和学习演示环境，我们不仅可以学习到有关工业机器人的一些基本操作，也可以通过自己的编程让工业机器人完成更多复杂的动作。

产线运行

8.2　产线单机模式介绍

糖果包装产线分为单机模式和联机模式，如图8-1所示，其中有六个工位。

图 8-1

六个工位可以分别进行单机操作，包括激光雕刻、绘图、搬运等。联机操作则是六个工位协作完成糖果包装、入库以及装箱。下面我们学习单机模式下的程序。

程序整体流程如图8-2所示。

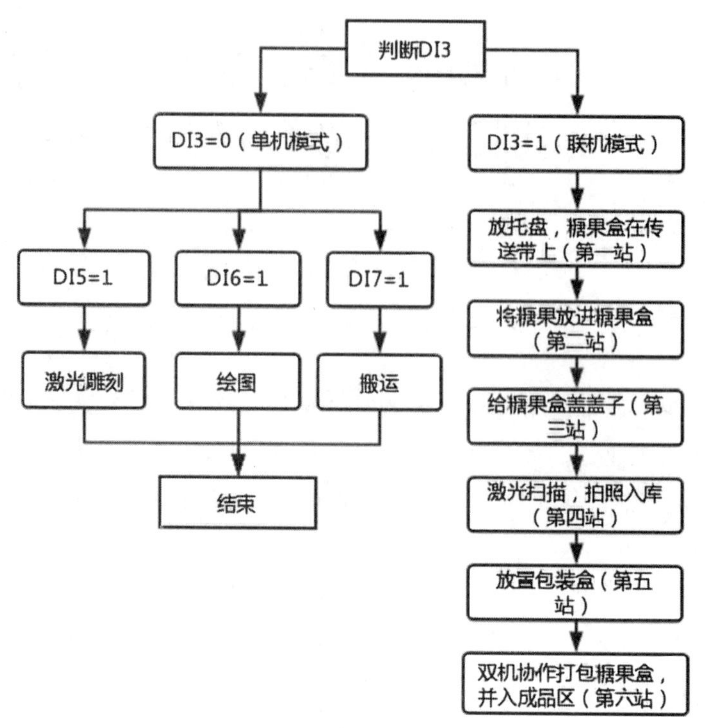

图 8-2

8.2.1 激光雕刻程序详解

雕刻点具体如图8-3所示。

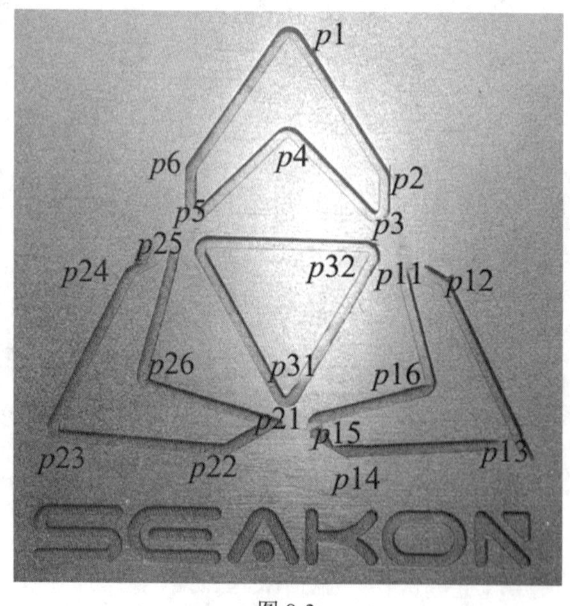

图 8-3

激光雕刻程序如下：

```
IF di5=1 THEN   !di5=1,进行单机雕刻
        Reset do3;
        WaitTime 1;
        Set do5;
        guiji; !执行轨迹例行程序
        Reset do5;
MoveJ pHome,v100,z50,tool0; !机器人回 Home 点
PROC guiji()
```

TriggEquip laser,0,0\DOp:=do2,1; !定义触发事件laser，在距离指定目标点前0mm处，并提前0s 触发指定事件：将数字输出信号do2置为1。在准确的位置触发机器人夹具的动作通常使用TriggEquip指令。

TriggJ p1,v100,laser,fine,tool0; !执行TriggJ，调用触发事件laser，即机器人TCP在朝向*p*1点的运动过程中，在距离*p*1点前0mm处，并且再提前0秒将do2置为1。为提高节拍时间，在控制吸盘夹具动作过程中，在吸取产品时我们需要提前打开真空，在放置产品时我们需要提前释放真空，为了能够准确地触发吸盘夹具的动作，我们通常采用Trigg指令来对其进行控制。

```
        MoveL p2,v100,fine,tool0;
        MoveL p3,v100,fine,tool0;
        MoveL p4,v100,fine,tool0;
        MoveL p5,v100,fine,tool0;
        MoveL p6,v100,fine,tool0;
        MoveL p1,v100,fine,tool0;
        Reset do2; !雕刻部分之后，复位 DO2 激光笔信号，移动到下个位置之后，再次进行
相同的动作，进行雕刻
        TriggEquip laser,0,0\DOp:=do2,1;
        TriggJ p11,v100,laser,fine,tool0;
        MoveL p12,v100,fine,tool0;
        MoveL p13,v100,fine,tool0;
        MoveL p14,v100,fine,tool0;
        MoveL p15,v100,fine,tool0;
        MoveL p16,v100,fine,tool0;
        MoveL p11,v100,fine,tool0;
        Reset do2;
        TriggEquip laser,0,0\DOp:=do2,1;
```

```
    TriggJ p21,v100,laser,fine,tool0;
    MoveL p22,v100,fine,tool0;
    MoveL p23,v100,fine,tool0;
    MoveL p24,v100,fine,tool0;
    MoveL p25,v100,fine,tool0;
    MoveL p26,v100,fine,tool0;
    MoveL p21,v100,fine,tool0;
    Reset do2;
    TriggEquip laser,0,0\DOp:=do2,1;
    TriggJ p31,v100,laser,fine,tool0;
    MoveL p32,v100,fine,tool0;
    MoveL p33,v100,fine,tool0;
    MoveL p31,v100,fine,tool0;
    Reset do2;
ENDPROC
```

8.2.2 绘图程序详解

绘图点具体如图8-4所示。

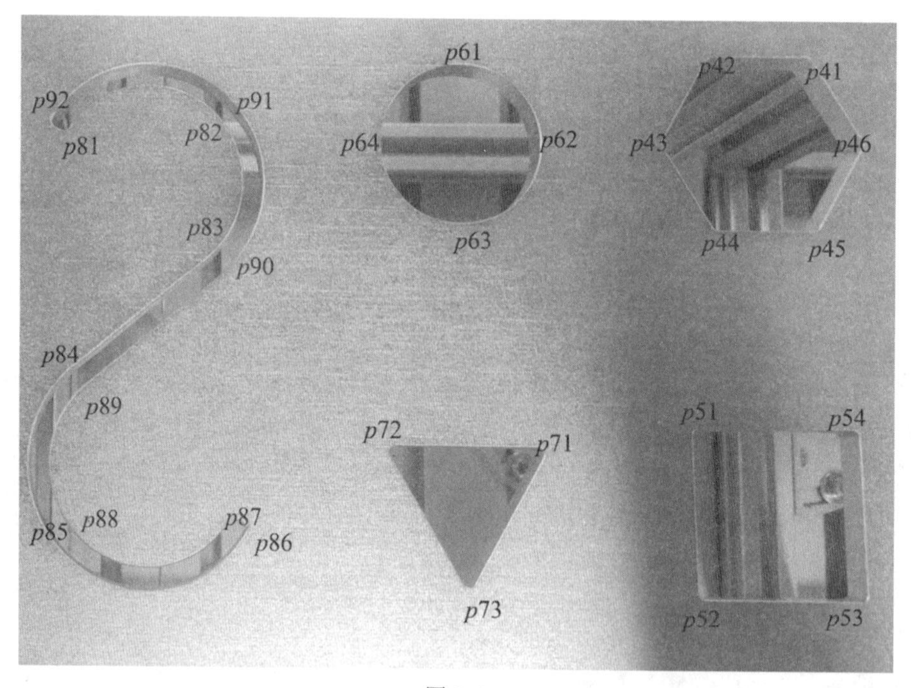

图 8-4

绘图程序如下：

```
    ELSEIF di6=1 THEN !di6=1，进行单机绘图
        Reset do3;
        WaitTime 1;
        Set do5;
        tuxing; !执行绘图例行程序
        Reset do5;
        MoveJ pHome,v100,z50,tool0; !机器人回 Home 点
  PROC tuxing()
```

TriggEquip laser,1,0\DOp:=do2,1; !定义触发事件laser，在距离指定目标点前1mm处，并提前0s 触发指定事件：将数字输出信号do2置为1。在准确的位置触发机器人夹具的动作通常使用TriggEquip指令。

TriggJ p41,v100,laser,fine,tool0; !执行TriggJ，调用触发事件laser，即机器人TCP在朝向*p*41点的运动过程中，在距离*p*41点前1mm处，并且再提前0秒将do2置为1。为提高节拍时间，在控制吸盘夹具动作过程中，在吸取产品时我们需要提前打开真空，在放置产品时我们需要提前释放真空，为了能够准确地触发吸盘夹具的动作，我们通常采用Trigg指令来对其进行控制。

```
        MoveL p42,v100,fine,tool0;
        MoveL p43,v100,fine,tool0;
        MoveL p44,v100,fine,tool0;
        MoveL p45,v100,fine,tool0;
        MoveL p46,v100,fine,tool0;
        MoveL p41,v100,fine,tool0;
        Reset do2; !绘制部分之后，复位 DO2 激光信号，移动到下个位置之后，再次进行相
同的动作，进行绘图。
        TriggEquip laser,1,0\DOp:=do2,1;
        TriggJ p51,v100,laser,fine,tool0;
        MoveL p52,v100,fine,tool0;
        MoveL p53,v100,fine,tool0;
        MoveL p54,v100,fine,tool0;
        MoveL p51,v100,fine,tool0;
        Reset do2;
        TriggEquip laser,1,0\DOp:=do2,1;
        TriggJ p61,v100,laser,fine,tool0;
        MoveC p62,p63,v100,fine,tool0;
        MoveC p64,p61,v100,fine,tool0;
        Reset do2;
```

```
        TriggEquip laser,1,0\DOp:=do2,1;
        TriggJ p71,v100,laser,fine,tool0;
        MoveL p72,v100,fine,tool0;
        MoveL p73,v100,fine,tool0;
        MoveL p71,v100,fine,tool0;
        Reset do2;
        TriggEquip laser,1,0.1\DOp:=do2,1;
        TriggJ p81,v100,laser,fine,tool0;
        MoveC p82,p83,v100,fine,tool0;
        MoveL p84,v100,fine,tool0;
        MoveC p85,p86,v100,fine,tool0;
        MoveL p87,v100,fine,tool0;
        MoveC p88,p89,v100,fine,tool0;
        MoveL p90,v100,fine,tool0;
        MoveC p91,p92,v100,fine,tool0;
        MoveL p81,v100,fine,tool0;
Reset do2;
    ENDPROC
```

8.2.3 搬运程序详解

搬运点具体如图8-5所示。

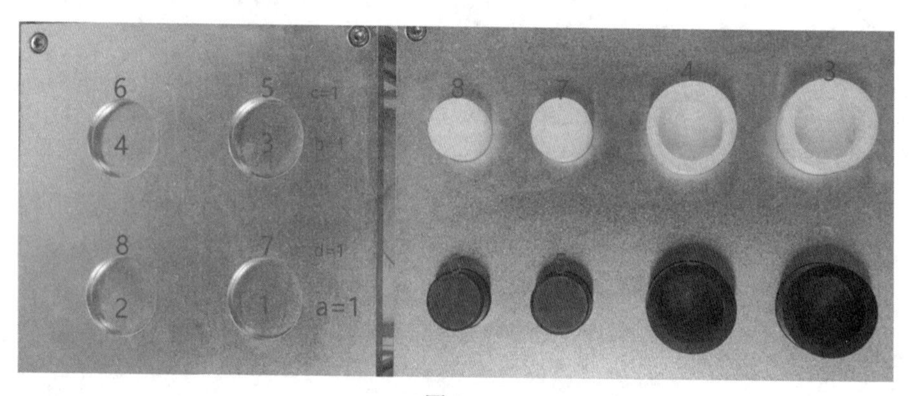

图 8-5

搬运程序如下：

```
ELSEIF di7=1 THEN !di7=1，进行单机搬运
            Reset do3;
            WaitTime 1;
             while reg1<9 do
```

```
                Set do5;
                shijue; !视觉例行程序
                Reset do5;
                Incr reg1;!reg1=reg1+1; !每搬运一次，reg1 加 1
            ENDwhile
            MoveJ pHome,v100,z50,tool0; !机器人回 Home 点
    PROC quliao() !取料例行程序
        MoveJ Offs(get{reg1},0,0,50),v200,z50,tool0; !去到搬运的第一个位置上
方 50mm 的位置
        MoveL get{reg1},v100,z50,tool0; !到达搬运的第一个点的位置
        WaitTime 1; !等待 1 秒钟
        Set do1; !打开气缸
        WaitTime 2; !等待 2 秒钟
        MoveL Offs(CRobT(),0,0,50),v200,z50,tool0; !移动到当前位置上方 50mm 处。
CRobT 指令：读取当前机器人位置数据
        MoveJ cross,v200,z50,tool0; !中间点
        MoveJ cross10,v200,z50,tool0; !中间点
        MoveL cross20,v200,z50,tool0; !中间点
        IF reg1<5 THEN !reg1<5，搬运大圆形物料
   MoveL Offs(pick,0,0,30),v200,fine,tool0; !到达第一个搬运点的上方。
            MoveL Offs(pick,0,-5,0),v100,fine,tool0; !到达第一个搬运点，使机器
人气爪处于轻微压到物料的状态
        ELSEIF reg1>4 THEN !reg1>4，搬运小圆形物料
            MoveL Offs(pick1,0,0,30),v200,fine,tool0; !到达第一个搬运点的上方
            MoveL pick1,v100,fine,tool0; !到达第一个搬运点
            WaitTime 0.5; !等待 0.5 秒
        ENDIF
        Reset do1; !复位气缸信号
        WaitTime 2; !等待 2 秒
        MoveL Offs(CRobT(),0,0,60),v200,z50,tool0; !移动到当前位置上方 60mm 处。
CRobT 指令：读取当前机器人位置数据
        MoveJ cross20,v200,z50,tool0; !中间点
        MoveL cross10,v200,z50,tool0; !中间点
        WaitTime 0.5; !等待 2 秒
        Set do4;
        WaitTime 3;
        Reset do4;
```

```
    ENDPROC
    PROC fangliao() !放料例行程序
        WaitTime 0.5; !等待 0.5s
        MoveL cross40,v200,z50,tool0; !中间点
        IF reg1<3 THEN
            a:=1;b:=0;c:=0;d:=0;
        ELSEIF reg1<5 THEN
            a:=0;b:=1;c:=0;d:=0;
        ELSEIF reg1<7 THEN
            a:=0;b:=0;c:=1;d:=0;
        ELSE
            a:=0;b:=0;c:=0;d:=1;
        ENDIF
        IF reg1<5 THEN! qu da yuan liao (xiang ji chu)
!         IF a=1 OR b=1 THEN
            MoveJ Offs(pp,0,0,50),v200,z50,tool0;
            MoveL pp,v100,fine,tool0;! chuan song dai da yuan wei zhi
!         ELSEIF c=1 OR d=1 THEN
        ELSEIF reg1>4 THEN! qu xiao yuan liao(xiang ji chu)
            MoveJ Offs(pp1,0,0,50),v200,z50,tool0;
            MoveL pp1,v100,fine,tool0;! chuan song dai xiao yuan wei zhi
            WaitTime 0.5;
        ENDIF
        Set do1;
        WaitTime 2;
        MoveL Offs(CRobT(),0,0,50),v200,z50,tool0;
        MoveL cross30,v200,z50,tool0;
        IF a=1 THEN
            IF reg2=1 THEN
                MoveJ Offs(p100,0,0,30),v200,fine,tool0;
                MoveL p100,v100,fine,tool0;!da yuan fang zhi wei zhi 1
            ELSEIF reg2 = 2 THEN
                MoveJ Offs(p101,0,0,30),v200,fine,tool0;
                MoveL p101,v100,fine,tool0; !da yuan fang zhi wei zhi 2
            ENDIF
            Incr reg2;
        ELSEIF b=1 THEN
```

```
        IF reg3=1 THEN
            MoveJ Offs(p102,0,0,30),v200,fine,tool0;
            MoveL p102,v100,fine,tool0;!da yuan fang zhi wei zhi 3
        ELSEIF reg3=2 THEN
            MoveJ Offs(p103,0,0,30),v200,fine,tool0;
            MoveL p103,v100,fine,tool0;!da yuan fang zhi wei zhi 4
        ENDIF
        Incr reg3;
    ELSEIF c=1 THEN
        IF reg4=1 THEN
            MoveJ Offs(p104,0,0,30),v200,fine,tool0;
            MoveL p104,v100,fine,tool0;!xiao yuan fang zhi wei zhi 1
        ELSEIF reg4=2 THEN
            MoveJ Offs(p105,0,0,30),v200,fine,tool0;
            MoveL p105,v100,fine,tool0;!xiao yuan fang zhi wei zhi 2
        ENDIF
        Incr reg4;
    ELSEIF d=1 THEN
        IF reg5=1 THEN
            MoveJ Offs(p106,0,0,30),v200,fine,tool0;
            MoveL p106,v100,fine,tool0;!xiao yuan fang zhi wei zhi 3
        ELSEIF reg5=2 THEN
            MoveJ Offs(p107,0,0,30),v200,fine,tool0;
            MoveL p107,v100,fine,tool0;!xiao yuan fang zhi wei zhi 4
        ENDIF
        Incr reg5;
    ENDIF
    Reset do1;
    WaitTime 1;
    MoveL Offs(CRobT(),0,0,50),v200,z50,tool0;
ENDPROC
```

8.2.4 工业相机的简单介绍

工业相机是机器视觉系统中的一个关键组件，其最本质的功能就是将光信号转变成有序的电信号。选择合适的相机也是机器视觉系统设计中的重要环节，相机的选择不仅直接决定所采集到的图像分辨率、图像质量等，同时也与整个系统的运行模式直接相关。工业相机一般安装在机器流水线上代替人眼来做测量和判断，通过数字图像摄取目标转换成图像信号，传送给专用的图像处理系统，图像处理系统对这些信号进行各种运算来抽取目标的特征，进而根据判别的结果来控制现场的设备动作。

现有工业视觉相机，通过Socket通信使相机和机器人相连接，任意旋转待检测物体后，相机拍照即可识别出物体的位置，视觉相机检测物体的位置通过Socket发送给机器人端。Socket通信的目的是允许RAPID编程人员运用TCP/IP网络协议在计算机之间发送数据，一个Socket代表了一个普通的通信信道，独立于被运用的网络通信协议。Socket通信图如8-6所示。

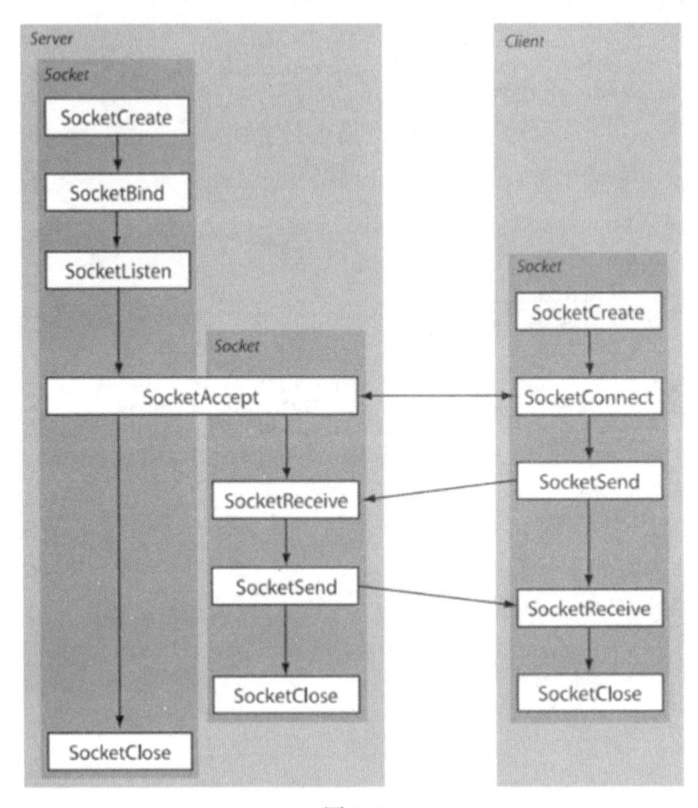

图 8-6

在该产线中，相机主要用于在单机搬运过程中识别搬运物料的形状，并将它存放在对应的仓储中。另外，在联机操作中对糖果盒进行拍照入库也发挥着至关重要的作用。

相机程序如下：

```
    PROC camera() !camera 通信
        VAR socketdev socket1; !定义变量
        VAR string string2;
        SocketCreate socket1; !创建套接字
        SocketConnect socket1, "192.168.2.120", 9600\Time:=5; !连接到服务器，
端口号 9600
```

```
        SocketSend socket1\Str:="Measure /c"; !发送 string 数据
        SocketReceive socket1\Str:=string1\Time:=2; !接受 string 数据
        SocketSend socket1\Str:="Measure /E"; !发送 string 数据
        SocketReceive socket1\Str:=string1\Time:=2; !接受 string 数据
        Receive_string:=string1;
        SocketClose socket1; !关闭连接
    ENDPROC
    PROC shijue()
        VAR bool ok;
        quliao; !取料例行程序
        camera; !相机通信
        startbit2:=endbit1+1; !解析程序，解析接收到的数据
        endbit2:=StrFind(Receive_string,startbit2,",");
        lenbit2:=endbit2-startbit2;
        startbit3:=endbit2+1;
        endbit3:=StrFind(Receive_string,startbit3,",");
        lenbit3:=endbit3-startbit3;
        startbit4:=endbit3+1;
        endbit4:=StrFind(Receive_string,startbit4,",");
        lenbit4:=endbit4-startbit4;
        startbit5:=endbit4+1;
        endbit5:=StrFind(Receive_string,startbit5,"\0D");
        lenbit5:=endbit5-startbit5;
!        ok:=StrToVal(StrPart(Receive_string,startbit2,lenbit2),a);
!        ok:=StrToVal(StrPart(Receive_string,startbit3,lenbit3),b);
!        ok:=StrToVal(StrPart(Receive_string,startbit4,lenbit4),c);
!        ok:=StrToVal(StrPart(Receive_string,startbit5,lenbit5),d);
        fangliao; !放料例行程序
    ENDPROC
```

相机通信设置如下：

（1）单击工具栏上的“工具”，选择“系统设置”子选项，进入系统设置界面，如图8-7和图8-8所示。

（2）选择“启动”选项，“启动设定”子选项，右侧设置区域单击“通信模块”选项卡，将串行（以太网）设置为无协议（TCP），Fieldbus设置为EtherNet/IP。设置完成后，单击“适用”，单击“关闭”退出系统设置界面。主画面单击“保存”，单击工具栏的“功能”选项卡，选择“系统重启”子选项，重启系统，如图8-9至图8-12所示。

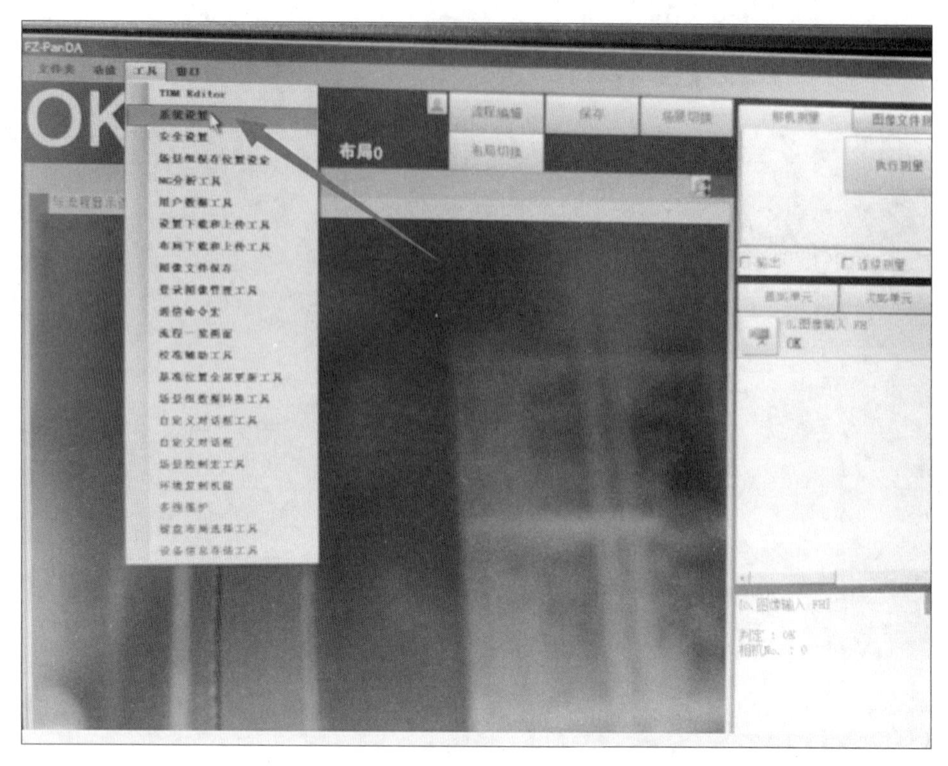
FZ-PanDA
TDM Editor
布局0
OK

图 8-7

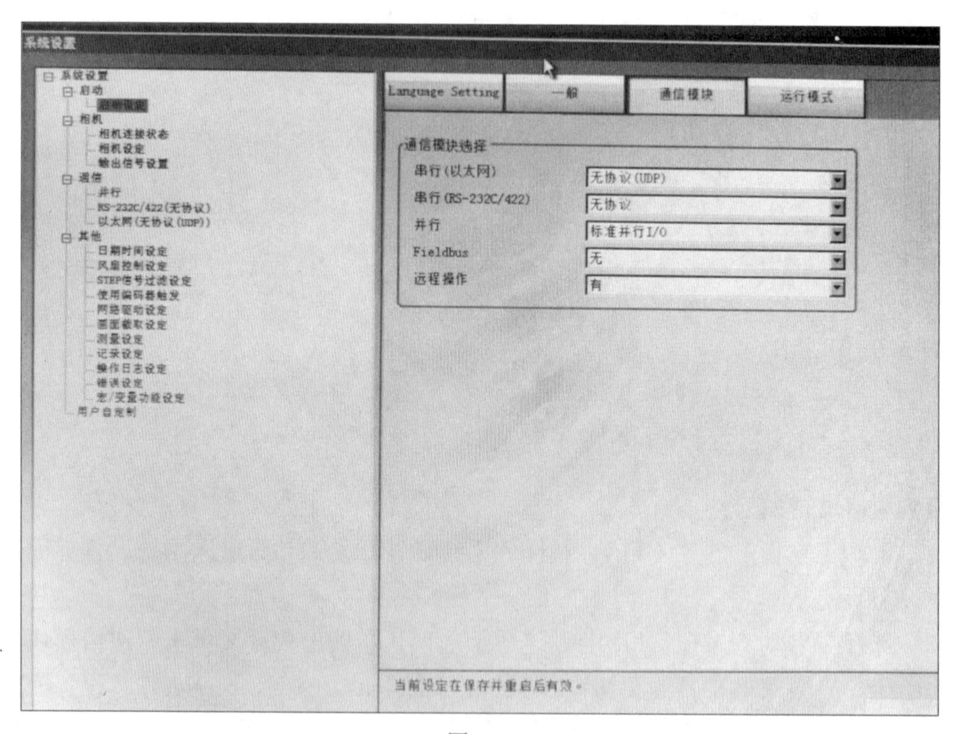
系统设置
Language Setting
一般
通信模块
运行模式
通信模块选择
串行(以太网)
串行(RS-232C/422)
并行
Fieldbus
远程操作
无协议(UDP)
无协议
标准并行I/O
无
有
当前设定在保存并重启后有效。

图 8-8

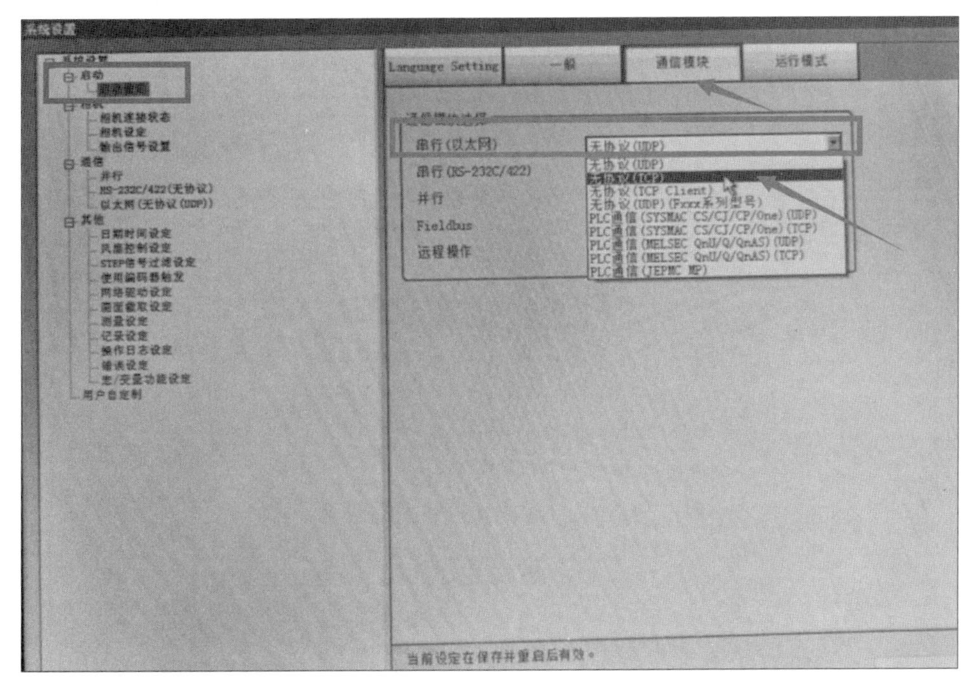
系统设置
Language Setting
一般
通信模块
运行模式
串行(以太网)
串行(RS-232C/422)
并行
Fieldbus
远程操作
无协议(UDP)
无协议(TCP)
无协议(TCP Client)
PLC通信(SYSMAC CS/CJ/CP/One)(UDP)
PLC通信(SYSMAC CS/CJ/CP/One)(TCP)
PLC通信(MELSEC QnU/Q/QnAS)(UDP)
PLC通信(MELSEC QnU/Q/QnAS)(TCP)
当前设定在保存并重启后有效。

图 8-9

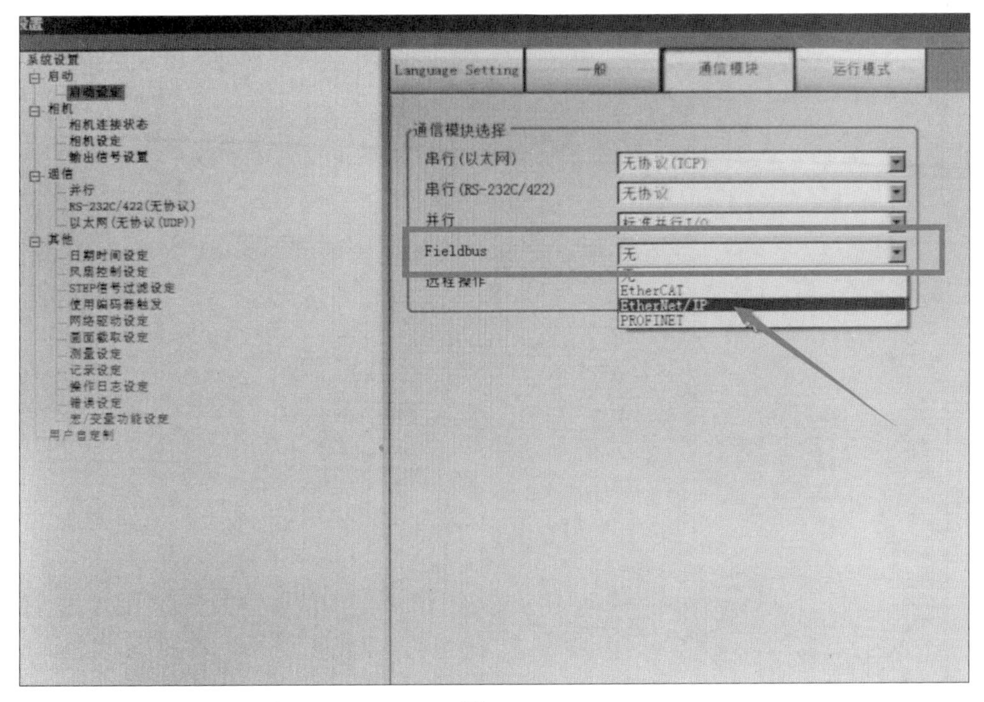
系统设置
启动
相机
相机连接状态
相机设定
输出信号设置
通信
并行
RS-232C/422(无协议)
以太网(无协议(UDP))
其他
日期时间设定
风扇控制设定
STEP信号过滤设定
使用编码器触发
网络驱动设定
画面截取设定
测量设定
记录设定
操作日志设定
错误设定
用户自定制
Language Setting
一般
通信模块
运行模式
通信模块选择
串行(以太网)
无协议(TCP)
串行(RS-232C/422)
无协议
并行
Fieldbus
无
EtherCAT
EtherNet/IP
PROFINET

图 8-10

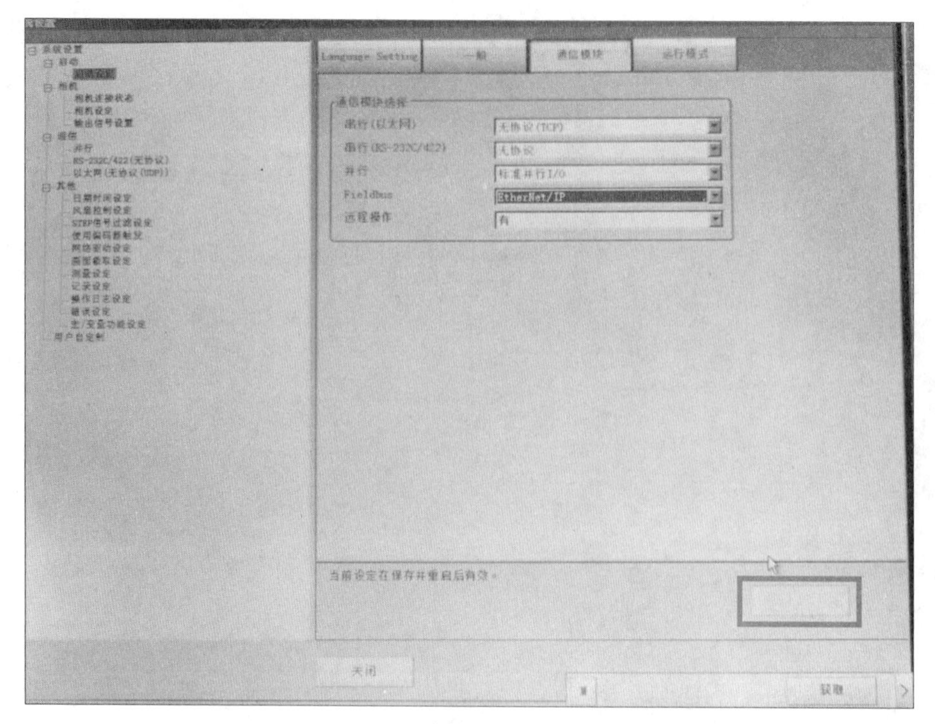
Language Setting
一般
通信模块
运行模式
通信模块选择
串行（以太网）
无协议（TCP）
串行（RS-232C/422）
无协议
并行
标准并行I/O
Fieldbus
EtherNet/IP
远程操作
有
当前设定在保存并重启后有效。
关闭
获取

图 8-11

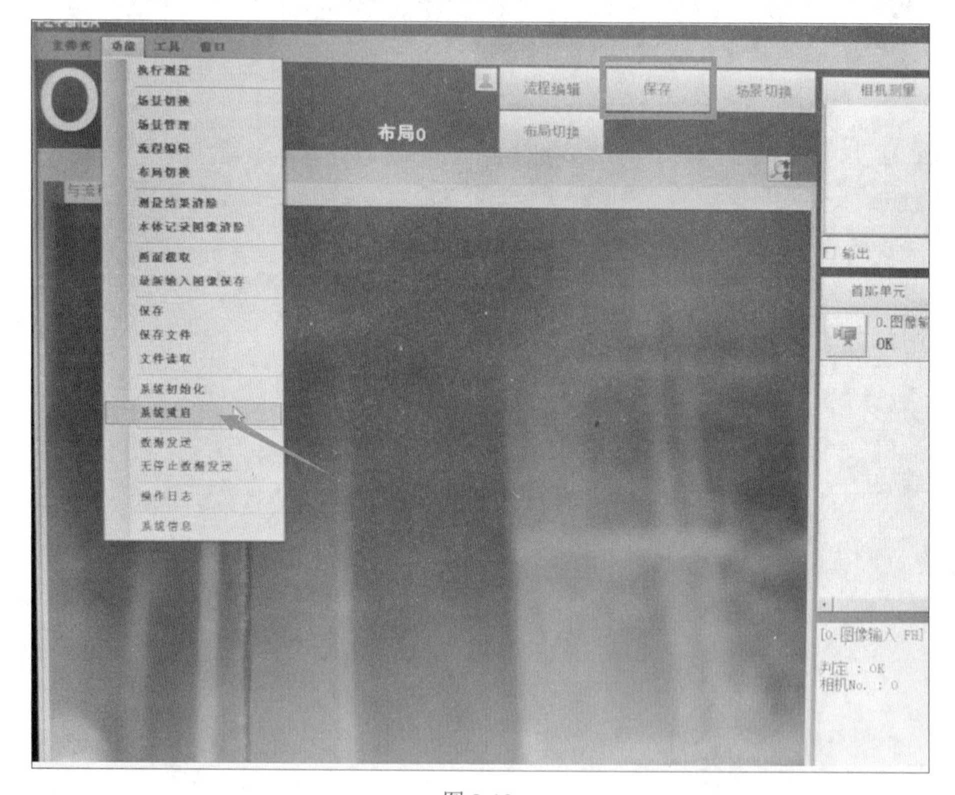
执行测量
场景切换
场景管理
流程编辑
布局切换
测量结果清除
本体记录图像清除
画面截取
最新输入图像保存
保存
保存文件
文件读取
系统初始化
系统重启
数据发送
无停止数据发送
操作日志
系统信息
流程编辑
保存
场景切换
布局切换
布局0
相机测量
输出
0.图像输入
OK
判定：OK
相机No.：0

图 8-12

（3）系统重启后，单击工具栏上的“工具”选项卡，选择“系统设置”子选项，进入系统设置界面。系统设置界面选择“以太网（无协议（TCP））”，右侧地址设定2中将IP地址改为192.168.1.100，子网掩码改为255.255.255.0，默认网关改为192.168.1.1，端口号改为3000（IP地址及端口号可任意修改，但必须保证地址与机器人IP地址在同一网段）。修改完成后单击“适用”，单击“关闭”，退出系统设置界面。主画面单击“保存”，单击工具栏上的“功能”选项卡，选择“系统重启”子选项，重新启动，如图8-13至图8-17所示。

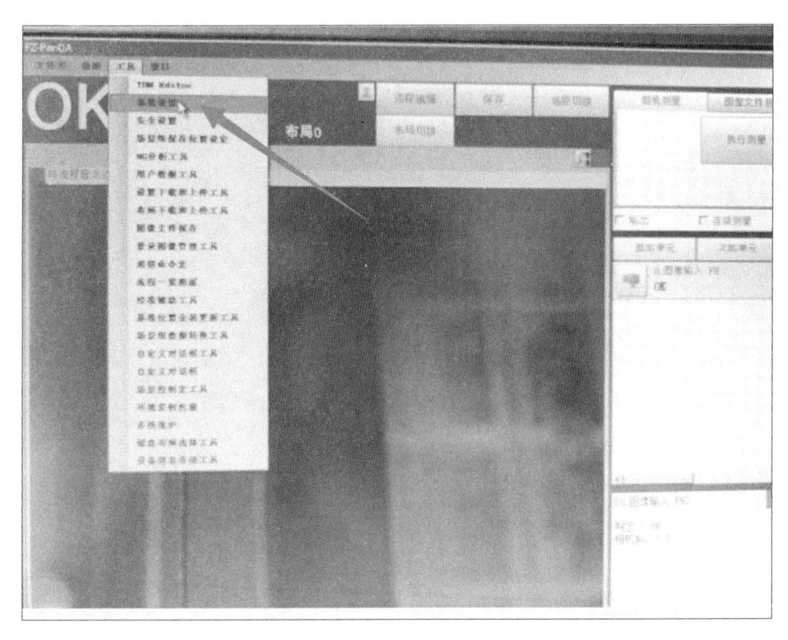

图 8-13

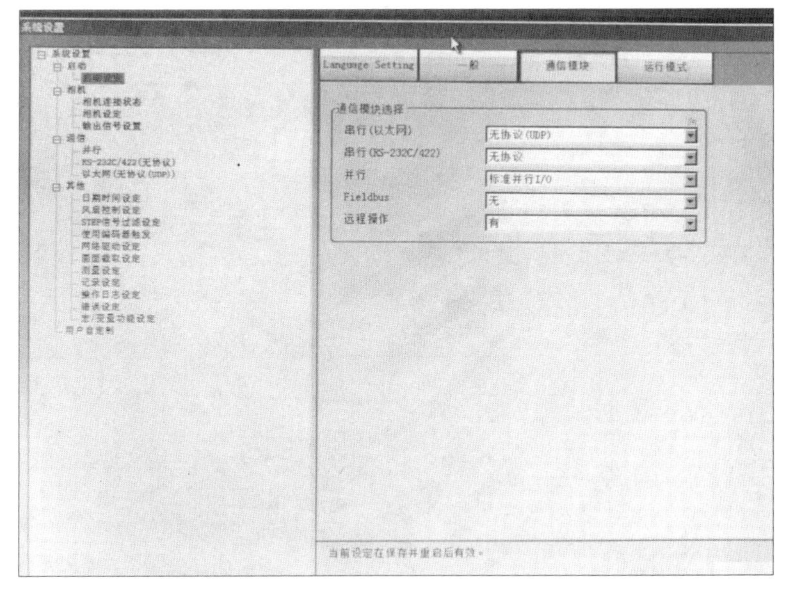

图 8-14

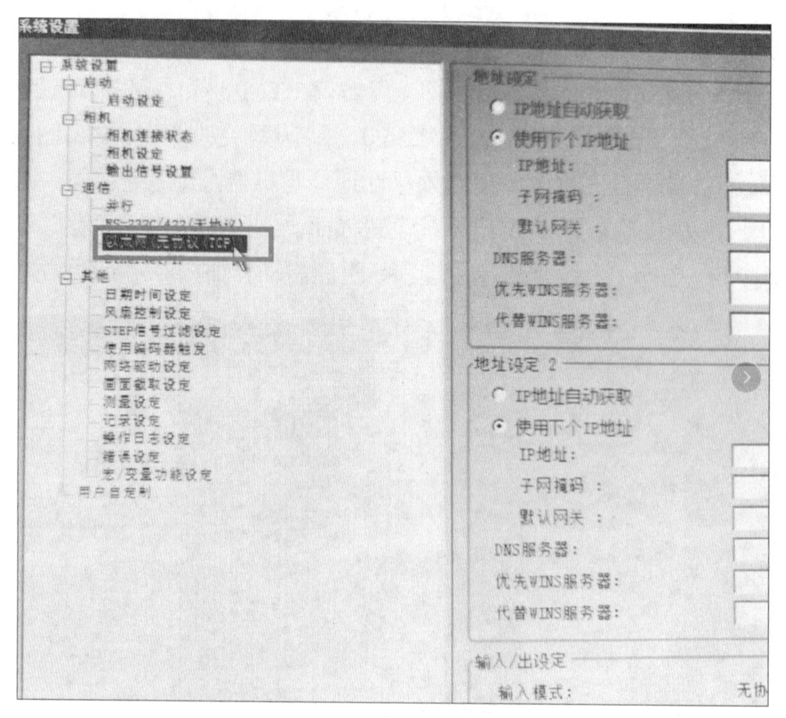
系统设置
系统设置
启动
启动设定
相机
相机连接状态
相机设定
输出信号设置
通信
并行
以太网(无协议(TCP))
其他
日期时间设定
风扇控制设定
STEP信号过滤设定
使用编码器触发
网络驱动设定
画面截取设定
测量设定
记录设定
操作日志设定
错误设定
宏/变量功能设定
用户自定制
地址设定
IP地址自动获取
使用下个IP地址
IP地址:
子网掩码 :
默认网关 :
DNS服务器:
优先WINS服务器:
代替WINS服务器:
地址设定 2
IP地址自动获取
使用下个IP地址
IP地址:
子网掩码 :
默认网关 :
DNS服务器:
优先WINS服务器:
代替WINS服务器:
输入/出设定
输入模式:

图 8-15

图 8-16

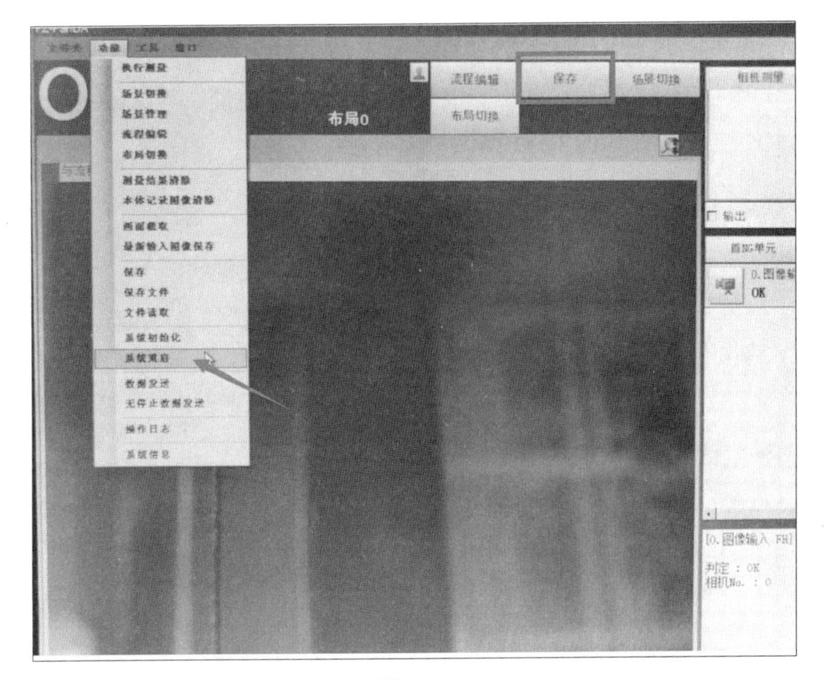

图 8-17

8.3　机器人与 PLC 间的通信

PLC的信号有数字量输入信号（DI）、数字量输出信号（DO）、模拟量输入信号（AI）、模拟量输出信号（AO）。

工业机器人的信号有数字量输入信号（DI）、数字量输出信号（DO）、模拟量输入信号（AI）、模拟量输出信号（AO）等。

下面我们就以产线为例，了解西门子200smart和ABB工业机器人之间的ProfiNET通信为例讲解。

1. 硬件连线

PLC	机器人（此处为 ABB 工业机器人 DSQC651 板）
Q0.0	DI0
I0.0	DO32

网线直连，普通网线的一头插S7-200 ProfiNET通信口，另一头插机器人自带的通信口。后面按照上表中的方式，将PLC输出端口Q0.0对应机器人输入端口DI0，PLC输入端口I0.0对应机器人输出端口DO32。

2. 200smart 组态配置

（1）工具－PROFINET向导；依据设备唯一标识MAC地址，搜索设备，分配IP地址，选择PLC作为主站或从站，如图8-18所示。

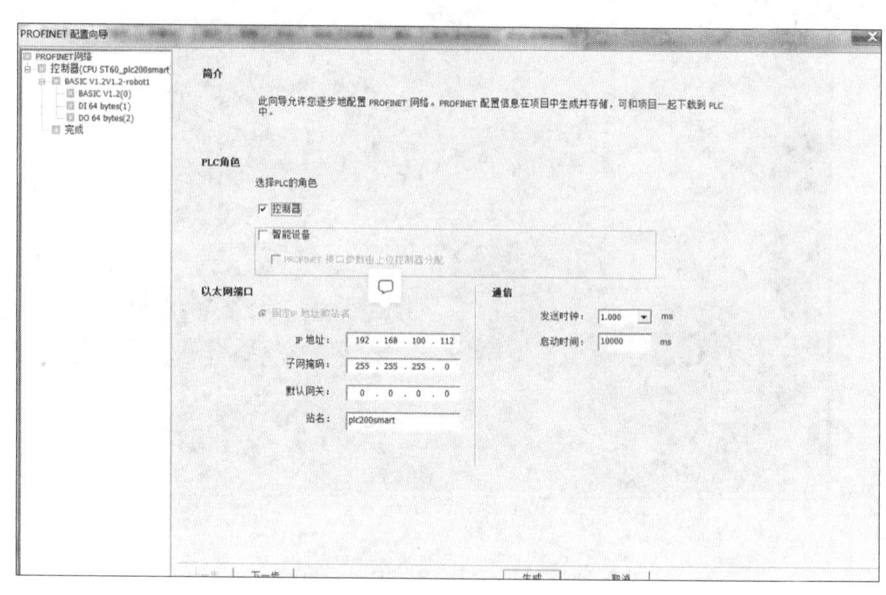

图 8-18

（2）添加ABB工业机器人GSD文件、设置设备名，ABB工业机器人GSD文件的打开方式，如图8-19至图8-21所示。

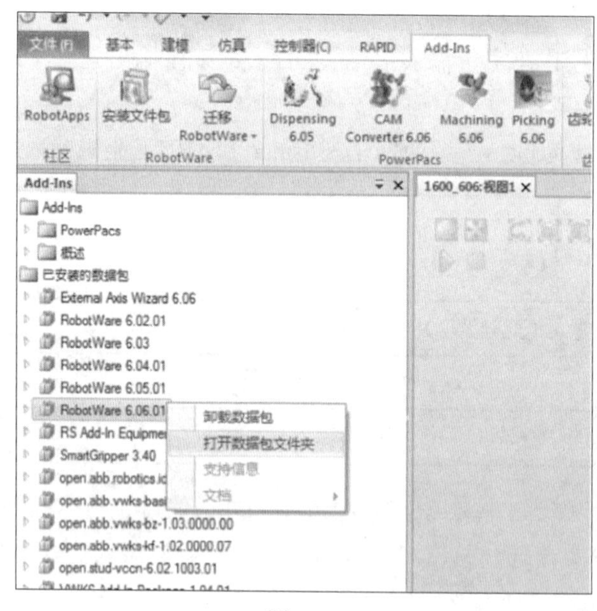

图 8-19

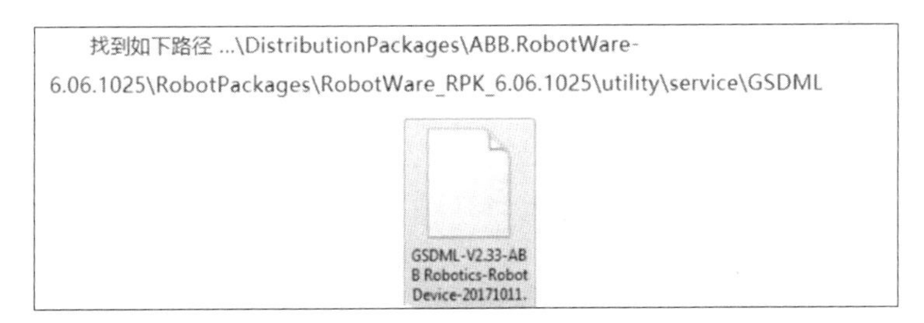

图 8-20

图 8-21

（3）添加通信DI / DO字节配置（备注：ABB工业机器人添加PN板，机器人内部添加地址为bool（如0-63）共占8个字节），如图8-22所示。

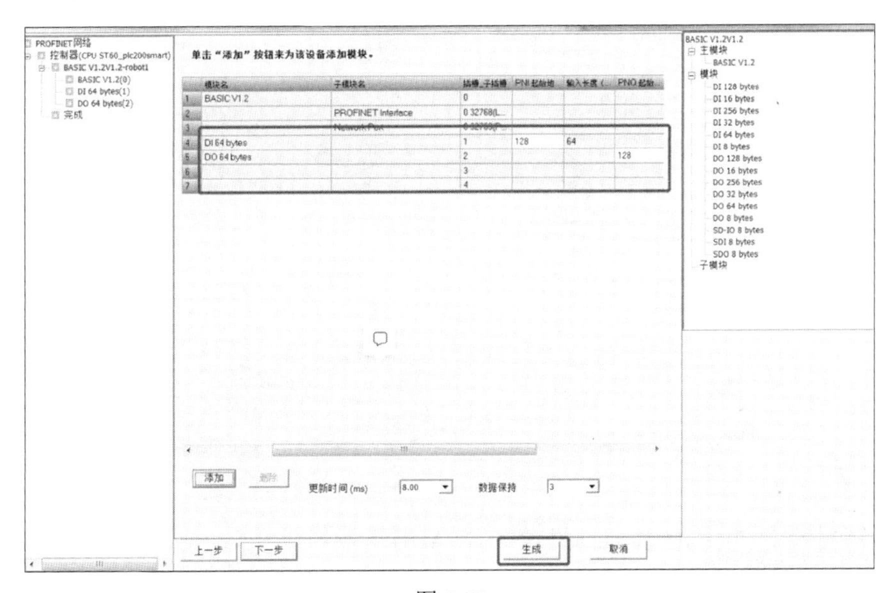

图 8-22

3. ABB Profinet通信参数设置

（1）设置IP地址，与PLC通信IP地址一致，如图8-23所示。

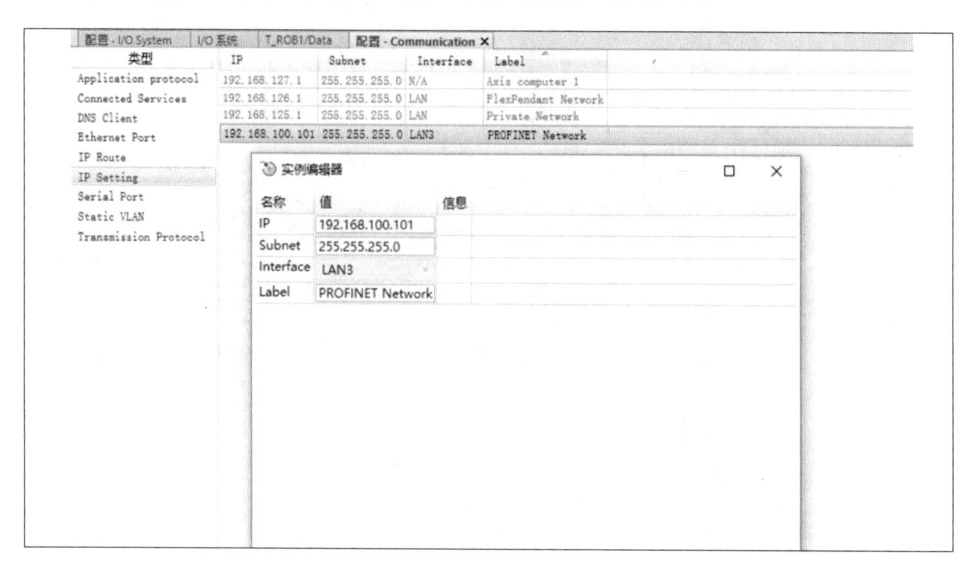

图 8-23

（2）设置Profinet通信设备名称，与PLC内部通信设备名一致（大小写也一致），如图8-24所示。

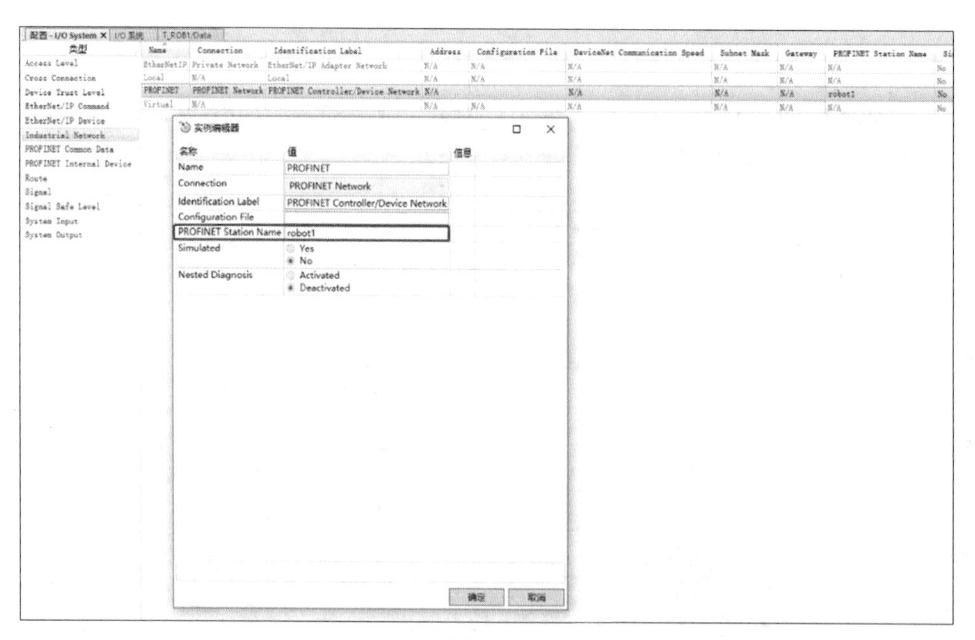

图 8-24

（3）分配PN网络上的I/O地址（备注：ABB工业机器人输出=PLC输入，PLC输出=ABB工业机器人输入），如图8-25和图8-26所示。

名称	类型	值	最小值	最大值	已仿真	网络	设备	设备映射	种类
diLineA_Ok	DI	0	0	1	否	PROFINET	PN_Internal_Device	2	
diLineB_ok	DI	0	0	1	否	PROFINET	PN_Internal_Device	3	
diPaperBottom	DI	1	0	1	否	PROFINET	PN_Internal_Device	5	
diPaperUpper	DI	0	0	1	否	PROFINET	PN_Internal_Device	4	
diPlateA	DI	1	0	1	否	PROFINET	PN_Internal_Device	0	
diPlateB	DI	0	0	1	否	PROFINET	PN_Internal_Device	1	
doPaperFull	DO	0	0	1	否	PROFINET	PN_Internal_Device	5	
doPickFinishA	DO	1	0	1	否	PROFINET	PN_Internal_Device	0	
doPickFinishB	DO	0	0	1	否	PROFINET	PN_Internal_Device	1	
doPlaceA	DO	0	0	1	否	PROFINET	PN_Internal_Device	2	
doPlaceB	DO	0	0	1	否	PROFINET	PN_Internal_Device	3	
giCounterA	GI	0	0	255	否	PROFINET	PN_Internal_Device	48-55	
giCounterB	GI	0	0	255	否	PROFINET	PN_Internal_Device	56-63	
giTypeA	GI	20	0	255	否	PROFINET	PN_Internal_Device	32-39	
giTypeB	GI	0	0	255	否	PROFINET	PN_Internal_Device	40-47	
goCounterA	GO	0	0	255	否	PROFINET	PN_Internal_Device	48-55	
goCounterB	GO	0	0	255	否	PROFINET	PN_Internal_Device	56-63	
goTypeA	GO	100	0	255	否	PROFINET	PN_Internal_Device	32-39	
goTypeB	GO	214	0	255	否	PROFINET	PN_Internal_Device	40-47	

图 8-25

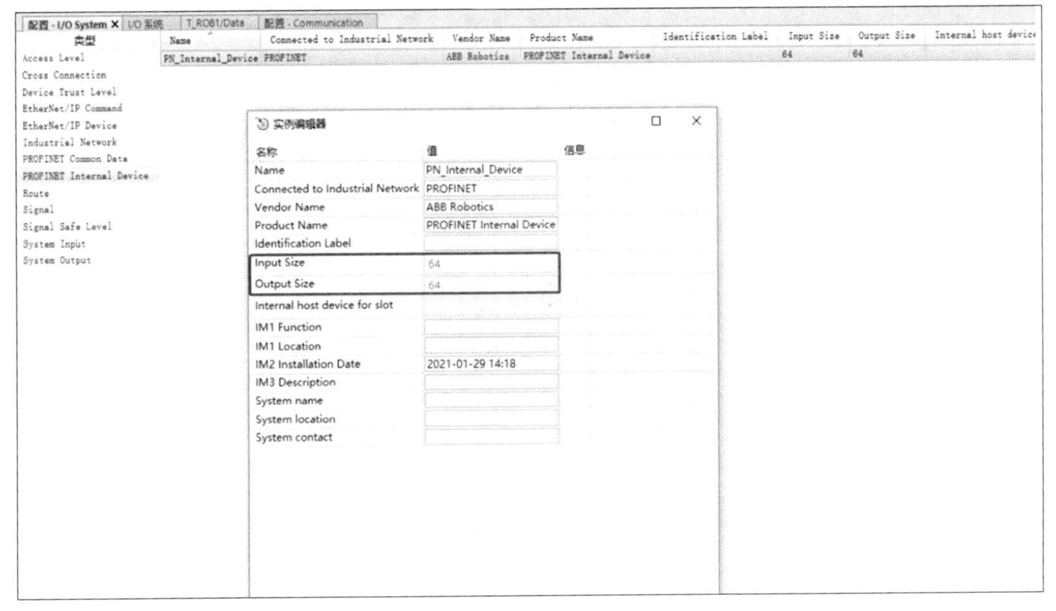

图 8-26

8.4 产线单机模式上机操作

经过前面的学习，我们对产线也有了一定的了解。本章节我们将共同学习产线单机模式上机操作。

（1）单击“单机训练”，如图8-27所示。

（2）单击“复位”，如图8-28所示。

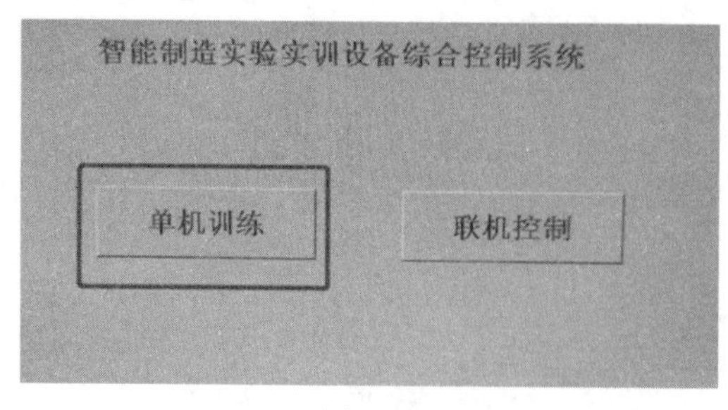

图 8-27

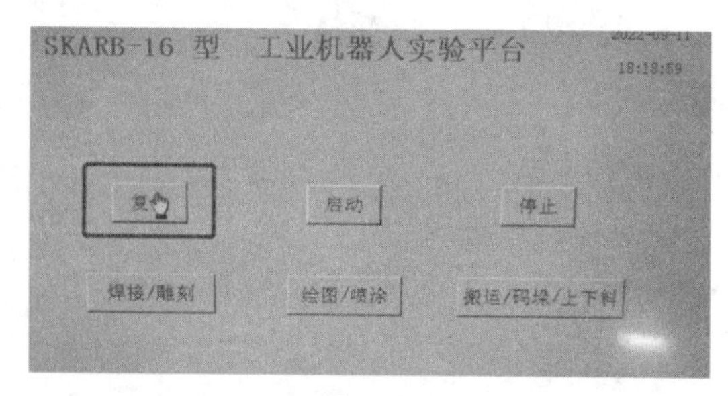

图 8-28

（3）单击“焊接/雕刻”，并单击“启动”，机器人将进行雕刻操作，如图8-29所示。

（4）单击“绘图/喷涂”，并单击“启动”，机器人将进行雕刻操作，如图8-30所示。

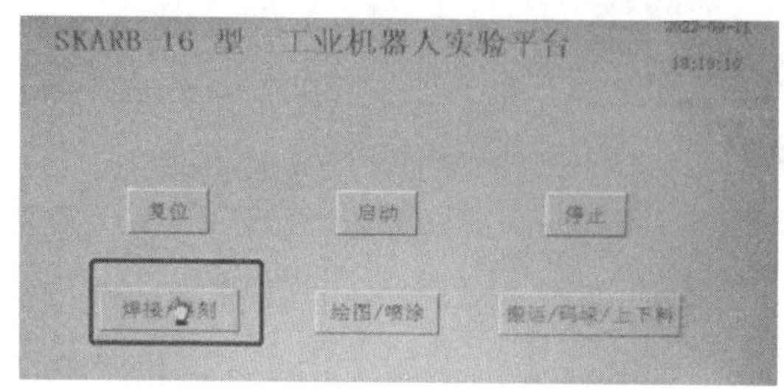

图 8-29

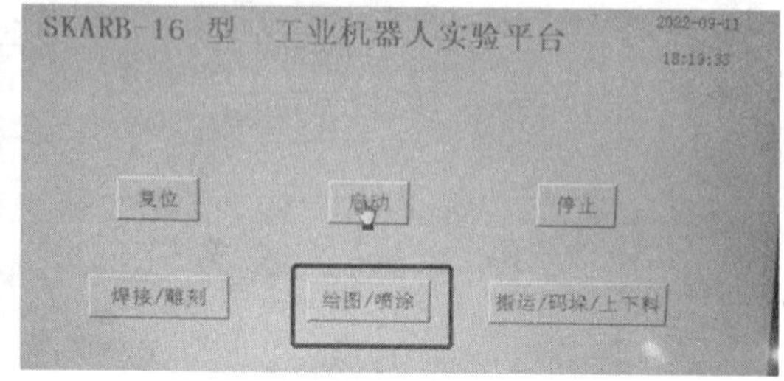

图 8-30

（5）单击“搬运/码垛/上下料”，并单击“启动”，机器人将进行搬运操作，如图8-31所示。

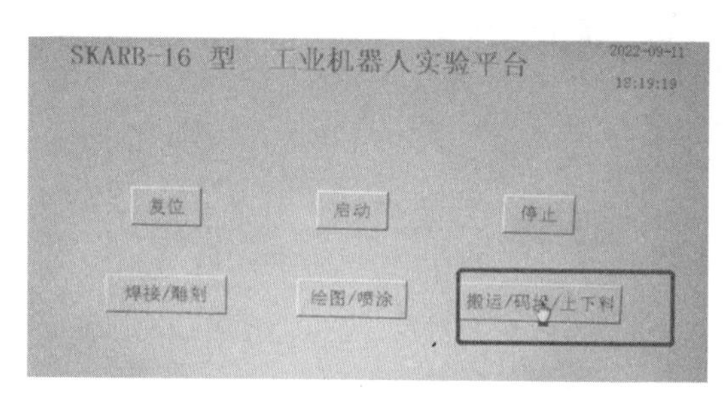

图 8-31

参考文献

[1] 叶晖．工业机器人实操与应用技巧（2版）[M]．北京：机械工业出版社，2017.

[2] 胡伟．工业机器人行业应用实训教程[M]．北京：机械工业出版社，2015.

[3] 叶晖．工业机器人工程应用虚拟仿真教程[M]．北京：机械工业出版社，2013.

[4] 叶晖．工业机器人典型应用案例精析[M]．北京：机械工业出版社，2013.

[5] 王晓娟，朱喜安，王颖．工业机器人应用对制造业就业的影响效应研究[J]．数量经济技术经济研究，2022，4：88-106.

[6] 张峥．工业机器人的智能化发展探究[J]．中国军转民，2022，18：82-83.

[7] 李浩，严胜利．ABB工业机器人雕刻运动仿真与应用[J]．自动化应用，2022，8：73-75.

[8] 亿欧智库．2022中国工业机器人市场研究报告[J]．机器人产业，2022，4：83-95.

[9] 冯帅．智能制造中的工业机器人技术应用及发展[J]．电子技术与软件工程，2022，14：76-79.

[10] 柳昕．工业机器人行业运行情况及发展趋势分析[J]．中国国情国力，2022，7：11-15.

[11] 闵晓晨．IRB1200型工业机器人几何参数标定方法与实验研究[D]．烟台：烟台大学，2022.

[12] 蒋修来．工业机器人对制造业就业的影响研究[D]．济南：山东财经大学，2022.

[13] 路东兴．智能制造中的工业机器人技术探析[J]．新疆有色金属，2022，45：97-98.

[14] 刘隽宏．浅谈工业机器人的发展趋势[J]．新型工业化，2022，12：190-193.

[15] 上海尚工机器人技术有限公司．2022年中国工业机器人市场趋势预测[J]．中国工业和信息化，2022，Z1：44-47.

[16] 肖潇．工业机器人的研究现状与发展趋势探讨[J]．无线互联技术，2021，18：49-50.

[17] 赵华君，漆新贵，罗天洪，王东强，陈庆．地方高校机器人工程专业新工科人才培养研究[J]．西南师范大学学报，2020，45(6)：127-132.

[18] 曹阳，孙松丽．应用型本科机器人工程专业课程体系改革与探索[J]．高教学刊，2019，12：41-43.

[19] 孙松丽，温宏愿．应用型本科机器人工程专业课程体系构建[J]．机器人技术与应用，2020，1：44-48.

[20] 范良志，江珂，朱海平，张超勇．新工科背景下机器人知识体系与课程内容研究[J]．高等工程教育研究，2021，2：32-38.

[21] 李骞，王硕，史岳鹏，隋继学．机器人工程专业在智能制造背景下的人才培养思考——以河南牧业经济学院为例[J]．科技风，2020，36：109-110.

[22] 姚威，胡顺顺．美国新兴工科专业形成机理及对我国新工科建设的启示——以机器人工程专业为例[J]．高等工程教育研究，2019，5：48-53.

[23] 马荣琳，韩耀振，潘为刚，李瑞霞，胡冠山，孙毅．应用型地方本科院校机器人工程专业课程体系构建[J]．教育现代化，2018，5（30）：100-101.

[24] 李云，孙明明，王欧阳，马金兰．信息化教学背景下医学生虚拟仿真实践教学的重要性浅析[J]．现代职业教育，2021，45：168-169.

[25] 李亮星，张乐平，吴晨刚，黄茜林．智能制造背景下机器人工程专业人才培养研究与实践[J]．科教导刊，2020，22：59-60.

[26] 刘景军，史宝玉，杨长龙．基于OBE理念工科专业赛课结合教学模式探建[J]．高分子通报，2021，12：93-99.

[27] 蒋庆斌，朱平，陈小艳，周斌．高职院校工业机器人技术专业课程体系构建的研究[J]．中国职业技术教育，2016，29：61-64.

[28] 李媛媛，孙曙光，郭宇超．互联网+背景下机器人工程专业建设研究与实践[J]．中国教育技术装备，2020，14：56-57.